U0603846

本书受四川省社会科学规划普及项目（SC20KP014）、四川省高校人文社会科学重点研究基地青藏高原及其东缘人文地理研究中心项目（RWDL2021-YB001）和成都理工大学哲学社会科学研究基金（YJ2021-YB024）资助

乡土景观识别与解析

——以四川地区为例

陈 兴 著

科 学 出 版 社

北 京

内 容 简 介

本书以四川乡土景观为主要研究对象。乡村是有着重要文化生态关联的地方性空间，乡土景观与乡土环境关联密切，有着重要的地域分异性。本书首先基于地方语境对乡土景观的概念进行了辨析，并对乡土景观的要素、结构、类型等进行了体系构建。其次，运用主成分分析法、聚类分析法和地理信息系统空间分析法，对四川乡村地域系统进行了划分，并以此为基础确定了四川乡土景观分区。最后，根据乡土景观分区，基于对乡土环境的阐释，围绕乡村聚落、乡村生产、乡土文化等层面，并结合各个乡土景观分区中的代表性乡村及典型性景观，对四川乡土景观体系和特征进行了系统梳理和解析。

本书适合人文地理学、旅游地理学、乡村规划与建设、乡村管理等学科领域的研究人员阅读，也可为相关学术研究、专业学习与培训人员、青少年群体及社会公众提供学习参考。

审图号：川 S［2023］00008 号

图书在版编目（CIP）数据

乡土景观识别与解析：以四川地区为例 / 陈兴著. —北京：科学出版社，2023.4

ISBN 978-7-03-073368-9

Ⅰ. ①乡…　Ⅱ. ①陈…　Ⅲ. ①乡村-生态环境建设-研究-四川
Ⅳ. ①F327.71

中国版本图书馆 CIP 数据核字（2022）第 188744 号

责任编辑：莫永国/责任校对：崔向琳
责任印制：罗　科/封面设计：墨创文化

科 学 出 版 社 出版
北京东黄城根北街 16 号
邮政编码：100717
http://www.sciencep.com

四川煤田地质制图印务有限责任公司印刷
科学出版社发行　各地新华书店经销

*

2023 年 4 月第　一　版　开本：787×1092　1/16
2023 年 4 月第一次印刷　印张：13 3/4
字数：300 000

定价：149.00 元

（如有印装质量问题，我社负责调换）

前　言

国家乡村振兴战略提出了“产业兴旺、生态宜居、乡风文明、治理有效、生活富裕”的总要求，以及实现“农业强、农村美、农民富”的最终目标。乡土景观作为乡村空间的重要载体，是实施乡村振兴战略、呈现“农村美”的重要基础。从物质层面看，乡土环境和乡土文化遗产是构成美丽乡村的最重要的基础；从意识层面看，这些环境和文化要素需符合群众的功能需求与审美需要，为群众所认同及依恋，才能使乡村的美丽和发展可持续。在乡村振兴的背景下，对构成乡村物质环境和文化意象的乡土景观体系进行研究具有必要性。同时，在乡村规划与发展过程中，乡土景观体系也是确定乡村旅游资源、表达乡村文化意蕴、提升乡村人居环境、开发乡村体验产品、决定乡村旅游可持续发展的重要方面。

当前，受城镇化和现代化浪潮的冲击，乡村空间文化的复制与移植问题突出，千镇一面、千村一面的现象明显，传统的乡村社会文化空间正面临着被破坏甚至消失的困境。加强对乡土景观的系统认知，对实现乡村振兴有着重要意义。四川作为农业大省和文化大省，享有“天府之国”的美誉，是中华民族农耕文明的代表地域，同时也是多民族聚居地。省内乡土景观地域系统复杂，类型多样，分布广泛，特征差异明显。系统梳理四川乡土景观体系与特征，深入分析四川乡土景观的基因，将为四川实施乡村振兴战略、促进乡村规划与建设、发展乡村旅游提供科学参考，并有助于增强社会公众对四川乡土环境及乡村文化的认知，强化巴蜀儿女对家乡的归属感与认同感，提升公众对乡村振兴战略的理解。

本书以四川乡土景观为主要研究对象。乡村是有着重要文化生态关联的地方性空间，乡土景观与乡土环境关联密切，有着重要的地域分异性。首先，基于地方语境对乡土景观的概念进行了辨析，并对乡土景观的要素、结构、类型等进行了体系构建。其次，运用主成分分析法、聚类分析法和地理信息系统（geographic information system，GIS）空间分析法，对四川乡村地域系统进行了划分，并以此为基础确定了四川乡土景观分区。最后，根据乡土景观分区，基于对乡土环境的阐释，围绕乡村聚落、乡村生产、乡土文化等层面，并结合各个乡土景观分区中的代表性乡村及典型性景观，对四川乡土景观体系和特征进行了系统梳理和解析。

本书系四川省社会科学规划普及项目（SC20KP014）结项成果，同时，本书为成都理工大学哲学社会科学研究基金（YJ2021-YB024）的阶段性成果之一。此外，四川省高校人文社会科学重点研究基地青藏高原及其东缘人文地理研究中心项目（RWDL2021-YB001）也对本书的研究给予了支持。

本书的完成，要特别感谢四川师范大学副校长王川教授的指导和支持，衷心感谢成都理工大学社会科学处和旅游与城乡规划学院各位领导的支持和鼓励。同时，感谢成都理工大学李晓琴老师、卢海霞老师、崔佳春老师、朱涛老师及旅游开发与管理系各位同事对本人及本书写作提供的帮助，还要感谢浙江大学博士研究生兰伟和成都理工大学硕士研究生张喆、郭思颖、冯睿妤、刘艳、彭满洪、刘媛茜、余正勇的协助。非常感谢科学出版社的莫永国编辑，正是他的持续关注和支持才使得本书顺利出版。

由于作者水平有限，书中疏漏之处在所难免，恳请广大读者批评指正。

陈　兴

2021 年 11 月于成都理工大学砚湖畔

目　　录

第1章　地方性视角下乡土景观识别与分类体系

乡土景观的形成受到人地关系的重要影响，体现出明显的地方性特征。因此，在地方语境下对乡土景观识别并进行体系构建具有必要性和重要意义。

1.1　乡土景观概念辨析

乡土景观是一个具有浓厚文化意味和社会指向的概念，这一特质导致乡土景观的概念和属性至今仍然不确定。与乡土景观的概念和属性有关的学术概念和研究主题包括乡村景观[1]、乡村文化景观[2]、农村文化景观[3]、传统乡村地域文化景观[4]、村落文化景观[5]，这些概念主题虽然在定义和范畴上与乡土景观具有不一致性，但实质上都认同该类景观的文化和地理特性以及人地关系的本质。

“谁应该属于哪个群体或被排除在外，将取决于哪些特征被视为具有决定意义”[6]，根据迈克·克朗（Mike Crang）的观点可以推断，一些文化景观之所以能作为乡土景观在于其拥有典型的乡土特征，而对于乡土的理解决定了对乡土景观特征的理解和归纳。乡土在文化上是虚拟的，它是中国自农业社会特征确立以来，在农业生产地域上形成的形态上特殊但形象上一致的文化概念。中国人对乡土抱有的一致文化映像受到了源流长远的“田园诗”的影响，从《诗经》中对田园场景的朴实描述到东晋陶潜、唐代王维、南宋范成大等田园诗名家的佳句名章，以传统农业生产、农村生活、乡村环境为基质的乡土田园映像在中国人的脑海中深深扎根。城乡二元结构是中国城市与农村之间最广泛和深刻的差异，在此影响下城市和农村的经济、社会和文化形态有着显著的区别，这使得大多数人对城乡区别的感知具有敏感性，而地理差异则是这种感知的重要维度。因此，在中国人的一般映像中，乡土多指向传统的、记忆的、地方的、自然的等。

理解了乡土含义后便不难认识乡土景观。在众多概念中，乡土景观的本质皆被阐述为人地关系的反映，其内涵的落脚点各有区别，包括一种文化景观[7]、文化现象的复合体[8]、生活方式的呈现[9]、地域综合体[10]、乡村复合生态系统等[11]，出现这种差异的原因在于研究者地理学、人类学、风景园林学、景观生态学等不同的学科背景[12]。本书中，首先，作者认为乡土景观属于景观，即乡土景观具有景观“任意空间尺度上的空间异质性”[13]的本质内涵。其次，作者认为乡土景观属于一类文化景观，具有文化景观“呈现文化脉络在地理空间上的异质性”的内涵。另外，新文化地理学观点认为文化景观是文化的表征与实践的产物，可视性是文化景观结构的核心[14]，而这种可视性强调文化景观表征与实践中观看者的位置和视像。因此，结合对乡土和景观两个关键概念的探讨，认为乡土景观是“存在于乡村地域内的，自然发生和存续的，具有地方文化特性的可视事物”。

1.2　地方语境下的乡土景观识别

1.2.1　乡土景观的地域系统划分

乡土景观的形成与发展受到宏观自然地理环境与微观自然地理环境的共同控制，同时其作为一类具有明显文化属性和社会意指的景观，形成过程中又受社会文化、经济形态、精神信仰等因素的影响，呈现出生成、演化和维系上的系统性，是一种典型的地域系统。研究乡土景观在地理空间上的分异规律，划分出域内形态一致、区间界别明显的乡土景观分区是乡土景观地域系统研究的首要任务。

地域划分与景观区划研究尤其关注区划的基本原则和依据，不同原则指导下的不同划分指标选取对地理分区结果有根本性影响[15, 16]。所以，确定主导性、层次性、综合性相结合的乡土景观区划指标体系是开展相关研究的首要任务。乡土景观最本质的特征是乡村自然地理环境特征和其所蕴含的乡土社会文化意义，因此乡土景观宏观分区应从自然和人文本底两个方面来考虑。自然地理要素是人文地理综合区划的首要依据[17]，也是形成不同传统聚落基本形态和景观意象的主导因素[18]。相关研究中自然地理要素选取主要为海拔、干燥度、≥10℃积温构成的自然生态指数[17]，降水量、纬度、地貌地势组成的地理环境要素[18]，气候、地形地貌、建筑取材组成的自然地理环境要素[19]。人文地理要素在文化景观综合区划中的重要性仅次于自然地理要素，也是许多景观区划的重要依据。

综上所述，乡土景观的地域划分与景观区划应坚持主导性、层次性及综合性的原则，在乡土景观的宏观分区中应坚持自然地理环境和社会文化背景两大主导性要素，结合相关研究并依据乡土景观的本质特点，提出自然地理环境应以气候和地形为主要依据，社会文化背景应以农业形态、地域文化意象、聚落形态为主要依据。在乡土景观微观分区中，应坚持指标依据的综合性原则，根据区域特点综合选取自然地理、社会文化、聚落景观、人口民族、精神信仰、经济地理、政治地理、历史地理等多要素体系，利用要素叠加、空间分析与综合研判对乡土景观区系划分进行研究。

1.2.2　场所中的乡土景观生产

区域性是地理事物的本质，几千年来中国广袤的水陆国土上形成了地域差异明显、各具形态和特色的乡村地域系统。乡土景观是乡村人地关系长期作用的产物，是乡村生活和生产习惯在大地上的映射，赋存于不同乡村地域的乡土景观自然也具有各自区域的特征，甚至可以说，乡土景观本身就是乡村地域性的表征和写照，而场所性（genius loci）则是认识地域的有力工具。场所性亦被译为场所精神，对场所性的研究兴起于舒尔茨提出的场所精神与建筑现象学理论[20]。在广泛的研究文献中，场所性与地方（place）理论的界别并非十分明显，有时将场所理论约同于地方理论的研究[21-23]。场所性是令某个地方难忘、独特、不可复制的特征，是对包括自然要素、文化表达、感知体验等地方特质的理解与联结[24]。场所性是场所的“灵魂”或精神力量[25]，是中文“人杰地灵”中的“地灵”，场所性的依托不仅是单纯的物质空间，还承载了人们认知空间的历史、经验、情感、意义和符号[26]。从场所性的角度认识乡土景观的地域性，则是从场所的物理空间和文化空间中分别对乡土景观进行识别。

乡土景观首先存在于场所的物理空间，这个物理空间是指特定乡村地域所具有的气候、地形、土壤、水文等地理要素系统构成的乡土自然环境。乡土景观生长于特定的自然环境，又在发展过程中保持与本地环境的联系，这是乡土景观的“在地性”（localization）。乡土景观的在地性表现为任何乡土景观的物质载体都是生养于乡土自然环境的，物质本源都属于区域自然环境的一部分，形态和表达受到各种自然要素的引导和制约，其某些构成甚至在长期作用机制下重新化作了自然环境的一部分，以至于某些“自然中的乡土”和“乡土中的自然”已经无法明确分辨（如人工种植的大面积竹林）。通过梳理、分析与反思乡土景观存在形态的发生机制与发展规律，总结出乡土景观在地的地理特征识别模型（图 1-1），根据该识别模型，梳理出乡土景观在地的地理特征示例表（表 1-1）形成参照。

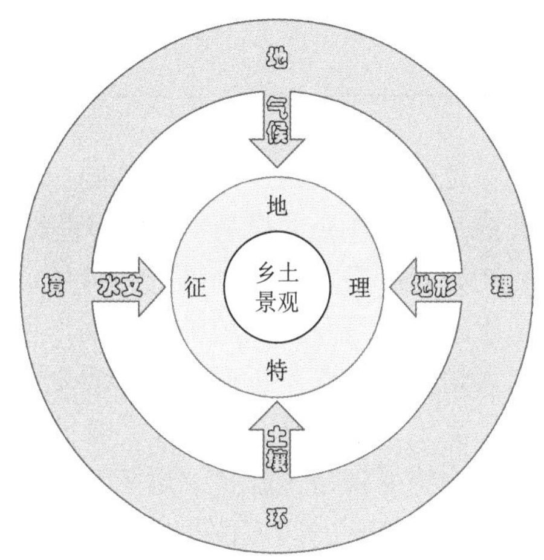

图 1-1　乡土景观在地的地理特征识别模型

表 1-1　乡土景观在地的地理特征示例表

乡土景观示例	地理特征	区域地理因素
乡土建筑	屋顶形式与坡度	年降水量与季节变化
	屋顶材质	光照变化、气温变化
	墙体构造与性质	空气湿度、气温变化
	房屋座位与朝向	冬季正午太阳方向方位、大陆季风主风向
	家屋建筑体量	气温季节变化
	建筑形态	局部地貌、气候、水文
	主体建筑材料	气候、矿产资源、植物资源
村落环境	村落空间方位、空间形态、空间结构	局部地貌、地势、水文、风向与风力
	观赏植物	气候、土质
乡土饮食	主食选择	年积温、年降水量、土壤地带性、水文
	食材丰度	气候、植被、土壤、水文
	味型选择和饮食习惯	空气湿度、气温变化、土质和水质
	特色饮食生成	光照、气温变化、空气湿度、土质和水质、矿产、风力
	饮食习性延续和演化	地形及其分布

续表

乡土景观示例	地理特征	区域地理因素
服饰装束	主体材质	纤维植物资源、纤维动物资源
	装饰物材质	矿产、野生动物资源
	色调与色彩	光照强度与变化、染色植物资源
传统农业	作物选择	气候、地形、地貌、土壤、水文
	养殖动物选择	气候、植被、水文
	田地形态	气候、地形、地貌、水文
	生产习俗	降水季节变化、光照变化、空气湿度变化

社会的本质是一定经济基础和上层建筑构成的总和，以家庭为基本生产单位的小农经济是乡土社会的最基本的经济基础[27]，而发生于这个经济基础之上的土地制度、宗法、礼制、差序格局及更抽象的精神信仰等上层建筑则是乡土社会的表征。乡土景观发生于乡土社会，是乡村人地关系长期作用的产物和乡村生产生活习惯在大地上的映射，而乡村人地关系和生产生活习惯本质上与乡土社会的经济基础与上层建筑异质同构。由此观之，乡土景观也是“乡土社会表征之表征”，其具有乡土社会历史的、政治的、文化的、社会的特征，是内含乡土记忆、经验、情感、文化和意义的主体。

乡土社会的区域性决定了乡土景观的在场性，乡土景观的表现形式符合乡土文化的地域脉络，其存续融洽乡土文化的空间氛围，乡土景观是地方文化意义的表象。考察乡土景观的在场性，就是识别乡土景观及乡土景观符号的意涵和所指是否符合本地土地制度、宗法、礼制、差序格局、精神信仰等制度要求，审视乡土景观及乡土景观符号的色彩、形状、制式、功能、大小、厚薄、距离、位置、速度、方向、数量、材料、手法等特征是有理或是无端的、协调或是突兀的、有本或是无源的、延续或是异化的、连续或是断裂的、合适或是失当的、顺和或是倒逆的……

1.2.3　地方感下的乡土景观维系

乡土景观是乡村地方性的集中体现，而人文主义地理学派所认识的地方性是主体性的，其与地方人群的经验、记忆、认知和情感密切相关而呈现出建构性，因此可以说乡土景观的在地存续也相应呈现出动态的演变，而作为地方这一构念异质同构的两个方面，地方感成为认识和解读地方性演变的重要路径。地方感作为经由主体经验形成的人与地方在情感上的联结，其主要的解析路径自然是从与乡村地域有深刻关联的当地人感知入手，但在乡村旅游成为我国乡村地方性演变的重要营力的背景下，借由旅游体验形成的地方感同样具有重要意义，尤其是旅游者的地方依恋[28]。因此，从乡土景观感知要素和乡土景观特性影响地方感的因素认知评价入手，基于在地群体和旅游者两个主体的乡土景观地方感调查，对解读乡村旅游场中乡土景观体系存续机制和演变过程具有重要意义。

1.3　乡土景观的分类体系

1.3.1　乡土景观的要素与结构

乡土景观的要素指的是构成乡土景观形态和意涵的，存在于乡土空间的各种背景、素材和符号，也称为乡土景观的构成元素[29]。乡土景观发生、存续的场所是乡村物理空间和乡土文化空间的同构，因此构成乡土景观的要素体系首先区分为乡村自然要素和乡土文化要素。乡村自然要素为气候、地形、土壤、水文、生物等要素体系，乡土文化要素既包括物质性乡土文化要素（如乡土聚落、农业事物、生活事物），又包括非物质性乡土文化要素。乡土文化中的非物质性乡土文化要素并非一致可见的或不可见的，而是具有外显的遗产性要素和内隐的意识性要素两种本质划分。外显性的非物质性乡土文化要素指能通过主体实践、展演、表现等方式实现视觉化和物质性特征的乡土文化，包括集体记忆、乡土印象、文艺、民俗；内隐性的非物质文化要素指隐含于一定的符号形式与景观形态之中，需经由信息接收、知识沉淀、反思、创造等思维活动才可感知的文化意义（如地制、宗法、礼制、差序格局、观念、信仰）。综上所述，乡土景观要素体系划分如图 1-2 所示。

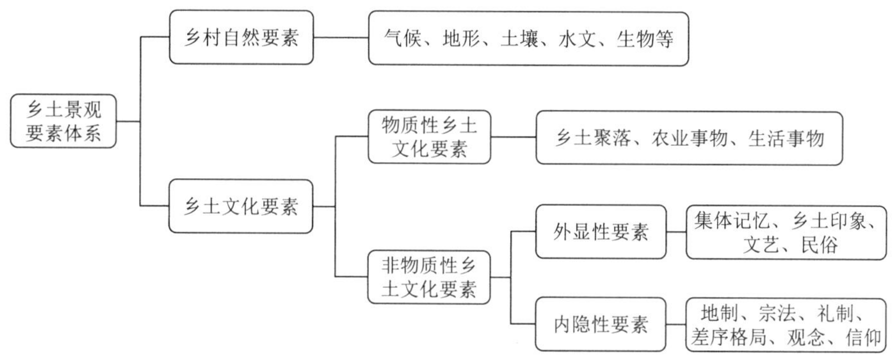

图 1-2　乡土景观要素体系划分

乡土景观的结构指乡土景观体系中各部分的基本划分和组合，是依据乡土景观受人类活动影响的程度和表现的人地关系基本形式对乡土景观基本性质进行区分。在乡土空间中，由气候、地形、土壤、水文、生物等要素构成的乡土自然环境是受人类活动影响最小的自然景观，而其余乡土景观皆受人类活动较大程度的影响，属于文化景观。按照乡土文化景观表现的人地关系基本形式，将其划分为生产性景观、生活性景观和社会性景观。乡土景观结构如图 1-3 所示。

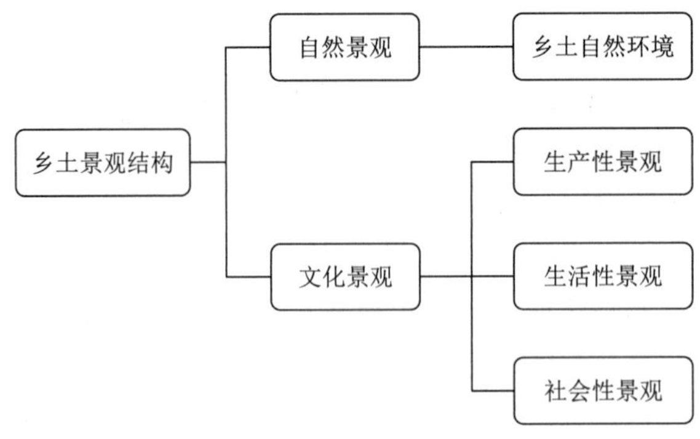

图 1-3　乡土景观结构

1.3.2　乡土景观的类型体系

基于乡土景观的要素体系与结构划分，按照成因控制、主体功能划分、形态划分相结合的原则，并借鉴相关乡土景观分类成果[30, 31]，将乡土景观体系界定为大类、类、亚类三个层级。其包括乡土自然环境系统、传统乡村基础设施、传统农业系统、乡土聚落系统、乡土文化形态 5 个乡土景观大类，气候、交通设施、田地景观等 17 个乡土景观类，道路、生产水利、水田等 54 个乡土景观亚类，并对部分类型列举了典型景观予以说明（表 1-2）。

表 1-2　乡土景观类型体系

大类	类	亚类	典型景观
乡土自然环境系统	气候	—	高山云雾
	地形	—	—
	土壤与矿产	—	盐井
	水体与水资源	—	—
	植被	—	—
	动物	—	蜜蜂、蚂蚁、鼹鼠
传统乡村基础设施	交通设施	道路	陆路、水道、滑道
		路桥	石步、独木桥、石拱桥、溜索
		路亭	草棚
	水利设施	生产水利	沟渠、池塘、水车
		生活水利	井、竹水管、水缸、排水渠道
		防洪水利	河堤、闸门、拦水篁
传统农业系统	田地景观	水田	—
		旱地	—
		农业水域	湖面、河面、海面
		草地	—
		林地	经济林、果树林
		动物群	羊群、马群、鸟群

续表

大类	类	亚类	典型景观
传统农业系统	共生或寄生系统	植物与动物	稻鱼共生
		植物与植物	玉米和大豆共生
		动物与动物	鳝鳅虾蟹螺蚌同池共生
	田地生物多样性	田地野生植物	
		田地野生动物	—
		田地微生物	—
	传统生产技术	生产工具	风斗、犁、锄、钯、镰、箕
		生产技术	—
		生产习俗	晒谷子、辣椒辫、玉米辫、稻草垛
乡土聚落系统	村落环境	村落地理方位	河流阶地、山腰
		村落空间形态	条带状、棋盘状、纺锤状、阶梯状
		村落空间结构	八卦式、放射式、平行式、散点式
		观赏植物	花草、盆栽
		守护动物	乡村中的狗
	乡土建造	建筑材料	—
		建造工艺	—
		建筑形态	梯形屋、方形屋、蒙古包、哈尼蘑菇房、吊脚楼等
		建筑符号	—
	乡土建筑	乡村公共空间	戏台、广场
		住宅	—
		坟墓	—
		宗教建筑	寺庙、道观
		宗族建筑	祠堂、牌坊
		地标象征物	村口大树、村门、中心建筑物
		风水建筑	风水林、风水渠
		边界建筑	篱笆、分界林、围墙、边坡
		生产场所与设施	晒坝、盐田、磨坊、鸭棚
乡土文化形态	乡土物景	食物	食材、制作过程、饮食方式
		生活用品与器具	具体呈现、制造技术
		服饰装束	具体呈现、制造技术
		日用植物	金银花、艾草、仙茅、蒲葵
		休闲娱乐用具	儿童玩具、竹象转轮、秋千
		信仰物景	土地神像、家仙
		宗族物景	家谱
		地权物景	地权、田契、地契
		交易工具	传统度量衡
		交通工具	木船、竹排、驴车
	乡土事景	方言土语	口音、谚语、顺口诗
		传说与历史	神鬼故事、名人轶事、先辈传说
		戏剧与民谣	戏、舞、乐、歌
		习俗与风俗	典、礼、仪、节、庆、会、宴
		乡土行当	卖货郎、麦客、剃头匠、磨刀匠、锔碗匠

1.4　结　　论

受城镇化和现代化的影响，传统的乡村社会文化空间正处于被破坏甚至消失的困境。乡村建设及乡村旅游开发亟须文化影响方面的研究指导，而乡村地方性与乡土景观体系正是探析乡村与乡村旅游地本质特征的重要方面。乡土景观是存在于乡村地域内，自然发生和存续的，具有地方文化特性的可视事物，是乡村地方性的集中体现。乡土景观在我国具有明显的地域系统划分，其区划应依据层级，分别突出主导性和综合性的原则。场所是乡土景观生成的空间，乡土景观在场所中形成了在地性与在场性的特征。乡村居民和旅游者的地方感是解读乡土景观存续和演变机制的重要视角。乡土景观的要素包括乡村自然要素和乡土文化要素，其中乡土文化要素包括物质性乡土文化要素和非物质性乡土文化要素，非物质性乡土文化要素中又包含外显性要素和内隐性要素两类。乡土景观的结构由自然景观和文化景观构成，其中自然景观主要包含乡土自然环境，而文化景观则包括生产性景观、生活性景观和社会性景观三个层面。基于此，乡土景观的类型体系包括 5 个大类、17 类和 54 个亚类。

第2章　四川乡村地域系统及乡土景观区划

2.1　相关理论

2.1.1　人地关系地域系统理论

人地关系是自人类出现以来，伴随人类及人类社会发展演化的最基本的关系，是人类及其通过各种方式，直接或间接地对地球表面施加不同程度影响的交互作用。人地关系地域系统包含了完整的人地关系认知体系，进而通过要素、机理和功能的分析形成了人地关系地域系统学说，最终构建由系统结构、动力机制、时空格局、优化调控等内容组成的理论体系[32]。

1991年吴传钧院士在《论地理学的研究核心——人地关系地域系统》一文中指出“人地关系地域系统是由地理环境和人类活动两个子系统交错构成的复杂的开放的巨系统，是以地球表层一定地域为基础的人地关系系统，也是人与地在特定的地域中相互联系、相互作用而形成的一种动态结构”[33, 34]。人地关系是在一定的生产和社会关系下建立的，随着人类社会生产力水平的发展和科技进步而发生着复杂、深入、动态的变化，也会因不同区域的自然、社会以及经济条件的差异而发生不同程度的改变。在人地关系中，人是居于主动地位的，地理环境成为被人类改造、利用和保护的对象。人地系统一直都处于协调—失衡—再协调的动态演变中，而人地关系是否协调，不取决于地而取决于人[35, 36]。人地关系地域系统的根本在于协调人地关系，从空间结构、时间过程、组织序变、整体效应、协同互补等方面去认识和寻求不同层面的人地关系系统的整体优化、综合平衡和有效调控的机理，是综合研究地理格局的形成和演变规律的理论基石。

2.1.2　乡村地域系统理论

乡村地域系统是在一定乡村地域范围内，由自然禀赋、区位条件、经济基础、人力资源、文化习俗等各要素交互作用构成的具有一定结构和功能的开放系统[37]。从结构上来讲，自然资源、生态环境、经济发展和社会发展等子系统构成乡村地域系统的内核系统；区域发展政策、工业化和城镇化发展水平等构成其外缘系统；主要包括村庄、中心村、集镇和中心镇等村镇空间体系。乡村地域系统是人地关系地域系统在乡村地理学研究实践中的理论拓展，其本质上是人文、经济、资源与环境相互联系、相互作用构成的，是具有一定结构、功能和区际联系的乡村空间体系，是一个由城乡融合体、乡村综合体、村镇有机体、居业协同体等组成的地域多体系统。

近年来，伴随着快速工业化、城镇化、美丽乡村建设、乡村振兴等战略的开展，乡村地域系统受到多种内部和外来的冲击力，传统的乡村地域类型、要素结构、空间格局与过程均发生了深刻的变化。乡村地域系统经由乡村要素自变动和外部调控的共同作用，原本相对稳定的、单一的组织关系和社会结构变得日益活跃，内部张力增大，流动性和丰富性增强。尤其以人口、土地、产业等的变化为核心，生产行为、生活行为中的要素发生各式各样的交互作用。随着乡村振兴、“十四五”规划等顶层战略设计的提出，以乡村生活空间、生产空间、生态空间为主的“三生”空间成为各界关注的热点，乡村地域系统的演变规律、重构机理、机制路径等问题成为新的时代课题[38]。

2.1.3　三主三分理论

区域是具有一定空间范围与地域功能的地理单元。在相同尺度的区域之间存在着边界与地域差异；不同尺度的区域面上又具有外部的层次性以及内部的有序联系。县域在中国所有尺度的区域体系中是最基本、最稳定的行政单元，且是连接城市与乡村区域的重要纽带，在区域协调、城乡融合发展中发挥着重要作用。“三主三分”理论主要基于“主体功能—主导类型—主要用途”的地域层级关联，以及相应的“分区—分类—分级”空间组织体系。该理论较先应用于国内“多规合一”、新型城镇化村镇建设，也为科学揭示乡村地域系统结构和空间分异格局提供了全新的认知理论和方法论基础。在乡村振兴战略的大背景下，基于资源禀赋、自然条件、区域发展定位等，科学地划定不同区域的主体功能、主导类型、主要用途，系统地开展功能分区、利用分类、用途分级，以为“三主三分”理论提供更多的实践支撑。

2.1.4　城乡融合系统和城乡融合体

城市与乡村是命运共同体，只有二者可持续发展，才能相互支撑。城乡融合发展是城乡空间有机重构、乡村要素有效配置、乡村振兴有序推进的核心。系统是由相互影响、相互作用的要素，按照一定结构组成的具有特定功能的有机整体[39, 40]。区域系统囊括了乡村系统和城镇系统两大子系统，它们相互融合、相互叠加，内部进行物质、能量与信息的交换，形成了独特的城乡融合系统。城乡融合体是由城镇地域系统和乡村地域系统相互交叉、相互渗透、相互融合而成的一个城乡交错系统，由中小城市、小城镇、城郊社区及乡村空间等构成。从系统的内部要素构成来看，乡村系统包括自然地理环境、资源禀赋等自然要素以及人口、经济、文化、社会等人文要素。乡村地域在一定程度上成就了城市，城市在发展中也通过各种形式反哺乡村，促进乡村产业结构转型、乡村功能结构完善、乡村发展模式创新。城乡融合系统和城乡融合体在发挥地理学综合优势、构建乡村地域系统、划分乡村地域系统类型上有重要的理论意义和实践价值[38, 39]。

2.2　划 分 原 则

区划原则是确定区划指标，制定区划方法，形成完整区划体系的重要依据；是深入探究地理现象，揭示地理要素的地域分异规律，准确把握区域特征相似性与差异性，进而服务国民经济建设的科学方法和工作手段。参考刘彦随先生提出的中国乡村地域系统的区划原则，针对四川乡村地域系统，确定以下几个方面的划分原则。

（1）综合分析与主导因素相结合。乡村地域系统是由自然地理环境、资源禀赋等自然要素和人口、经济、文化、社会等人文要素构成的综合体，是一个不断处于动态变化的系统。乡村地域系统的划分需要从多方面要素进行系统分析，并且这些要素中不同类型影响的比重是有差异的，将各类因素的分析结果进行整合来解析乡村地域系统的划分特征[41]。人口、土地、产业是乡村地域系统演化的核心要素，工业化和城镇化外援动力、自我发展内生动力是乡村地域系统发展演化的主要动力源泉。

（2）宏观区域框架与地域类型相结合。乡村地域系统的划分是综合自然与人文等要素分析得出的结果，属于综合地理区划，其形成过程和空间分异不一，并且因科技发展水平、社会发展水平、不同地域经济水平的差异而呈现出不同的特点。由于要综合考虑各方面的要素，划分的尺度要适中[40, 41]。自然条件方面可以选取较高等级自然区的划分为乡村地域系统的划分提供一个宏观框架，社会经济发展水平方面要以地域分异规律为基础，结合不同区域的差异性综合考虑。

（3）发生统一性原则。任何区域范围都是自然因素和人文因素综合作用的历史产物，是一个历史综合体，划分出来的任何区域都必须具有发展过程的相似性，但对于不同尺度或同一尺度的不同区域其发展过程又有一定程度的差异性和特点[42, 43]。乡村地域系统就是历史发展的产物，地域单元之间的区际联系也有历史渊源。因此，要基于乡村地域的资源禀赋状况、自然地理环境、经济发展水平等要素，考虑乡村未来的发展方向与发展模式。行政区划单元的划分既反映不同地域发展的历史背景和相互联系，又对区域发展有重要作用，是乡村地域系统考虑的重要因素之一。

（4）空间连续性与行政区划完整性原则。在同一等级的区域划分中，要保证每一个区域划分单元的独立性与划分单元之间的连续性，不能存在空间上的分离和重叠。同时，行政区划是我国政策实施及众多区划的基本单位，在区域划分过程中要考虑同一地域系统类型分区边界的完整性[44]。

（5）定量评价和定性判断有机结合。本书主要是利用指标构建、空间解析、模型分析、专家决策支持等定性与定量相结合的方法。定量评价能够减少人的主观意愿的影响，空间连续性与行政区划的完整等需要采用定性方法来实现。基于地理信息系统（GIS）技术进行空间分析与整合，对乡村地域系统进行划分。

2.3　主 要 方 法

（1）主成分分析法。采用主成分分析法，识别影响乡村地域系统可持续发展的主导要素。主成分分析法是在损失较少信息的前提下，通过变量变换，在多个具有相关关系的变量中找出少数几个相互独立的新变量（主成分）；新变量是原有变量的线性组合，既相互独立又能最大限度反映原变量指标所包含的信息。

（2）聚类分析法。聚类分析法是按照个体（记录）的特征对它们进行分类，使同一类别内的个体具有尽可能高的同质性，而类别之间则具有尽可能高的异质性。采用 K-均值（K-means）聚类方法对主导要素进行聚类，尝试不同聚类方案，最后选取类间距较短的聚类方案。

（3）ArcGIS 空间分析。*K*-means 聚类方法缺少考虑空间维度和空间关系。将不同聚类数的结果导入 ArcGIS 中进行可视化展示，基于空间可视化和空间查询与统计功能，综合行政边界等主要地理界线的分布，整合分析不同聚类数量下的分区特征，从中选取最合理的结果作为四川乡村地域系统的划分结果。

2.4 指标选取及数据来源

构建科学、合理的指标体系是区划的重要前提，划分乡村地域系统类型的目的在于客观地反映不同地域的资源环境本底与社会经济发展特征[45, 46]。乡村地域系统所选用的地域划分指标应能够反映综合地理区域分异的主要特征。四川乡村地域系统以县域尺度为乡村地域系统类型的研究单元，以县域尺度对地域系统进行划分能够更准确地表征乡村地域分区范围，也更好地保证了行政区划的完整性，更有利于揭示乡村地域系统各要素的空间分异规律。参照刘彦随等[47]提出的指标体系，结合四川省的发展方向，选取了地理环境（平均海拔、15°以上坡度面积占比、地表破碎度）、资源禀赋（年均降水量、人均耕地面积、0℃以上积温）、人文社会（人口密度、人口老龄化、劳动年龄人口占比、农村人口外流率）、经济水平［道路交通密度、人均地区生产总值（gross domestic product，GDP）、地方财力状况、城镇化率］等 14 个评价指标（表 2-1）。

表 2-1 乡村地域系统多要素指标体系

编码	指标层	指标说明（单位）
X_1	平均海拔	区域平均海拔（m）
X_2	15°以上坡度面积占比	坡度大于 15°面积/区域总面积（%）
X_3	地表破碎度	不同栅格高程的标准差
X_4	年均降水量	地区多年平均降水量（mm）
X_5	人均耕地面积	耕地总面积/农村户籍人口（hm^2/人）
X_6	0℃以上积温	0℃以上积温的多年平均值（℃）
X_7	人口密度	人口总量/区域面积（人/km^2）
X_8	人口老龄化	农村 65 岁及以上人口/农村常住总人口（%）
X_9	劳动年龄人口占比	农村 16～64 岁人口/农村常住总人口（%）
X_{10}	农村人口外流率	（农村户籍总人口–农村常住总人口）/农村户籍总人口（%）
X_{11}	道路交通密度	道路总长度/地区总面积（km/km^2）
X_{12}	人均 GDP	地区生产总值/总人口数（元/人）
X_{13}	地方财力状况	地方一般公共预算收入/人口总量（万元/人）
X_{14}	城镇化率	城镇常住人口/地区常住总人口（%）

数据来源包括四川省县域单元矢量数据、遥感影像和社会经济统计数据。四川省县域单元矢量数据和栅格数据来自地理空间数据云的 SRTM DEM 90m 分辨率原始高

程数据，以 2019 年为基准，将县级地域按照四川省最新的行政区划结果进行更改、归并，将城镇化率为 100%的区县地域（锦江区、青羊区、金牛区、成华区、武侯区）视为城市地域并将其剔除，最终得到 178 个区、县域地理单元。基于数字高程模型（digital elevation model，DEM）数据使用 ArcGIS 提取得到各区、县的平均海拔、坡度和地表破碎度。积温、年均降水量数据集来自中国科学院资源环境科学与数据中心，社会经济数据来自 2020 年《中国县域统计年鉴》(县市卷)、《四川统计年鉴 2020》、《四川统计年鉴 2019》，农村人口外流率、人口老龄化和劳动年龄人口占比来自《中国 2010 年人口普查分县资料》。

2.5　地域系统划分步骤及结果分析

2.5.1　四川乡村地域系统主导要素提取

收集四川省 178 个区、县和 14 个指标的数据，将所有数据导入 SPSS 进行标准化处理，之后进行主成分分析。经过试验，因子旋转方法选择最大方差法得到的结果最完整且最鲜明，KMO 检验系数为 0.818，巴特利特球形检验在 99%置信区间显著（$P<0.001$），表明适合做主成分分析。将构建指标体系中的 14 个变量进行分析，提取特征值大于 1 的主成分，作为四川省乡村地域系统划分的主导要素。结果显示，前 4 个主成分的累计贡献率为 80.379%，即涵盖了大部分指标信息，表明这 4 个主成分能够代表最初的 14 个指标来分析四川省乡村地域系统划分依据。前 4 个主成分中，主成分 1 的贡献率为 46.460%，主成分 2 的贡献率为 16.483%，主成分 3 的贡献率为 9.965%，主成分 4 的贡献率为 7.471%；提取前 4 个主成分与原有变量的载荷矩阵（表 2-2），分析各主成分的实际意义及其反映的主导要素。

表 2-2　主成分载荷矩阵

编码	Z_1	Z_2	Z_3	Z_4
X_1 平均海拔	−0.584	−0.745	−0.150	0.050
X_2 15°以上坡度面积占比	−0.878	−0.322	−0.174	−0.009
X_3 地表破碎度	−0.924	−0.165	0.035	−0.024
X_4 年均降水量	0.031	0.900	0.068	−0.216
X_5 人均耕地面积	−0.276	−0.175	−0.481	0.538
X_6 0℃以上积温	0.596	0.716	0.147	−0.041
X_7 人口密度	0.608	0.160	0.631	−0.022
X_8 人口老龄化	0.338	0.693	0.009	0.451
X_9 劳动年龄人口占比	−0.012	0.054	0.391	0.854
X_{10} 农村人口外流率	0.289	0.709	0.094	0.120
X_{11} 道路交通密度	0.710	0.371	0.262	−0.180
X_{12} 人均 GDP	0.151	0.087	0.913	0.115
X_{13} 地方财力状况	−0.086	−0.075	0.827	0.037
X_{14} 城镇化率	0.287	0.357	0.729	0.143

一般来说，当｜载荷率｜≥0.6 时，可认为要素与主成分的相关度足够大，表明其对应的因子在某个主成分中作用明显，反之则不明显。表 2-2 的载荷矩阵结果表明：第 1 主成分（Z_1）与地表破碎度（X_3）、15°以上坡度面积占比（X_2）、道路交通密度（X_{11}）和人口密度（X_7）呈较强的相关性，其中地表破碎度、15°以上坡度面积占比与道路交通密度存在负相关关系，即地表破碎度越大、15°以上坡度面积越大，道路的设置越少，坡度、地表破碎度影响道路交通的布局，与实际情况相符，是反映地形条件的综合变量，称为地形条件因子；第 2 主成分（Z_2）与年均降水量（X_4）、平均海拔（X_1）、0℃以上积温（X_6）、农村人口外流率（X_{10}）和人口老龄化（X_8）呈较强的相关性，其中平均海拔与年均降水量和 0℃以上积温呈负相关关系，即海拔越高的地区，年均降水量越少，0℃以上积温越小，是反映气候与人口条件的综合变量，称为气候与人口综合条件因子；第 3 主成分（Z_3）与人均 GDP（X_{12}）、地方财力状况（X_{13}）、城镇化率（X_{14}）和人口密度（X_7）呈较强的正相关关系，是反映地区经济发展潜力的综合变量，称为地区经济发展潜力因子；第 4 主成分（Z_4）与劳动年龄人口占比（X_9）呈较强的相关性，而人均耕地面积（X_5）载荷率虽未达到 0.6，但在四个主成分中与第 4 主成分的相关性相对最高，因此，将劳动年龄人口占比（X_9）和人均耕地面积（X_5）一并纳入反映区域土地资源禀赋的综合变量，称为土地资源禀赋因子。

地形条件因子（Z_1）和气候与人口条件综合因子（Z_2）中包含了所有的地形要素和气候要素指标，还在一定程度上反映了人口外流率和人口老龄化程度。综合各指标的权重来看，这两个主导要素能够反映乡村发展的自然本底。地区经济发展潜力因子（Z_3）反映了乡村经济发展的现有水平、发展潜力以及乡村的城镇化进程，是在城市的带动下乡村经济发展的外驱动力。土地资源禀赋因子（Z_4）能够反映乡村土地资源和土地发展潜力，对乡村土地利用率具有重要影响，是影响乡村农业规模与发展潜力的要素，称为内生动力，即在乡村发展过程中内部生存发展而产生的自发动力。

2.5.2　乡村地域系统区划

利用 SPSS 进行分析，采用最大方差法提取各主成分的系数（表 2-3），并计算各区、县的主成分得分。分别将各主成分得分与 ArcGIS 中矢量数据的属性表相链接，将各主成分得分的情况通过 ArcGIS 表现出来。计算主导要素综合得分的公式如下：

$$\begin{cases} Z_1 = l_{11}x_1 + l_{21}x_2 + \cdots + l_{p1}x_p \\ Z_2 = l_{12}x_1 + l_{22}x_2 + \cdots + l_{p2}x_p \\ \qquad \vdots \\ Z_m = l_{1m}x_1 + l_{2m}x_2 + \cdots + l_{pm}x_p \end{cases}$$

式中，Z_m 为第 m 个主成分得分；x_p 为标准化后的第 p 个原变量的值；l_{pm} 为第 p 个原变量第 m 个主成分中的得分系数。

表 2-3　各主成分得分系数

编码	1	2	3	4
X_1 平均海拔	−0.042	−0.205	0.032	0.041
X_2 15°以上坡度面积占比	−0.349	0.128	0.055	−0.047
X_3 地表破碎度	−0.456	0.225	0.143	−0.087
X_4 年均降水量	−0.315	0.488	0.017	−0.212
X_5 人均耕地面积	0.016	−0.016	−0.198	0.434
X_6 0℃以上积温	0.060	0.185	−0.035	−0.032
X_7 人口密度	0.192	−0.135	0.174	−0.027
X_8 人口老龄化	−0.016	0.239	−0.096	0.334
X_9 劳动年龄人口占比	−0.009	−0.020	0.091	0.614
X_{10} 农村人口外流率	−0.086	0.279	−0.029	0.071
X_{11} 道路交通密度	0.213	−0.038	0.017	−0.120
X_{12} 人均 GDP	−0.059	−0.034	0.341	0.023
X_{13} 地方财力状况	−0.129	−0.035	0.348	−0.041
X_{14} 城镇化率	−0.050	0.070	0.238	0.056

在主成分得分可视化过程中，采用均等分类的方法将主成分得分数值进行划分，再进行适当调整，得到图 2-1 的结果。以地形条件因子来表征区域的基础地理环境，$Z_1 \leqslant -1.5$ 表示该区域的地形条件差，15°以上坡度面积占比大且地块比较分散，道路交通条件相对较差；$Z_1 > 1.5$ 表示该区域地形条件好，地形起伏很小，道路交通条件较优；$Z_1 \leqslant -1.5$、$-1.5 < Z_1 \leqslant -0.5$、$-0.5 < Z_1 \leqslant 0.5$、$0.5 < Z_1 \leqslant 1.5$、$Z_1 > 1.5$ 分别表示地形条件差、较差、一般、良、优 5 种分类。气候与人口条件综合因子中，$Z_2 \leqslant -1.8$ 表示该区域的气候条件较为恶劣，海拔较高、降水量较少、积温也偏低，农村人口外流率和人口老龄化也在一定程度上较低；$Z_2 \leqslant -1.8$、$-1.8 < Z_2 \leqslant -0.8$、$-0.8 < Z_2 \leqslant 0.2$、$0.2 < Z_2 \leqslant 1.2$、$Z_2 > 1.2$ 分别表示该区域气候与人口条件差、较差、一般、较好、好 5 种类别。以地区经济发展潜力因子表征该区域的经济发展水平及发展潜力，$Z_3 \leqslant -0.3$ 表示该区域的经济发展水平低，且城镇化水平低，乡村后续发展动力不足；$Z_3 \leqslant -0.3$、$-0.3 < Z_3 \leqslant 0.7$、$0.7 < Z_3 \leqslant 1.7$、$1.7 < Z_3 \leqslant 2.7$、$Z_3 > 2.7$ 分别表示地区经济发展水平及发展潜力差、较差、一般、较高、高 5 种类别。以土地资源禀赋因子来表征区域的土地资源状况及利用效率，$Z_4 \leqslant -0.8$ 表示该区域的土地资源较差、土地利用效率不高，劳动年龄人口的占比小；$Z_4 \leqslant -0.8$、$-0.8 < Z_4 \leqslant -0.2$、$-0.2 < Z_4 \leqslant -0.4$、$-0.4 < Z_4 \leqslant 1.0$、$Z_4 > 1.0$ 分别表示区域土地资源禀赋差、较差、一般、较好、好 5 种类别。

从地形条件来看，成都市西部区域，呈南北走向的茂县、理县、汶川县、宝兴县、天全县、芦山县、荥经县、石棉县、九龙县、冕宁县等的山脉最为丰富，坡度级别最大，地表破碎度相对较强，道路密度较小；从该区域向四周地形变化逐渐放缓。从气候与人

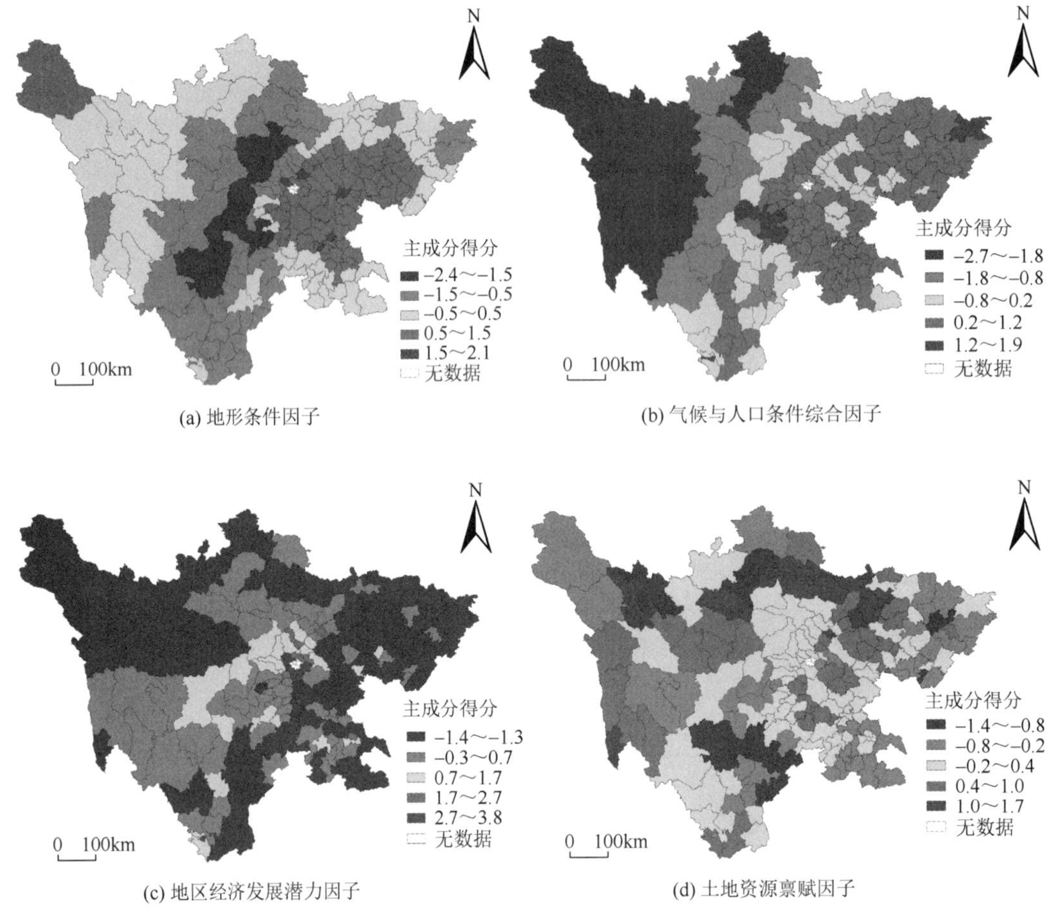

(a) 地形条件因子　　(b) 气候与人口条件综合因子

(c) 地区经济发展潜力因子　　(d) 土地资源禀赋因子

图 2-1　主成分可视化

口条件综合来看，大体上由西向东海拔逐渐降低，气候条件也逐渐变好；东部地区的人口外流率要大于西部地区，其原因在于东部地区接收外来信息要多于西部地区，随着社会经济的发展，有一部分人口已经流入省外，多流入广东、浙江等地区。从四川省不同地区的经济发展水平来看，成都市作为四川省的省会，拥有着全省最强的经济发展潜力；四川省的经济水平从成都市向周围大致呈递减的趋势。从土地资源来看，四川省全域耕地资源较好，且劳动年龄人口占比较大，能够在一定程度上增大土地利用率和生产率。

在上述主导要素分析的基础之上，采用 *K*-means 聚类方法对 4 个主导要素进行聚类分析，分别尝试 3～7 个类别的聚类方案。根据聚类分析结果以及将 *K*-means 聚类结果导入 ArcGIS 可视化呈现，综合考虑不同类别的差异以及类间差异最小的原则，得到每个区县的聚类结果，最优聚类数为 5。由于其中一类分区仅包含两个县域范围，且分布分散，遂将该分类剔除，综合考虑这两个县域划分的行政区划、最小距离等因素，将其归并到其附近的区划类别。另外，考虑地理区位的影响，将川西南部分的区划结果分成两个部分。将聚类分析结果导入 ArcGIS 中，对最终的乡村地域系统区划方案进行可视化表达（图 2-2）。

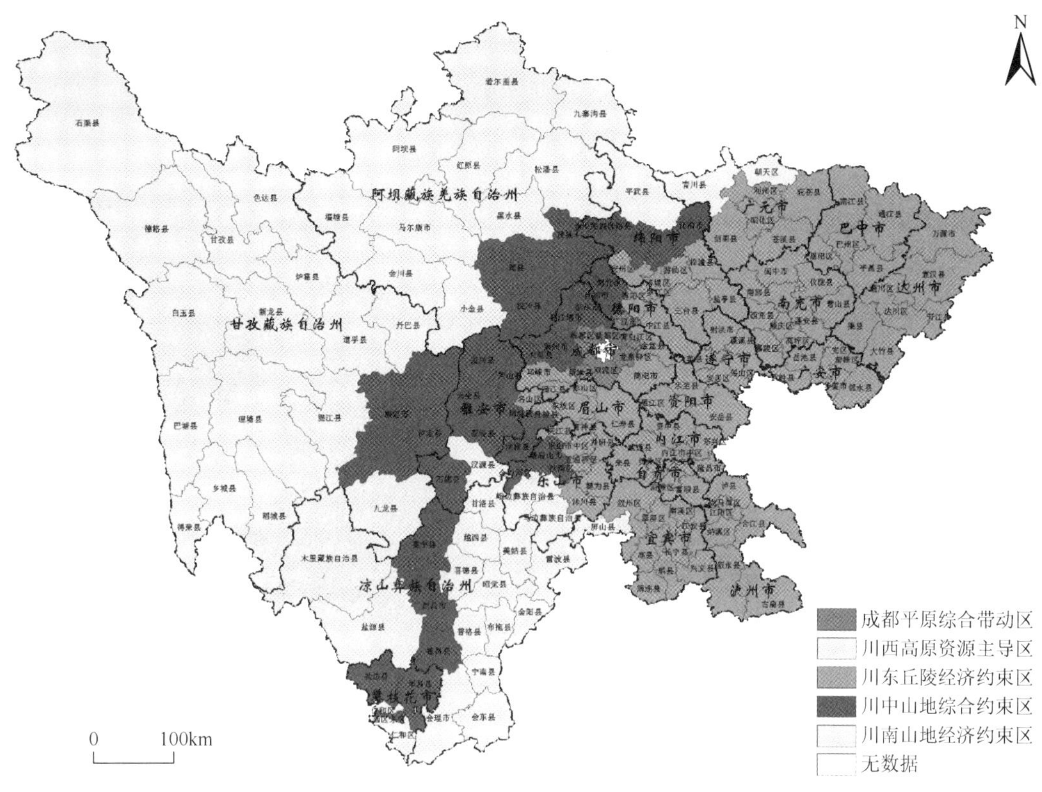

图 2-2　四川省乡村地域系统区划

命名方法依据“地理区位+主导要素影响力”，将得分最低且低分区域占比较大的主导要素归为乡村地域系统的约束要素，将得分最高且高分区域占比较大的主导要素归为乡村地域系统的驱动要素。最终将四川省乡村地域系统划分为 5 个大区：成都平原综合带动区、川西高原资源主导区、川东丘陵经济约束区、川中山地综合约束区、川南山地经济约束区，具体分区方案详见附录 1。

2.5.3　四川乡土景观分区

根据第 1 章所述，乡土景观是“存在于乡村地域内的，自然发生和存续的，具有地方文化特性的可视事物”，乡土景观的形成与发展受到宏观自然地理环境与微观自然地理环境的共同控制，同时其作为一类具有明显文化属性和社会意指的景观，形成过程中又受社会文化、经济形态、精神信仰等因素的影响，呈现出生成、演化和维系上的系统性，是一种典型的地域系统。因此，对四川乡土景观的分区首先以四川省乡村地域系统区划为基础，同时考虑四川省乡村不同地域之间的地貌特征、生态系统、民族文化的联系和差异，将四川乡土景观分为 6 个大区（图 2-3）：川中平原核心区、川中盆周山地区、川西北高原区、川西南裂谷区、川西南中高山地区、川东丘陵低山区，具体分区方案详见附录 2①。

① 本书景观区命名中的地理方位仅是以主体区域的地理方位来取的，并非完全对应景观区中每一个区县（如川东丘陵低山区的蒲江、川西北高原区的木里等）。

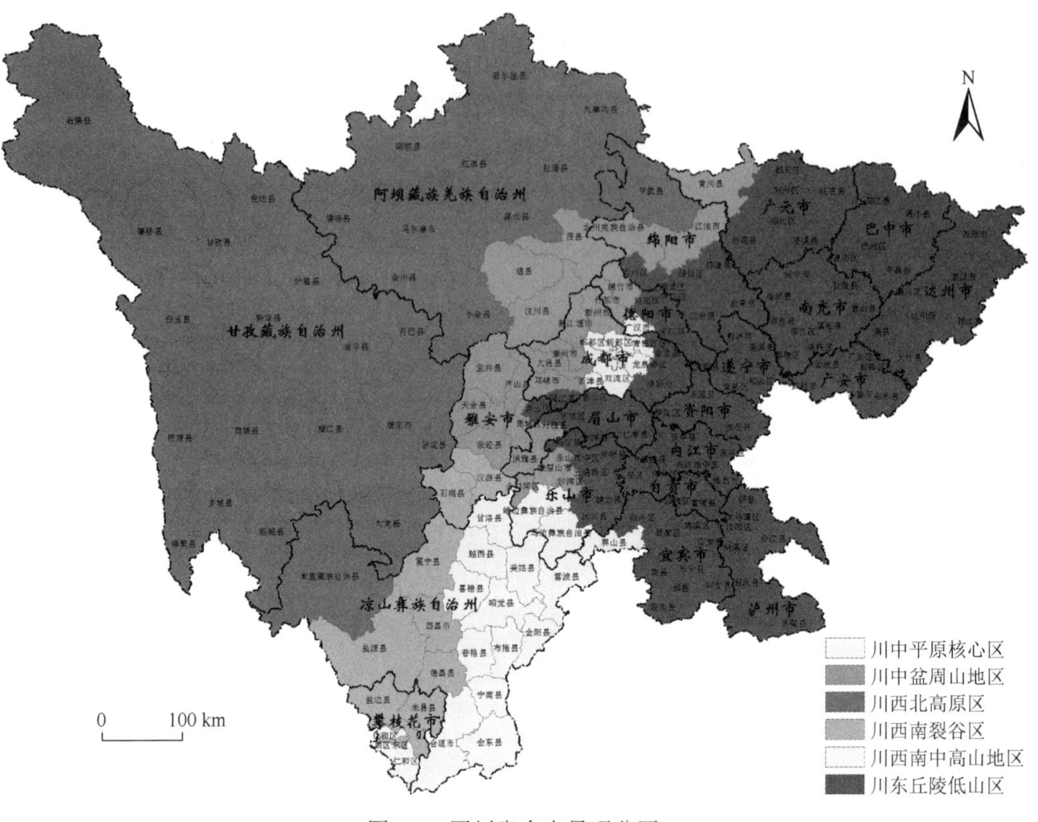

图 2-3 四川省乡土景观分区

第3章　四川乡村聚落

3.1　四川乡村聚落空间分布特征

乡村聚落作为农户日常生活的主要空间，是各种自然地理条件和人文社会发展的产物，反映着人与乡村环境和谐共生的关系，是乡土景观的重要载体。在全球化和现代化的影响下，保留有村落原有乡土性特征的传统村落成为乡村聚落的典型代表。传统村落是指具有一定发展历史，延存至今且保留较为完整的乡村聚落形式。截至目前，我国先后发布了六批传统村落，共 8155 个，分散在全国各地，其中，四川省共有 396 个传统村落，详见附录 3。详见附录 3。通过对传统村落的梳理，基本可以看出四川乡村聚落在空间上的分布特征。

首先，在地理区位分布上，四川乡村聚落整体呈现聚集分布特征，且分布不均衡，呈现出东部“大聚集，小分散”、西部“小聚集，大分散”的多核聚集分布格局。在川西高原的甘孜藏族自治州（简称“甘孜州”）和阿坝藏族羌族自治州（简称“阿坝州”），乡村聚落以高密度中心聚集为主，而在川东北广元市、巴中市和达州市以及川东南地区，乡村聚落则以高密度带状聚集为主[48]。

其次，在自然环境因素的影响下，四川乡村聚落呈背山面水、负阴抱阳、随坡就势的分布格局，川西高原及山地的乡村聚落呈高海拔、散点状、小聚集分布，东部平原和丘陵的乡村聚落呈大聚集分布。总体上，乡村聚落主要分布在川中盆地、川东低山丘陵和川西高原山地河谷的较低海拔地区，基本处于太阳光照较好的阳坡、半阳坡和半阴坡，并且坡度较缓，降水量丰富，温度湿度较适宜，一般靠近水源，有利于生活耕作。同时，出于安全考虑，乡村聚落主要分布在水势较缓的支流水系和主干流中下游地区，充分体现了师法自然的特点。

最后，四川乡村聚落分布受道路交通的影响十分明显，主要分布在古道、国道、省道沿线，并且以民族文化和历史文化为依托，形成多样化的风格和文化特征。例如，地处川西北的甘孜州和阿坝州，是四川藏、羌两个少数民族的主要聚集地，在民族、历史、宗教等多种文化的融合下，孕育出许多极具民族特色的高原山地乡村聚落；而川东北地区，从夏商到秦汉创造了璀璨的巴国文明，留下了丰富的历史文化遗存，浓厚的巴文化、红色文化、三国文化、蜀道文化等特色文化塑造了许多具有明显历史文化特征的乡村聚落；地处川、滇、黔三省接合部的川西南、川东南一带，为多民族（表 3-1）杂散居地区，其乡村聚落也呈现出多元融合的特点。

表 3-1　四川省 14 个世居少数民族分布情况

民族	分布区域
藏族	甘孜州、阿坝州、凉山彝族自治州（简称“凉山州”）的木里藏族自治县
彝族	凉山州、乐山市、攀枝花市

续表

民族	分布区域
羌族	阿坝州的汶川县、理县、茂县和绵阳市的北川羌族自治县、盐亭县、平武县
苗族	泸州市、宜宾市、凉山州
回族	散居在广元市的青川县、苍溪县，广安市的武胜县，南充市的阆中市，成都市的新都区、崇州市，宜宾市，凉山州的西昌市、德昌县、会理市，阿坝州的松潘县、阿坝县以及绵阳市、内江市、泸州市、自贡市等
蒙古族	散居在凉山州的盐源县、木里藏族自治县以及成都市等地
傈僳族	散居在凉山州和攀枝花市
满族	成都市
纳西族	凉山州的盐源县、木里藏族自治县和攀枝花市的盐边县

3.2 川中平原核心区

川中平原核心区包括成都市的龙泉驿区、青白江区、郫都区、温江区、双流区、新都区、新津区 7 个区以及德阳市的广汉市共 8 个区市。整个区域位于成都平原内。成都平原发育在东北—西南向的向斜构造基础上，是由发源于川西北高原的岷江、沱江及其支流等冲积而成的 8 个冲积扇重叠连缀复合形成的冲积扇平原。整个平原地表松散，地势平坦，海拔在 450～750m；平原内四季气候分明，日照少、气候温和，降水充沛，属暖湿亚热带太平洋东南季风气候区；水系格局特殊，呈纺锤形，河流出山口后分成许多支流奔向平原，分支交错，河渠纵横，土地肥沃，地势平缓，水利灌溉方便，农业发达。该区地处古蜀文化发源地，具有悠久的历史和深厚的文化底蕴，经济富庶，人口也最稠密。

3.2.1 聚落生成背景

优越的气候、土壤条件加上都江堰千年水利工程的作用，使得川西平原农耕条件、传统农耕方式和居住生活相互协调，共同构成了川西地区特有的农耕环境，两三家相连，五六家毗邻，也有单家独居的，代代相传，形成了星罗棋布的聚居村落，平面如盘状的农家院落围以竹林、树林、果木，如一块块绿岛嵌在川西平坝上，充分体现了具有蜀水文化特色的川西农耕文化。

3.2.2 聚落特征

1. 聚落选址

川中平原核心区的聚落类型是极富特色的川西平原林盘聚落，其农家院落与周围良好的林木环境共同组成了集生活、生产、生态和景观为一体的复合型农村散居式聚落单元。农田围合成聚落的外部景观，网格状结构的河渠与道路形成聚落的景观骨架，分布在聚落内的节点形成聚落内的多核公共空间，这些元素经过长期的演化和组合，建立了稳定、有序的空间结构[49]。依据林盘所在地域的地形地貌的不同，可分为平坝林盘与山丘林盘。平坝林盘主要分布在川西平原区域，山丘林盘主要分布在川西平原周边的盆周山地区域。

在平坝地区，地形、耕作条件类似，林盘在该区域分布较均匀，聚落类似团状，从中心延伸到四周；受地形限制，还有部分沿河流及道路呈带型发展，多形成大中型林盘。平坝林盘宅院的布局与方位多依托建造时的现状条件而发展，宅院之间呈错落布置，多以竹树林木或果树菜地加以区隔。各大小林盘聚落由主要道路连接，其余交错复杂的人行便道布置得十分随意（图3-1）。

(a)

(b)

图3-1　平坝林盘聚落环境

山丘林盘因地形、地貌的差异呈现出多种分布规律，其场地的选址及布局主要有以下几个特点：第一，选址尽量不占用耕地，尤其是水田；第二，林盘总体布局面向视线开阔的山下平坝；第三，由于背山或背坡，山丘林盘多呈现正面绿化弱围合，背面和侧面绿化强围合的态势，院落布局方位基本面向景观开阔的区域；第四，林盘宅院依据地形坐落于坡面不同高度的小台地上，通过绿化加以围合形成林盘单元，多个林盘单元则通过山路和梯道加以联系与发展，形成立体化的优美人居景象（图3-2）[50]。

(a)

(b)

图3-2　山丘林盘

2. 聚落景观空间形态特征

林盘聚落空间主要由建筑空间和公共空间组成，建筑空间由建筑单体空间和院落空间组成，公共空间主要由街道、绿地、坝子、广场等组成（图 3-3）。聚落空间构成可分为林、田、水、宅四个要素。其中林和水是自然要素，宅与田是人为要素[51]。林盘是斑块，耕田是本底，连接林盘之间的小路、纵横排布的水渠则是廊道，形成了一定区域内的农林生态系统。在林盘聚落中，水是林盘形成至关重要的部分，部分都江堰灌溉体系、各种规模的灌溉水渠，以及分散在林盘内部和周围的少量堰塘、溪流，为农业生产带来持续动力。各个大小林盘之间均有道路相连接，其不仅将散布的大小林盘连接起来形成林盘体系，还是林盘内外物质能量交换更新的重要通道。道路也充当着廊道的功能，联系和区别各个板块，形成独特的林盘聚落空间[49]。

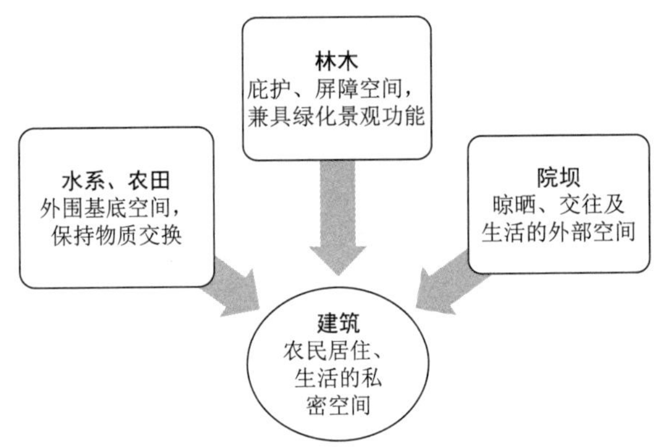

图 3-3　林盘平面结构组成关系示意图

川西林盘具有明显的可识别性，灰瓦白墙、茂林修竹、河渠纵横、美田弥望是其明显的特征。对于村民来说，林盘是他们的精神家园，如乔木、晒坝、小径、水塘、亭子、桥梁、宗祠等都可能是构成场所归属感的重要元素，能够形成特定的场所精神。

从林盘聚落的布局形态来看，其能够对农田、水系、建筑、林地进行有机梳理，构成有机分散和集中的“随田散居”的聚落景观格局。川西林盘聚落格局依据不同的空间结构组织方式可划分为以下几类：中心聚居型、无中心聚居型和无中心散居型（图 3-4）。

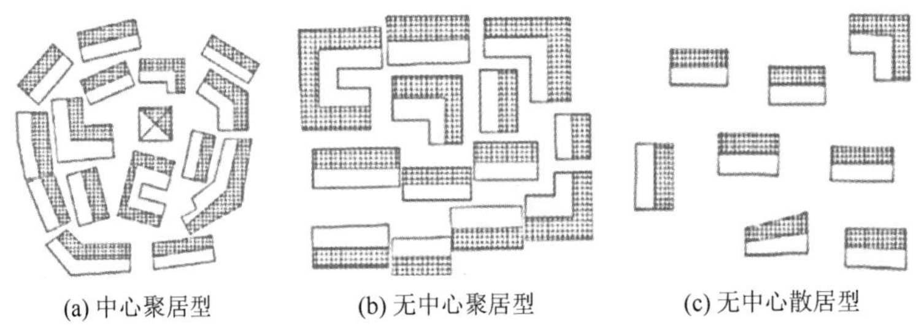

图 3-4　川西平原聚落空间结构组织方式[51]

1）中心聚居型

该类型聚落布局受中心控制，但聚落物质空间和自然空间呈现一种渗透过渡的融合关系，以山、水、田间标志物暗示聚落的边界，对外呈现出一种较为开放的姿态。例如，罗汉寺林盘是川西聚落中少见的中心聚居型林盘，它的中心为罗汉寺大殿，周边住宅围绕寺庙修建[51]。

2）无中心聚居型

这类聚落空间体现了聚落社会组织结构的核心场所。公共空间并不发达，但因聚族而居，成员大多信仰宗教，十分重视集体生活。因此，聚落营建中尽管缺少中心空间，但依旧呈现出紧凑集中的布局模式。

3）无中心散居型

无中心散居型主要包括网络式聚落、鱼骨式路网聚落和混合型聚落。①网络式聚落的交通结构由环状的主要交通和多条线状的支路将各住宅相连。聚落规模小，在20户内，通常由道路或水系围合成边界。这种聚落常见于地势平坦的河谷地带，主要经过后期的规划或自组织建设而成。②鱼骨式路网聚落规模通常也较小，部分聚落位于水渠附近或毗邻外部道路。一般外部道路穿过聚落，而支路将建筑串联起来，形成鱼骨式的主路与支路结合的路网结构。水和道路围合边界，最终形成山体水网环绕的空间轮廓。③混合型聚落由若干集中型和散居型林盘组团而成，一般聚居规模较大，整体结构疏密有致，形态较为复杂多样。混合型林盘组团是成都乡村地区比较普遍存在的林盘聚落（图3-5）形式。

图3-5　环境优美的林盘聚落

3.2.3　典型建筑样式

林盘聚落民居的平面形式主要有“一”字形、“L”形、三合院和四合院等（图3-6和图3-7），其民居因地理位置、农家经济状况的不同，形式和品质差距颇大，在满足生活起居的同时，还须有供家务劳作、农畜家禽饲养的生产空间来满足农副业生产的需要。此外，依据环境和具体情况的不同，林盘聚落民居又衍生出更为多样的组合形态。

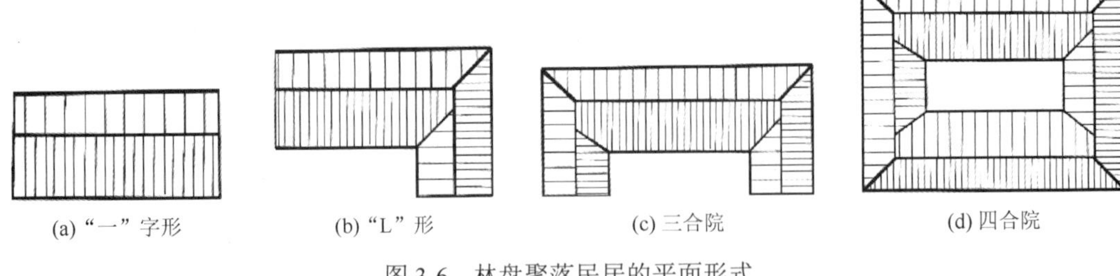

图 3-6　林盘聚落民居的平面形式

图 3-7　林盘民居平面形式的组合形态

1. "一" 字形宅院

"一" 字形宅院即一列三间的平面布局。中间堂屋是祭祖、起居和会见亲朋好友的地方，左右间是卧室或灶房。建筑前有一块空坝以竹林、树丛围合。此类宅院机动灵活，占地不多，易于建造，但封闭性和领域感较差，空间整体性较弱。

2. "L" 形宅院

"L" 形宅院又称 "曲尺形" 宅院或 "丁" 字形宅院，即在 "一" 字形宅院的基础上，在正房右或左接出耳房 2～3 间，做卧室、灶房或储藏室之用，形成两条建筑围合的空间。常利用树、竹或作物与民居形成一个半围合的场地，称为 "院坝"。此类宅院相对 "一" 字形宅院封闭性和领域感有所增强，且易形成多种变体。

3. 三合院宅院

在 "L" 形宅院的基础上，在一侧加入厢房，形成 "门" 字形，就成了三合院宅院，这类住宅已明显围合出院坝空间，形成围合性较强的前厅，若前院增设围墙，则称为闭口三合头。从三合院宅院开始，无论是室内外的交接面积还是景观的整体性，都较前两类有明显的改善。

4. 四合院宅院

四合院宅院又称为“四合头”，围绕着中央天井而建，下厅房用来堆置器物或用作牛栏、猪圈等，也称“四水归堂”。其特色是房屋出檐深远，四面屋檐相接处占地方正，类似于云南的“一颗印”民居。这类建筑占地方正，入口通常在正中。中间的庭院是劳作、休闲、宴请的中心。四合院落是内向型空间，具有很强的围合性及私密性。四合院宅院的形成通常始于三合院宅院或“L”形宅院，随着家庭收入和人口的增加，在原有的建筑基础上不断增加新的房间（图 3-6）。当四合院宅院仍不能满足使用需要时，村民会以套院的形式纵深叠加新的院落，形成以间为单位的院落组合方式[49]。

因气候环境和生产生活的特点，林盘民居还产生了各种典型的建筑样式，如堂屋、檐廊与敞厅、龙门等。

1）堂屋

堂屋是川西林盘民居中不可或缺的部分，它基本位于平面的中心，即正房的明间。堂屋除了供奉、祭祀祖先外，还兼作日常起居、接待用，有时还临时放置粮食等。堂屋一般平面形态方正，较为高大宽敞，如需设置后门，也都紧依屋角，以突出正面空间的完整与庄重。堂屋是全宅最神圣的精神中心，其装置和摆设都较为讲究，常置有牌位、香炉等。

2）檐廊与敞厅

（1）檐廊。林盘住宅一般会在院坝设置宽大的檐廊，使室内空间和室外院坝相连，并作为民居中主要的生产生活场所。这其中有两个原因：一是川西地区日照少，民居开窗小，以致室内阴暗，不方便起居劳作；二是川西地区多雨潮湿，半室外檐廊非常适合日常生活。因此，檐廊的形成有其必要性，它成为开展大量辅助性、后续性农业生产和副业生产的场所，也是农家叙谈交往、孩童嬉戏玩耍的地方。四合院的檐廊与挑檐环绕院落一周，即使在下雨天绕屋行走也不会湿脚，非常适宜川西地区雨多地湿的气候环境。此外，宽大的檐廊也是堆放生产生活器具、晾晒粮食和临时储存的重要场所（图 3-8 和图 3-9）。

图 3-8　民居中的檐廊

图 3-9　檐廊下储物

（2）敞厅。林盘民居中敞厅的出现与川西地区潮湿闷热的气候有关。敞厅具有以下功能：一是作为临时接待和交谈的场所，也可放置生产生活用具；二是将堂屋或次堂作为敞厅，主要用作生活起居，大型四合院也有将中厅做成敞厅或穿堂的，或仅以屏风遮挡视线；三是作为放置生产生活器具、堆放粮食柴火或是养殖家禽牲畜的地方，也可作为生产劳作的专用场所。

林盘民居中的敞厅和檐廊大多连为一体，成为扩大的、连续的半室外空间，这是川西地区气候环境与农民生产生活需求的产物。这种半开放性空间与中心院坝相结合，是林盘民居模式的重要表现和主要空间特征，非常具有典型性[50]。

3）龙门

龙门即大门，是民居院落的空间起点，一些富裕家庭还会设二道龙门。林盘民居较看重龙门的建造，通过门的朝向、尺度、用材和装饰装修等，体现其“门面”的功用（图 3-10）。龙门与院墙、房舍围合院坝，构成一组虚实相济、内外有别的居所单元。龙门口也是农家“摆龙门阵”（闲谈）的地方，龙门后的多余空间常用来放置农具等。

(a) (b) (c) (d)

图 3-10 几种龙门样式

3.2.4 典型村落实例

1. 成都市温江区万春镇鱼凫村 8 组罗家院子林盘

鱼凫村位于成都市温江区北部，面积 2.6km^2，距离温江主城区 5km。近年来，通过考古发掘，在该村发现了成都平原史前城址——鱼凫村遗址和大量与古蜀鱼凫时期相关的器物等。罗家院子林盘位于鱼凫村8组，交通便利，面积约30亩（1亩≈666.7m^2）①。罗家院子位于温江花木生态产业集中发展区，四周皆为花木园圃，林木茂盛，外围则有大蒜、油菜等成片的农田作物种植区，一条清水农渠从院落间穿行而过。罗家院子林盘具有自然生态和亲水游玩的原生态田园村落风貌（图3-11和图3-12）。该林盘除了景观风貌优美外，地理区位也较好，紧邻国色天乡主题乐园和鱼凫村遗址，此外，其生态资源、旅游资源和历史文化内涵也十分丰富。

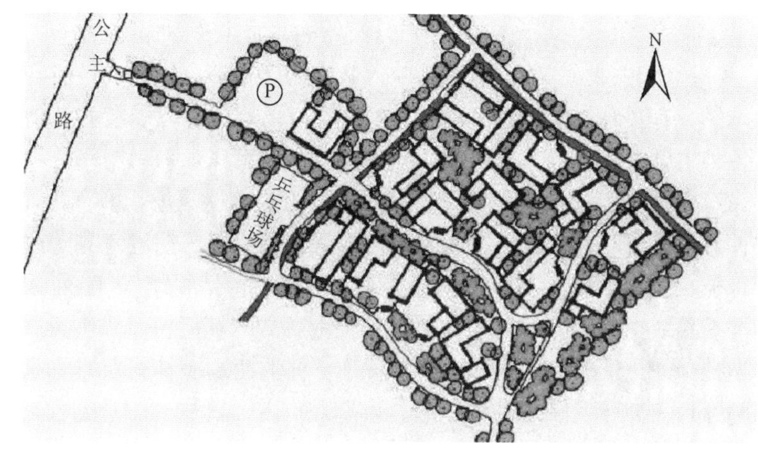

图3-11 罗家院子林盘平面图[50]

(a)

(b)

图3-12 院落景观

罗家院子林盘是成都市第一批川西林盘保护利用示范点，当地于2009年10月启动了罗家院子林盘生态人居村庄整治项目，结合成都平原特有林盘资源开发、古蜀鱼凫文化遗址保护和城乡环境综合整治，在原有村落风貌格局和景观的基础上，对林盘的交通系统、沟渠林地、给排水管网、天然气、通电通信管线、民居风貌、公共场所等进行了统一的规划设计，并公示征求了村民的意见，采取“农民自筹+财政补助+社会资金”的模式开展实施。通过近5个月的改造工程，罗家院子林盘焕然一新，基础设施配套基本

① 李先逵. 2009. 四川民居. 北京：中国建筑工业出版社.

完善，生态环境更加优美，初具现代田园乡村风貌。一个个具有川西民居色彩的乡村院落错落有致地散落于竹林间，小径清渠、绿树修竹、青瓦白墙，呈现出了平坝林盘典型的闲适、静谧、和谐之美。

2. 成都市郫都区友爱镇农科村

农科村位于郫都区友爱镇，地处成都平原中部，交通便利，区内有走马河、清水河穿过，土壤肥沃，气候温和，植被茂盛。农科村依靠花卉苗木产业发展乡村旅游，成为全国乡村旅游的典范，获得“中国农家乐旅游发源地”“国家级生态示范区”“国家级生态村”等称号。

农科村的典型院落益园，是一个集川西园林、传统林盘民居和古董收藏为一体的农家院落（图 3-13）。走进益园的大门（图 3-14），映入眼帘的便是清爽雅致的各色花木。前院分布有农耕物品展示馆，有各种年代、款式的打谷机、风车、犁耙等，展示着林盘农耕文化的悠久历史；另有各种主题盆景，颇具传统川西盆景风貌；还有花木葱郁的精致小花园。后院是一处四合院，设有专门的字画收藏展览室和餐厅，方正的庭院四角栽培有各式花木和盆景，在敞廊中设有休息的竹椅和茶座，还挂有匾额字画等。经后院右拐进入侧院，院内高大的香樟树和几处花池假山别具西蜀园林韵味。二楼有一个“古董博物馆”，陈列着各式各代的陶罐瓷器，其中还有传统家具收藏区，摆放林盘住宅的各式雕花门窗及古典家具（图 3-15）。纵观益园，可谓是一处集生态、景观和人文环境于一体的西蜀园林式农家院落，也是一处环境优美的精致林盘，它充分反映了林盘可居、可业、可游、可赏、可乐的独特品质。

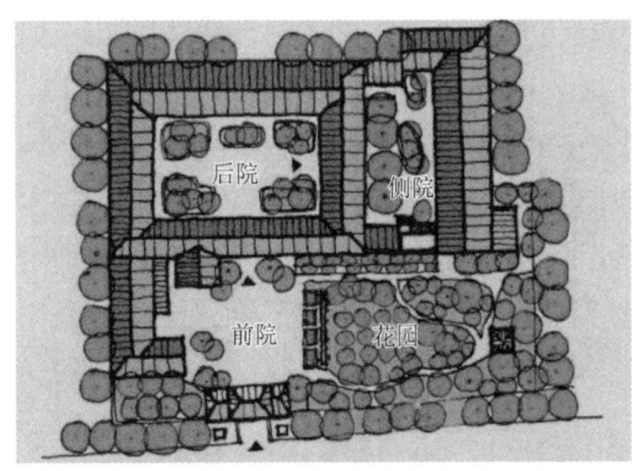

图 3-13　益园平面布局[50]

图 3-14　龙门

(a)

(b)

(c)

图 3-15　园内景色

3.3　川中盆周山地区

川中盆周山地区包括阿坝藏族羌族自治州的理县、茂县、汶川县，成都市的崇州市、大邑县、都江堰市、彭州市、邛崃市，德阳市的什邡市、绵竹市，广元市的青川县，乐山市的峨眉山市、金口河区、沙湾区，眉山市的洪雅县，绵阳市的北川羌族自治县、江油市，雅安市的大部分区县。区域内的地形大致为中海拔山地、丘陵，谷沟纵横，地形地貌变化剧烈，形态丰富，处于多个地质构造带上，是地震、泥石流等地质灾害的多发易发区，土壤类型随海拔变化而变化；盆周山地区内的山脉以中低山为主，但也有不少高山，主要有岷山、龙门山、邛崃山等；地表河流密布深切形成河谷，由北向南加剧，径流量大，主要包括岷江、青衣江、杂谷脑河等；区内大部分地区属亚热带季风性湿润气候类型，年均气温 14～17℃，雨量充沛，四季分明，气候呈垂直分布，高山寒冷，河谷温和，昼夜温差大；由于垂直气候的影响，区内植被也呈独特的垂直植物分层景观，且由于所处地带不同，同一时期也有不同的植物景观，以乔灌混合林为主。

3.3.1　聚落生成背景

川中盆周山地区内，以呈南北走向的茂县、理县、汶川县、宝兴县、天全县、芦山县、荥经县等的山脉最为丰富，坡度级别最大，地表破碎度较强，道路密度较小；地表河流深切形成河谷，由北向南加剧。

历史上，川中盆周山地区经历过复杂而激烈的民族斗争与民族迁徙，最终形成区内以羌族为主，藏族、汉族、回族模糊分布、相互杂居的现象；区内语言风格各异，但都呈现出明显的民族融合趋势；风俗习惯独具特色又各不相同；各民族在以本土宗教为主的基础上，也信奉藏传佛教、汉传佛教、道教等。川中盆周山地区由于自然地形和社会人文多方面的复杂因素影响，聚落景观具有典型的多元复杂性，景观形态极为丰富，主要包括盆周山地的羌族传统聚落和区内成都平原过渡地带的川西山丘林盘聚落等。

川中盆周山地区的汶川县、茂县、理县、北川羌族自治县以及川西北高原区的黑水县、松潘县一带的高原地区是目前我国唯一延续至今、保持古羌文化最为纯正的羌族聚居区，其中又以茂县、汶川县、理县最为典型。羌族是一个古老的民族，为远古华夏族的组成部分，原本广泛分布在西北各地区，殷商时期主要活跃在河湟地区，后逐渐南迁，秦汉以后迁至岷江上游一带定居下来，以农牧业为主要经济形式，在高山上修筑层层梯田，开发河谷以发展农业生产。在生产生活的逐步融合过程中，受汉族文化影响较深，通用汉语、汉字，多数使用汉姓。有些宗教信仰也受汉文化影响，如受风水文化影响，在宅旁等处立雕刻兽头的石柱，在寨子内筹建汉式寺庙，信仰佛教、道教等。但羌族更多的是本民族的泛神拜物信仰，如白石神、角角神、羊神、山神、火神、水神、中柱神等[52]。这些生活习俗和信仰在羌寨、羌居中都有鲜明的反映。羌族人民不畏强暴，很有反抗精神，族人团结友爱，喜聚族而居，对外有很强的防卫意识，每个寨子几乎都有高大巍峨的石碉楼，形状各异，坚固雄伟，堪为奇观。羌族传统聚落是该区域内最具特色的乡土景观聚落。

3.3.2 聚落特征

1. 聚落选址

羌族传统聚落是集生产、生活、防御为一体的石头聚落，其聚落的形成受到自然、文化、宗教和战争的影响。由于盆周山地生态环境的制约显著，出现了河谷类、半山腰类、高半山类不同特征的选址方式（图 3-16）。此外，羌族聚落选址在充分考虑自身安全的基础上，还需顾全其生活、生产（如放牧、耕种）所需的物质资源[53]。因此，大多数羌族聚落呈集中式布局，具有很强的向心性，连成一体，目的是在战时集中各寨力量，提供有力的自我保护。为了获得更多和更方便的生活资源和生产用地，他们选址的共同规律在于近水、近耕地、靠山。

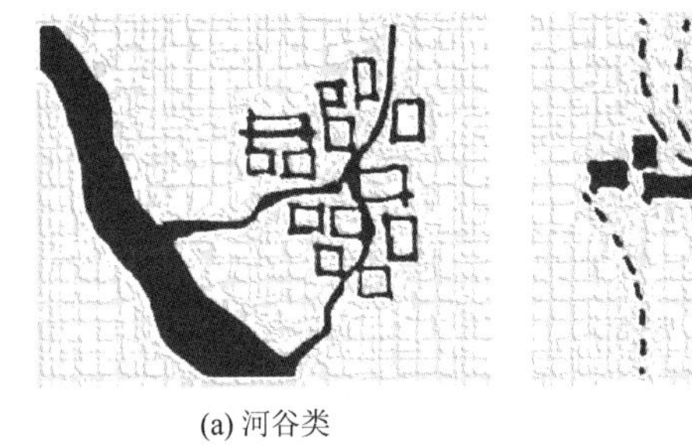
(a) 河谷类

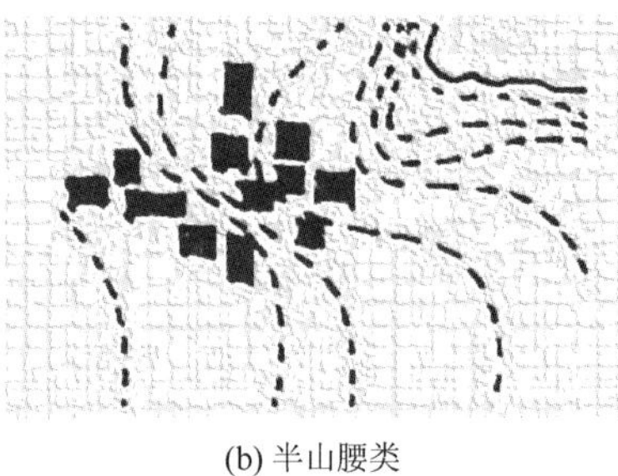
(b) 半山腰类

(c) 高半山类

图 3-16 羌族聚落选址类型分类

1）河谷类

杂谷脑河沿岸的滩涂地土壤肥沃，且因靠近道路，成为极好的村寨选址场地。但由于河谷地带用地较为紧张，为了保证生产资料的来源，羌族人尽量不占用耕地，通常将聚落选址在不适宜农业生产的陡坡上，并顺应山势对民居进行布局。因此，建筑随着山势的变化呈现出层层叠叠、错综复杂的分布现状。羌族人在适应自然中形成了一套独特的选址风水观——“阳山、阴山”一说，即选址需朝阳，既满足农作物的生长需求，又满足羌族人的宗教信仰，即对自然的崇拜。由于河谷气候较为适宜，没有高山的气候严苛，且地势相对低矮，交通出入较为便利，适合开展对外贸易。因此，河谷类选址的聚落更为繁荣、兴旺。在对选址的防御需求逐渐下降的情况下，河谷吸引居住于半山腰和高半山的羌民逐渐向下搬迁。

2）半山腰类

半山腰类选址的羌寨比较注重防御功能，通常对地形没有特定的要求，选址一般介于河谷类和高半山类的中间开阔地带，通常垂直于等高线布局，而后顺应等高线走势向外拓展延伸。由于此类地形的耕地分布面积较小，因此聚落布局通常都较为紧凑，顺应山势充分利用民居与环境的夹角空间进行农事生产。同时，由于垂直山体建造的难度系数大，所以建筑的建造工艺也是极为考究的，通过层层叠叠向上的屋顶连接形成可供活动的晒坝，既解决生产和防御需求，又成为可供村民日常休闲的活动空间[53]。半山腰类选址极好地反映了羌族聚落的集体防御功能，但耕地面积的不足导致这类选址的分布是最少的。由此可见，在早前的羌族聚落选址中，防御功能的实现对于整个聚落的存亡是至关重要的。

3）高半山类

河谷类选址拥有良好的交通条件和优质的土壤条件，但防御性能低且易受到洪水侵袭；半山腰类选址防御性能高，但生产资料远远不足。相较于前两种选址，高半山类的羌寨拥有天然的地势防御屏障，且山顶的缓坡平台提供了大面积的耕地。因此高半山类羌寨在过去生产资源不足、各种冲突征战不断的情况下，获得了平稳发展的物质资源和相对稳定的环境保障，实现了自给自足的小农生活，再加上道路的闭塞，与外界交流最少，使得高半山类选址的羌族聚落成为传统文化保存最完好的聚落。

2. 聚落景观空间形态特征

1）以道路布局的形态特征

羌族聚落布局的特殊性导致道路依照聚落整体布局而规划，早期的道路布局主要是为了满足战争和防卫需求，四通八达却又机关重重。由于道路两侧民居用地的相互挤压，道路呈现复杂曲折的平面形态，为了更好地利用空间，民居与民居之间设置了过街楼，形成了一种半封闭式的交通系统[54]。

寨内房屋呈密集的若干不规则块体集合，每个块体由若干户相连，形成布局走向自由的街巷，如棋局一般，寨内有主干道纵向贯通全寨，并有曲折的小巷横向分布，联系较为便利。这类围绕道路系统布局的聚落，通常根据道路的走向和布局来确定聚落的组团和功能分区，立体的布局形式让道路在竖向上呈现出更多样的景观特征。茂县纳普寨、理县老木卡寨等聚落均为道路划分优先的传统聚落代表。

2）以水渠布局的形态特征

水渠是羌族聚落布局中十分重要的元素，无论是何种选址，水渠都被作为重要的规划依据。几乎所有羌寨都是在靠山吃水、背靠高山的同时，精心将高山上源源不断的雪水引入聚落，对其进行细致规划，渐渐形成有明有暗、家家相通、纵横交错的水网体系，并在开敞处搭建磨房和洗衣汲水处，建立了聚散人流、使水渠与道路同步发展的空间形象，同时满足了生活和防御要求。桃坪羌寨、龙溪羌寨等均是以水网为规划核心进行布局的传统聚落代表。

3）以碉楼布局的形态特征

以碉楼为布局核心是典型的以军事备战为主导的布局类型，碉楼是全寨的最高点，是放哨和狙击敌人的地点，是聚落中很重要的元素，以碉楼为布局中心的聚落分布广泛，既有河谷类聚落，又有高半山类聚落。碉楼的位置、形体、尺度、材质、色彩与周围的民居形成强烈对比，主宰着空间的收放、聚合、层次、错落与节奏。周边险要的自然环境则更加强了村寨民居组团以碉楼为核心的凝聚性。碉楼聚落的选址特征是以寨内分布的碉楼位置为准，以碉楼为圆心辐射开来呈发射状，碉楼分为主碉和副碉，所以聚落也就自然分成了主居住组团和副居住组团，这样就组成了一个主次分明、层次清晰的传统羌寨聚落[54]。其选址的形式还有对称式、散射式、中轴式等，具体依据地形和走势需要展开。

3.3.3 典型建筑样式

羌民和藏民由于居住在类似的自然地理条件上，在长期的民族交融中，其住居建筑也有相同之处，主要包括最具特色的碉楼民居、分布最为广泛的石砌民居和一些官寨。

1. *碉楼民居*

将碉楼与邛笼石屋相结合的民居是羌族民居最具特色、最有民族地域风貌的居住形态。单独的碉楼的主要功能是用于防卫瞭望，在遇到战事或灾害时可临时避难其中；而碉楼民居中的碉楼不仅具有上述功能，还具有居住功能，一座高耸的碉楼下紧连着一座住宅，在结构受力、空间组合、材料使用、空间分配等方面均紧密联系，融为一体。同时根据地形条件及使用方式，其有机组合的形式也丰富多样，风采各异（图 3-17）。杂谷脑河下游碉楼民居的碉楼和住宅之间有一定距离，虽然靠得很近，却是相互独立的两个空间体，两个空间没有达成共同受力的空间亲和状态。

(a)

(b)

图 3-17　羌族碉楼民居

2. *石砌民居*

石砌民居又称“邛笼”，是羌族民居中所占比例最大的一类。一般分为三层：一层的主要功能为圈养牲畜、堆放柴火；二层主要为煮食取暖的火塘和起居卧室；三层为晒台、罩楼。有的石砌民居高达五层，高度约 10m，广泛分布于羌族地区。总体上看，从底部至顶层，墙体有收分，呈方锥体形的稳定感。石砌民居的外部空间形态特征较统一，石砌墙为承重体系；内部各层有支撑柱、无通柱，各层柱网无规律，内部空间变化自由随意；主室地位至高无上（图 3-18）。

3. *官寨*

羌族的官寨是羌居中最复杂、讲究的住宅类型，官寨在羌族聚落中不但体量、外形、结构优于普通民居，而且由于居住者为寨中有地位的富人，因此官寨在聚落中还具有“精神领袖”的地位，在物质形态和精神层面均处于聚落的中心位置。但由于历史上土司制度的演变，受汉藏文化的影响颇深，有的官寨为藏族人所建，有的官寨毁损不全，现仅存三座，即茂县曲谷乡河西村王泰昌官寨（图 3-19）、瓦寺土司官寨和理县的甘堡乡藏族桑梓侯官寨[52]。

(a)

(b)

图 3-18　羌族石砌民居

(a)

(b)

图 3-19　王泰昌官寨

3.3.4　典型村落实例

1. 阿坝藏族羌族自治州理县桃坪羌寨

桃坪羌寨位于阿坝藏族羌族自治州理县杂古脑河畔的桃坪乡（2015 年改为桃坪镇），占地 440 多亩，约 98 户 500 人，距今已有 2000 多年历史。桃坪羌寨是羌族聚落最典型的代表之一，全寨共有 8 个放射性出口，寨房互相连通，水网路网上下、明暗交错，宛如八阵迷宫。现存三座最具特色的羌碉（图 3-20）。2007 年，桃坪羌寨同其他位于甘孜州、阿坝州的藏羌碉楼一同被列入《中国世界文化遗产预备名单》。

阿坝州理县的桃坪羌寨选址类型是典型的河谷类，地处高山谷底，背靠峭壁险峰，与杂谷脑河相依形成一个天然的屏障。桃坪羌寨正好位于杂谷脑河的一个回湾处，寨旁还有一条雪山融化形成的天然径流，融化的溪水顺势而下，为桃坪羌寨的生产、生活提供了源源不断的水源。这些条件共同构成了桃坪羌寨滩涂面积广、地势相对平坦、土地丰沃、交通便利的聚落生成背景。羌寨整体坐北朝南，北侧以自然山体为屏障，西侧以羌民的母亲河杂谷脑河为外延，聚落向东南方向呈扇形展开，周边以果树农田和天然林地为过渡[54]。

桃坪羌寨的景观格局是当地自然地形、气候长期决定的，并形成了相对稳定的景观局面。背靠高山、茂盛的森林为聚落提供良好林木资源的同时也带来了生产资料、生活

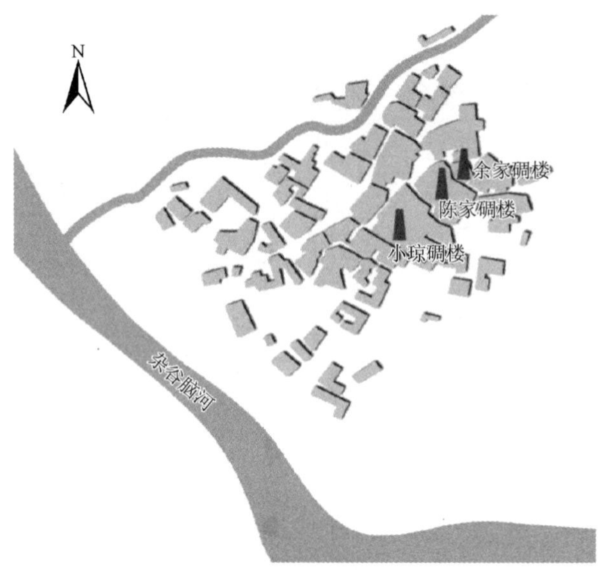

图 3-20　桃坪羌寨布局[54]

资料。桃坪羌寨充足的日照和较大的昼夜温差为果树的生长带来了有利条件，千百年来，居民通过农业种植和果木生产形成了自给自足的生活模式。同时，在与自然长期适应、协调、共生的过程中，对羌寨的保护也体现出羌民对传统文化的尊重与继承。

桃坪羌寨的空间形态构成以水系布局为中心，在建寨之初羌民就对地下水网水系进行了精心规划，在历史不断变迁的过程中水网仍发挥着不可替代的作用。水的特性是无形的，但水与道路、建筑的交错形式利于形成丰富的平面空间形态，桃坪羌寨的整个水路空间结合民居空间共同构成了聚落的空间骨架。

寨内民居的空间形态也十分丰富，寨房通常分为五层，每层由只能满足一人上下的圆木楼梯相连。民居一层通常作圈养家畜用；二层满足屋主生活起居，包括厨房、客厅、居室等主要功能区；三层是次要功能区；四层主要用于晾晒谷物、储存粮食；顶层屋顶为供奉其传统信仰的白石而设。民居周边或位于一、二层接合区域的空间还有院落景观。由于空间的限制，公共空间几乎都在民居周边展开，碉楼就作为其中最特殊的空间拓展和延伸，寨前的小院子和屋顶空间也可弥补公共空间的不足，同时还可以在竖向上扩展，从而形成错落有致的景观空间序列（图 3-21～图 3-23）。

2. 阿坝藏族羌族自治州茂县黑虎乡小河坝村鹰嘴河寨

鹰嘴河寨位于阿坝州茂县黑虎乡政府东南处的一道山脊之上，海拔约 2300m，山脊西陡东缓，西面因紧靠悬崖下的鹰嘴河而得名鹰嘴河寨（图 3-24）。古时由于持久的民族内外纷争，聚落的防御性成为生存之本，羌民便将寨子修建在易守难攻的悬崖峭壁之上，并建有数十座碉楼抵御侵害。寨内民居、碉楼、祭台和自然环境融为一体，形成了巍峨险峻的碉楼聚落景观。由于地势陡峭、交通困难，目前寨中居民大多已搬迁至山下河坝居住，大量缺少维护的碉楼民居被废弃甚至坍塌。村内现仍保留 9 个较完好的四角形石碉楼、八角形石碉楼、十二角形石碉楼，该村是羌族地区碉楼数量最多、分布最集中、样式最丰富的村寨，这些碉楼是领略羌寨风情、研究古羌历史文化的活化石。

图 3-21　俯瞰羌寨风貌

图 3-22　屋顶互相连通的桃坪羌寨

图 3-23　羌寨内的街巷空间

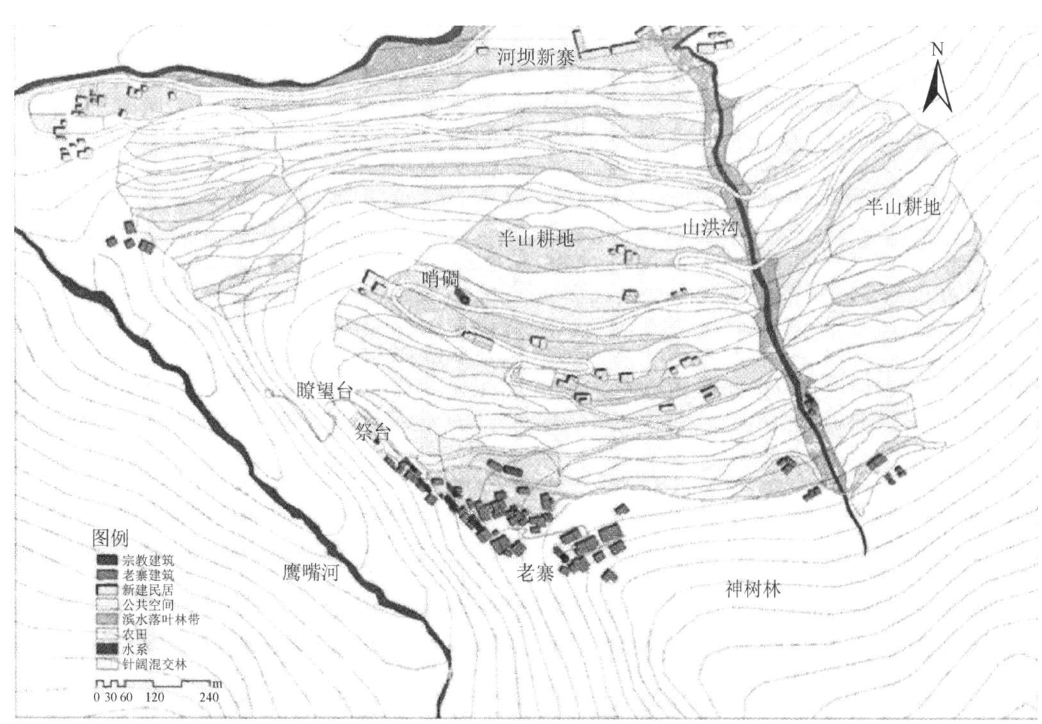

图 3-24　鹰嘴河寨总平面图[55]

鹰嘴河碉楼建筑群坐落在高近 200m 的悬崖峭壁上，墙基紧靠悬崖边缘，部分石砌墙体厚度达 1m，建筑多为 2～3 层，沿山脊随山势起伏布局。与聚集感很强的桃坪羌寨不同，这里的建筑相互独立，每隔一定的距离就建有高大雄伟的碉楼，村中百米范围内现存的碉楼就有 7 座之多（图 3-25），而四周住户仅十来家，可见此处战事之频繁。碉楼之间的火力范围连接成网，控制着整个寨群，并与民居结合沿山脊一字排开，形成了以碉楼为据点，以射击距离为半径，相互支持、相互照应，覆盖全寨的聚落空间结构。普通石砌民居则环绕着碉楼而建，随地形逐级拔高，形成丰富、壮观的聚落景观层次。聚落内部的水渠、道路等相互穿插，形成若干灵活多变的节点空间。

(a)

(b)

图 3-25　碉楼密布的鹰嘴河寨

羌族人民信仰原始宗教，其神祇众多却形象相同，均以白石为代表。其宗教符号也多以日月、牛羊等自然物为代表。加之历史上民族战乱不断，羌民为了生存疲于奔命，无暇顾及太多不能给予实际庇佑的神祇，因此鹰嘴河寨内可见的宗教元素除了房顶放置的白石神，基本全是自然本色。

3. 成都市邛崃市平乐镇花楸村

花楸村距离成都市区 101km，距离邛崃市区 28km，位于中国历史文化名镇平乐镇。该村地处川西平原边缘山区之中，区内山、丘兼有，山势挺拔，丘陵起伏，村内多条山涧小溪自上而下、自南向西穿村而过，汇入白沫江。村内树木葱茏，全村绿化率达到了 80%以上。花楸村是盆周山地区川西山丘林盘聚落的典型代表。

花楸村中的古院落主要集中在半山腰上，如今多数仍在使用。村内古建筑保存完好，其中的李家大院林盘位于花楸村中部，形成了以李家大院为核心，辐射周边农家的山丘林盘聚落（图 3-26）。林盘内竹树林木繁茂高大，林盘外有面积达 1500 亩之广的康熙御封的“天下第一圃”的御茶园，还有御茶坊、祭天台、古造纸作坊遗址等景点和大片茶园。李家大院依山向谷，坐西向东，院前的大条石主梯道依地势曲折跌落，与高大苍劲的楠木林、苍翠茂盛的慈竹林相结合，气势逼人（图 3-27）。李家大院占地 20 亩，建筑面积 4160m^2，由 1 大 6 小共 7 个天井和 149 间房屋组成，是光绪皇帝亲赐“皇恩宠锡”御匾的川西山地古民居，是清代民居的典型代表。

大院建筑采用传统的穿斗木结构，台、梁、阁等建筑构件均为木质材料。院内有工艺精湛的木雕、石刻，与传统建筑相得益彰，集中反映了明清时期的民居建筑风格和工艺水平，具有独特的历史人文价值。花楸村生态环境优美，有康熙御封的“花楸贡茶”茶圃和竹源面积 1300 亩的十里竹海长廊，还有自然形成的地下溶洞、地下河、地下湖泊景观等。

图 3-26　李家大院林盘平面

图 3-27　花楸村传统民居立面

3.4　川西北高原区

川西北高原区主要包括阿坝州和甘孜州，整个区域囊括四川西部少数民族聚集的西部高原和山地，所以该地区内的乡村聚落及乡土景观偏重表现出民族特色。川西北高原区位于青藏高原东南缘，大体呈现丘状高原和高海拔山地地貌，坡度较陡，地形复杂多样，大部分地区海拔在 3000～5000m。区内垂直气候显著，干雨季分明，气候多变，年平均气温在 0～16℃，无绝对无霜期，年降水量在 600～800mm，年日照时数在 2200h 以上；主要有金沙江、雅砻江、岷江、大渡河等河流，流域内水量充沛，湖泊分布面积广泛，河流天然落差大，蕴藏着丰富的水资源；区内植被覆盖率高达 90%以上，以乔灌木混合林和天然草地为主。

3.4.1　聚落生成背景

川西北高原区的地形分为平原向高原过渡的山地地形和高原地形两大类。受地理条件影响，该区域聚落的形成具有本地各民族间共同的特征。在聚落具体的选址上，以依山傍水、避风向阳、视野良好为重要原则，即通常将房屋选在能够遮风避雨，又有充足日照的山麓、山洼之处，特别是重山围合、前方向阳的小盆地和台地。

藏族聚落大多只有十几户至几十户，个别大的藏寨可达上百户，分布选址通常靠近农牧草场、耕地，方便畜牧耕作。藏寨房屋大多自由散置，疏密不定，各户朝向基本一致，缓坡平行于等高线，陡坡垂直于等高线，均随地势而建，整体布局呈现分散的特征。寨子周围常有小寺庙、白塔、转经房、玛尼堆、经幡等。

凡有土司住地，称为“官寨”，如阿坝州的马尔康卓克基官寨（图 3-28）和甘孜州白利官寨等。官寨四周有不少民居聚落，例如，阿坝州的马尔康卓克基官寨，建在南北向小河两岸山的南麓，以朝东朝南向阳为主，官寨建在东岸台地之上，东北—西南向，视野良好（图 3-29）。西岸寺庙及农牧民居朝向，前排均向着官寨（图 3-30），其余则多朝南[56]。

图 3-28 卓克基官寨

图 3-29 卓克基官寨周边环境

图 3-30 周边藏居朝向官寨布置

有的藏寨分布在湿润的河谷地区，有着良好的植被和生态环境。风格独特、造型别致的藏居，以大小不一的组团形式错落有致地散布在树丛间，在季节变换之时构成色彩绚丽、对比丰富的生动聚落图景，在甘孜州丹巴一带有不少藏寨以这样的人间仙境吸引着外来游客。

高山草甸地区主要分布在阿坝州北部和甘孜州东北部，是大片的草原牧区。在马尔康、丹巴、理塘等地以南的河谷有一些不大的冲积平原，气候较为湿润，土壤较为肥沃，是主要的农牧业区。这些地方居住的人口较多，形成了或大或小的城镇和村寨聚落，其他的聚落一般也多沿河谷分布。同时，这种南北纵向分布的聚落又与东西横向的川藏茶马古道相结合，沿茶马古道也分布着不少的城镇和村寨聚落，如甘孜州的大部分区县，泸定县、康定市、道孚县、炉霍县、甘孜县、理塘县、巴塘县等地的主要交通线及其邻近地带都是藏族聚落相对集中的地方[52]。

3.4.2 聚落特征

川西北高原区聚落景观的特征与它丰富的民族文化息息相关，包括聚落的平面布局形态，聚落内的历史性建筑、民居、街巷街景、民俗节日活动场所、传统特色工艺品等物质文化，以及宗教信仰、民族风俗、社会行为、价值观念等精神文化。这些因素的共同作用形成了该区域特有的聚落景观形态，该聚落景观形态主要由聚落整体布局形式、典型民居建筑、藏族文化标志、主体性公共建筑以及环境因子等要素构成。

总体来说，川西北高原区聚落依据地形，随形就势，形成散点分布、线形分布、向心分布、多组团分布等聚落形态。散点型聚落规模较小，一般不超过十几户，建筑布局自由散落，无规则的道路网，也没有明显的中轴线。线形构成的聚落布局形式主要是各单体建筑或庭院横向毗邻布置，建筑呈线形密集，这种布局多见于地势较平地段；或者沿着河流走向或者依山形等高线方向纵向延伸，体现了生长性的特点，如丹巴县梭坡乡。向心形态主要指民居围绕某一特定建筑物（官寨、碉楼等）或特定的自然物分布的聚落，其中较为典型的是卓克基官寨和西索村的聚落。随着聚落规模的不断扩大，由原来简单的向心式或线形布局不断扩张，成为多个宅区组团，随地形、水系、道路变化和联系，形成多样的群体组合空间形态，有树枝状、放射状、网格状等类型，可以为一种或几种形式的组合，规模越大，组合形式越复杂。藏族聚落以经营天然草场畜牧业为主，主要牲畜品种为牦牛、马和绵羊；有零星耕地分布，以种植油菜、青稞和元根等耐寒作物为主。

3.4.3 典型建筑样式

川西北高原区主要包括康巴地区、嘉绒地区、安多地区。康巴地区以平屋顶、土石结构、井干式结构（多在牧区）为主要形式，建筑色彩装饰华丽。嘉绒地区多为平屋顶或平坡结合的土石结构，以碉楼形式为主。安多地区和白马地区以坡屋顶、穿斗木板墙形式居多，建筑装饰集中于屋檐。

受高原气候寒冷的影响，该区域的建筑以防寒保温为首要目标。所以一般藏族民居多为石碉房结构，有很厚的石墙及土覆的屋盖，建筑材料都是就地取材。同时，藏族民居还注意发挥日照充足的优势，在自家屋顶安有太阳能集成板以充分利用光照。建筑为争取更多日照大多朝南，并在屋顶设置晒台。此外，地震、泥石流灾害频发，以及风多雨少的特征使得建筑处理也呈现出多样的结构构造和做法。

在生活习俗方面，为了防寒取暖，几乎全年都要在室内生火，藏族民居内一般都会设锅庄（火塘），日夜不息，防寒取暖的同时兼煮食熬茶。因此，一般人家常将卧室和厨房共处一室，全家合住[52]。牲畜牛羊等多圈养在碉房底层。在房屋布局和设施装修等方面，不同的人群住房有不同的特点，依据所处地形地势、气候的不同，呈现出多种多样的建筑样式和类型。

1. *碉房*

碉房根据结构、建材的不同分为邛笼式碉房、框架式碉房、崩空式碉房，总体建筑特征是墙体厚重、轮廓敦实、密梁平顶、平面简单、整体封闭，单门独户，多为两层和三层。底层圈养牲畜，二、三层为居室，均以木板装隔，分为寝室、经堂、活动室和储藏室四部分。寝室的间数和大小视家庭人数而定。经堂一般设置在房屋最高层。活动室相当于汉族民居中的堂屋，十分宽敞，家庭中的做饭、吃饭、喝茶、休息以及待客均在活动室内。根据家族习惯，活动室还安置藏火盆桌，中置铁三脚作烤火、烧饭和坐息之用，一家人围坐于藏火盆桌就餐。储藏室主要用于堆放粮食、肉类、种子等。

1）邛笼式碉房

邛笼式碉房以石头或夯土堆砌成平顶屋，一般为 2～3 层，也有更高层的。下层为牛马厩，二层住人，三层通常一半用作平台，一半用作经房、客房或储藏室。这种形式的碉房又称内外墙承重式碉房，实墙受力，墙上置梁。根据墙体的建筑材料可以分为石砌碉房和土筑碉房两种，土筑碉房抗震性不如石砌碉房，大多因自然灾害受损，故已不多见。石砌碉房以嘉绒藏族民居为代表，典型的如丹巴的甲居藏寨（图 3-31）。嘉绒藏族的碉房体型较大，平面为方整的矩形，一般有 3～5 层，高者达 7～9 层，建筑上体的房间数逐层减少，呈退台与错层式，二、三层的墙体开设少量的小窗洞，二、三层之上的晒坝迎面墙体或出挑的木墙上则整齐地辟有较大的窗洞。底层喂养牲畜，二层为主室锅庄房，再上一层为经堂和客房，最顶层为屋顶和晒坝，往往建有“一”字形、“L”形或“凹”形平面的半开敞房间，作储存、晾晒、堆放杂物之用。藏族民居外墙刷白或涂红，窗套饰黑，重点装饰门楣、檐口和窗格，常用各种木雕并涂以极富感染力的色彩。屋顶四角呈月牙形，安放白石，设有“煨桑”用的“松科”，四周插拉五彩经幡[57]。

(a)

(b)

图 3-31　丹巴甲居藏寨

2）框架式碉房

框架式碉房不同于邛笼式碉房完全依靠墙体受力，分为两种情况：一是由梁柱承重，即木框架受力，墙体仅作为围护；二是墙柱混合承重，梁的一端为立柱，另一端为外墙，依靠内框架和墙体共同承重。框架式碉房平面呈规整矩形，多为 2～3 层。建筑形态略有收分，上层开设有稍大的窗洞。此类碉房主要分布在河流沿线和草地一带。藏族木框架承重式民居集中在阿坝州的阿坝县和甘孜州的德格、甘孜、巴塘、得荣、乡城等县。框架式碉房围护墙体多为土筑，黄土筑墙，下宽上窄，顶盖泥土，屋内以木板间隔。框架式碉房施工简易，规模小且抗震性不足，与其他类型碉房的显著区别在于外墙色彩，各有风貌，标志性碉房如乡城的白藏房（图3-32）和巴塘的红藏房（图3-33）。

图3-32　乡城白藏房

图3-33　巴塘红藏房

3）崩空式碉房

“崩空”为藏语，意为木头架起来的房子，为井干式结构，主要分布在靠近森林和地震带地区，如甘孜州的白玉、新龙、道孚、炉霍等县。历史上，这种单层的箱形木屋在林区普遍存在。其由于抗震性能突出，被改造利用到各种结构的碉房中。崩空式建筑灵活多变，可为规模较小的单层藏房，也可与框架式碉房结合形成空间更大的邛笼式碉房，甚至可置于邛笼式碉房上层局部使用。因此，崩空式碉房更多地用于混合式碉房中。在建筑装饰上，底层的外墙通常刷为白色，木墙涂以红褐色（图3-34）。檐椽、窗楣层层出挑，木构件上的藏式传统图案雕刻精美，色彩艳丽。在室内装饰方面，富裕人家通常雕梁画栋，突出工整与华丽，天花板、墙面、横梁、地板、柱头、门框，只要视线所及之处都会尽力装点。

图3-34　道孚崩空式碉房

2. 板屋

藏族板屋大致集中在松潘、若尔盖、九寨沟、平武等地，松潘、九寨沟一带的藏居，以穿木结构的木板房为主，房内用木板间隔，房顶也用木板盖顶，不用钉，只是用较厚的石板压在上面，以免被风吹落（图3-35）。房前有小院，以土墙为栏，可由主房、耳房、平台、大门组成院落。主房建筑为木框架结构的独栋式，多为三层，一层畜居；二层为火塘和起居室，炉灶上空设置升高的方井散气通风；三层为经堂和储藏室，也有将经堂设置在二层火塘旁的；顶层则为阁楼作储藏之用，其屋架结构类似汉族的穿斗式。传统藏族板屋的屋顶非密梁平顶式，而是采用杉板瓦、坡屋顶的做法，即重复叠加多层薄杉板，再以木条与石块压紧。板屋的建筑装饰保持藏族宗教特色，同其他藏居一样，雕花木格多吉祥八宝等图案，悬挂经文彩旗、哈达和时轮金刚、咒画等。

(a)

(b)

图3-35　平武白马藏族板屋

3. 帐房与冬居

阿坝州和甘孜州北部的若尔盖、阿坝、壤塘、色达、石渠等地为高原草地牧区，藏族牧民大多过着逐水草而居的游牧生活，使用可拆卸的活动帐篷，到了冬天才住进固定的“冬居”住宅。

1）帐房

帐房即帐篷，篷为牛毛织成，可收张，形状为四折两坡顶，直接罩覆在地上，再在四周用斜撑拉牛毛绳撑开。帐房平面近正方形，房边长4～7m，高3m。帐篷内用两根木柱支撑，前面的篷布上有牵引绳，在短边设门，天热时把门支高，帐篷内凉爽舒适，天冷时中设火塘取暖煮食，周围铺羊皮毯坐卧。帐顶脊处开长方形天窗采光，透气排烟，有活动遮盖护幕。帐篷接地四周用草甸砖砌矮土墙，高约50cm，掩住幕脚挡风（图3-36和图3-37）。一般帐篷拆卸卷叠十分便利，用一头牦牛即可运走[56]。

2）冬居

冬居为牧民在冬季休牧时的临时住所，平面呈简单的长方形，厚土墙封闭，有的内设小天井或院子，布局功能与帐房相似。地址的选择很考究，一般都是背风向阳、水草丰美的山谷或小盆地。主室中同样设有火塘，周围住人。在主室后部有的设佛台和念经

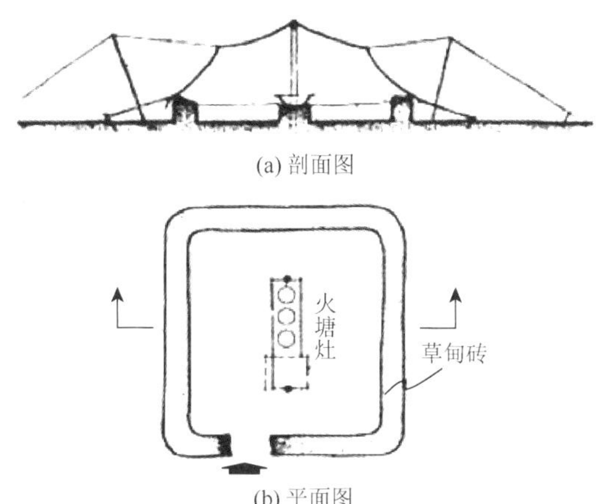

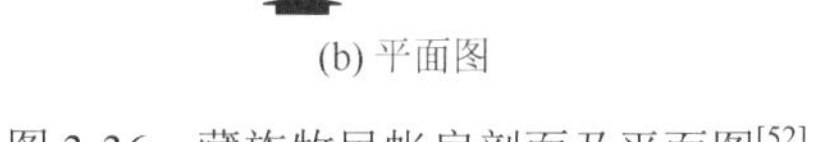

图3-36　藏族牧民帐房剖面及平面图[52]

图3-37　藏族牧民帐房

处。材料就地取材，多石地区用石头搭建墙身，无石地区则夯土而成，屋顶多为平顶，也有做成平缓屋顶的。屋外用石墙、草甸、木栅栏做牲畜圈栏（图3-38）。

图3-38　藏族牧民的“冬居”住宅

3.4.4　典型村落实例

1. 阿坝藏族羌族自治州黑水县色尔古镇色尔古村

色尔古村位于黑水县东南部的色尔古镇，是一座有着近千年历史的古朴藏寨，是黑水藏族聚居区东大门，地理区位显著，距黑水县城60km，海拔在1850m左右，聚落依山傍河而建，因其独特的聚落风貌也被称为“嘉绒藏族第一寨”。

色尔古藏寨背靠俄罗果山，地处其山脊线上，西临黑水河，有色尔古沟从东往西穿过色尔古藏寨，于寨前汇入猛河，并将村寨自然划分为南北两部分。藏寨整体上顺应山势而高低错落分布，外表色彩和形态粗犷冷峻而与山石融为一体，如同生长于大地的土石而完全融入了自然山水环境中。

外部流过的黑水河与内部穿过的色尔古沟是色尔古藏寨形成的重要因素：黑水河将色尔古村从黑水河谷分离出来，形成相对封闭的独立单元；而色尔古沟将色尔古藏寨和农田切分为南北两部分。这一环一切便形成了色尔古村的基本结构。寨内聚居部分又分为上寨、下寨、娃娃寨三个自然村寨，其中上寨和下寨位于色尔古沟以南，上寨是整个村寨的制高点，与下寨紧密相连形成南部组团，娃娃寨则为北部组团（图 3-39）。

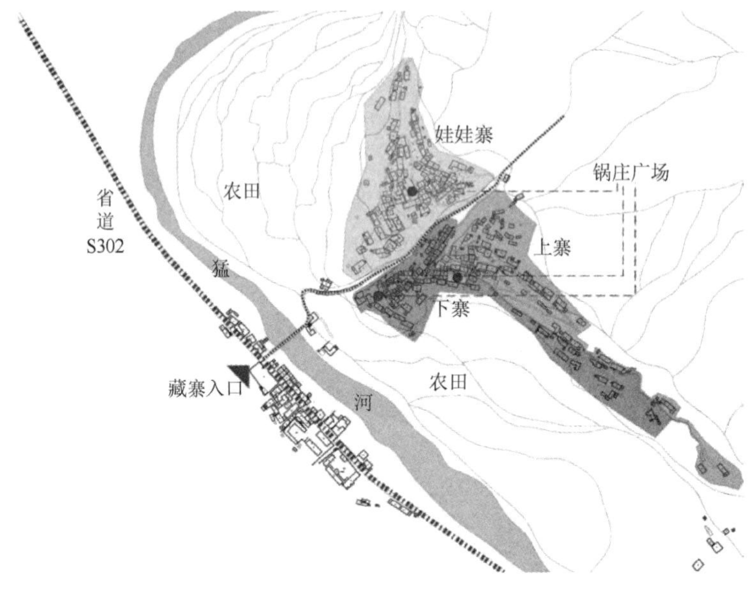

图 3-39　色尔古藏寨总平面图[58]

色尔古藏寨结合地形地貌在聚落形态上沿等高线蜿蜒曲折地布置，因此建筑的朝向各不相同，住宅入口也依地势设置。同时聚落因地势高差、山形山势纵向布置，彼此错落，高低有致，使建筑最大限度地获得和利用阳光，也因此形成了与自然山形山势相协调的聚落景观（图 3-40）。由于当地藏民大多有血缘关系，民居建筑之间距离小、密度大。

图 3-40　错落有致的色尔古藏寨

藏寨入口的高地上有一列标志性的白塔，周围挂有很多经幡，每天都有寨民围着白塔顺时针方向转经，这是全寨村民顶礼膜拜的地方。近年来，在色尔古沟的道路旁及个别寨民自家门前又修建了许多大小不一的白塔，供不同人群使用（图 3-41）。

图 3-41　藏寨入口处的白塔

色尔古藏寨的建筑外墙基本是用当地的片石加黄泥砌筑而成的，整体肌理粗犷有力、质感朴实厚重。在石砌碉房的上部还点缀有一些木质结构的挑廊、挑厕与板墙，屋顶的转角处还常设有原木修筑而成的四方井干式粮仓，石材的粗犷与木材的细腻相互碰撞、融合，使建筑呈现出独特的自然原始之美。

藏寨内还设有以锅庄为中心的公共空间，聚落氛围热闹和睦。由于水在整个聚落的重要性，藏寨还形成了以水渠为特色的交往空间，水系有饮用、灌溉、消防之用，水渠周围还用大条石砌筑停留平台，供村民洗衣、汲水、交流，以增进感情。

2. 阿坝藏族羌族自治州黑水县木苏乡大别窝村

大别窝村坐落于阿坝州黑水县木苏乡境内，与小别窝村相邻。原村寨始建于明代，全村以农业为主，牧业为辅，属于高山峡谷气候向山原温凉气候区的过渡地带，覆盖有茂密的以水杉、云杉等为主的暗针叶林，自然生态环境良好。2008 年的汶川大地震致使村内的大量古寨受损，震后陆续在老宅下方的缓坡地带修建了大量新民居，并开通了 302 省道至大别窝的车行道，改善了村寨的对外交通状况。

大别窝村位于南北走向的高山河谷东岸，背靠大山也面朝大山，海拔在 2430m 左右，村寨仅有北面山谷向外打开，且与下游木苏沟有巨大的垂直高差，其所处地理环境十分封闭。村落附近有两条河沟流过，两条河流交汇所夹的区域便是大别窝村，大别窝村的耕地被山涧分割成了较大的南面和较小的北面两部分（图 3-42）。大别窝老寨就位于较大的一块耕地之上，面朝小河、背靠大山，所在之处极为陡峭，整个古寨顺山就势，错落有致，与山体浑然一体，气势磅礴。

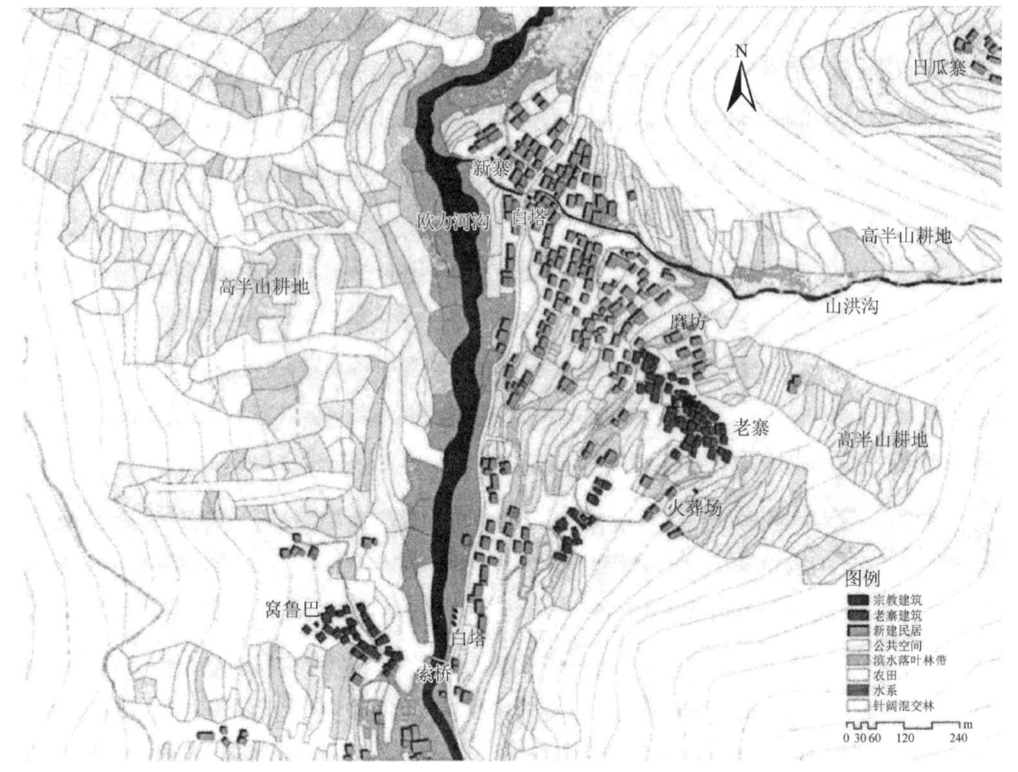

图 3-42　大别窝村总平面图[55]

大别窝村的耕地位于山涧南北两侧较大坡度的陡坡之上，面积狭小，人均耕地面积严重不足。为了保证粮食生产，满足寨民生存繁衍的需要，建筑都布置在无法耕种的岩石荒坡之上。同时为了加强防御，民居也全部集中修建于山脊之上。随着聚落的扩大，陡峭的山脊不足以承载更多的民居，一部分住宅搬到了村寨南端凸起的山冈之上，形成北大南小的两个组团。

整个聚落依山就势呈梯状错落布置，整体坐东朝西（图 3-43），由于山势高差极大近乎垂直而下，每栋建筑相互依连成片。从河谷仰望村寨，如同从岩石中突然生长出来一样，新老村寨连绵过渡，呈树枝状的生长蔓延态势，远观气势壮观恢宏，层次感极强。

(a)　　(b)

图 3-43　大别窝村依山就势的民居

大别窝村藏寨的取色基本为材料的本色：泥土的土黄色，石块的青色，木材的黄棕色等。近年来，随着人们生活水平的提高，原有单调的片石外墙上也有了吉祥八宝图案，窗洞周边也塑造成为上大下小的梯形，窗洞上方还有彩色的出檐或横梁。在蓝天绿树、雪山冰川的映衬下，装饰后的碉房显得严整而且富丽，风格粗犷凝重又富有神秘感。

3. 甘孜藏族自治州丹巴县梭坡乡莫洛村

莫洛村位于丹巴县的梭坡乡，西临大渡河，其余三面环山，地势由东北向南倾斜，区内系高山峡谷地貌，海拔在 1900～2000m。莫洛村距县城 5km，村域面积 20hm²，全村居民以农业为主。这里的建筑沿着等高线的走向零散布局，聚落中散布着密集的古碉群，其间夹杂着层层梯田（图 3-44）。

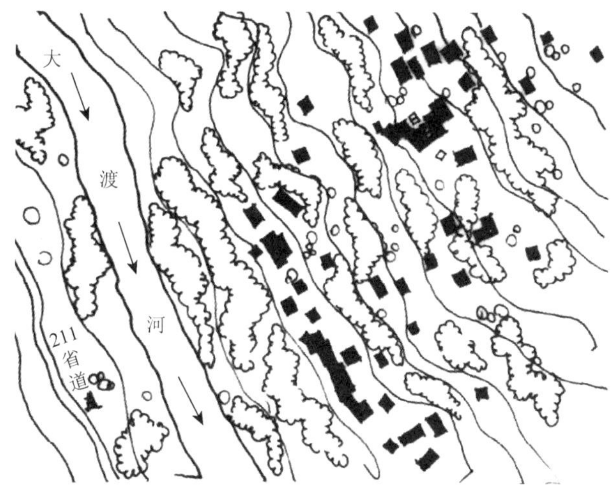

图 3-44　莫洛村平面示意图[59]

逐渐上升的地势让莫洛村聚落景观呈现出鳞次栉比的状态，这使得观者能看清山坡上的每栋建筑。莫洛村聚落景观是由若干个小的具有各自特征的组团组成的。总体来说，各组团均由建筑、街巷、小广场、耕地围合而成，密集的建筑形成了狭窄的街道空间，结合当地陡峭的地势，形成了独特起伏的街巷景观[59]。每个组团的外围由于道路环绕，聚落景观呈现出与当代城市道路系统类似的环状分布。此外，由于原始聚落初期营建时的无计划性与建造宅基地限制，各个建筑朝向均有微小的差别，相互靠近便在建筑间形成了不规则的广场空间，结合用于处理垂直高度的台阶，成为寨民们闲暇之时的聊天纳凉场所。

莫洛村建筑均较为古老，碉群密集（图 3-45 和图 3-46）。据考证，丹巴古碉距今已有上千年的历史。古碉以泥土和石块建造而成，墙体坚实；外形一般为高状方柱体，有四角、五角到八角的，还有的多达十三角，形状优美；高度一般不低于 10m，多在 30m 左右，高者可达 60m。古碉大多与民居寨楼相依相连，也有单独筑立于平地、山谷之中的。从用途上看，有用作战争的防御碉、传递情报的烽火碉、求福保平安的风水碉、避邪祛祟的伏魔碉。以格鲁碉楼为例，碉楼分三层，底层圈养藏猪；二层为火塘及厨房，还可住人；三层主要是卧室和经堂；三层之上为平台，供晾晒之用，还建有储藏室和厕所。值得一提的是，寨民们在房屋第三层处还围绕墙壁建有一圈悬挑于房屋外侧的环廊，由于碉房较为封闭，缺乏射击用的孔洞，而环廊的构造便非常适合射击和掩护，其在古代起着军事防备作用。高碉位于房屋的西侧，高 50m 左右，为四角碉楼，在其西北侧 15m 处还建有一座八角碉楼，两座碉楼交相辉映。当地务农的居民还放养一些家禽家畜，在聚落的街巷空间中时常可以看到鸡、鸭、猪、牛的身影，这些动物为略显沉闷的聚落带来了不少生机和活力。

图 3-45　莫洛村聚落风貌

图 3-46　碉楼密布的莫洛村

3.5　川西南裂谷区

川西南裂谷区包括凉山州西侧的西昌市、冕宁县、德昌县、盐源县及雅安的汉源县、石棉县和攀枝花市的大部分区域。川西南裂谷区多为中海拔山地地貌类型，地势向西北方向逐渐升高，牦牛山、锦屏山等主要山脉均属大雪山支脉，造就地域上完整的垂直气候带谱；区内河流众多，包括雅砻江、安宁河等，均为长江水系，且有邛海、泸沽湖等淡水湖泊；由于山脉水系的影响，区内气候南北变化及垂直差异均较大，安宁河谷两侧山地干雨季分明，与河谷的大气环流综合以后，形成高原山地气候；而位于安宁河谷流域的大部分地区属亚热带季风气候，气候的季节性变化特征出现典型的垂直山地气候，具有四季不分明、冬暖夏凉的特点；由于地形、气候复杂多样，区域内的植被也分布多样，类型丰富。

3.5.1　聚落生成背景

川西南裂谷区的汉族大多来自两湖以及两广移民，受南方汉族文化影响较大，该区域逐渐发展成为以汉族为主，彝、藏、傈僳等多民族文化交汇的区域，民居形制相互影响和渗透，同时又受到自然环境、气候条件、宗教信仰、民风民俗的影响，特别是清初湖广、江西、云贵、陕西等地移民的植入，聚落形态与建筑样式表现得更加丰富多彩。

区内的安宁河干流贯穿凉山州的冕宁、西昌、德昌和攀枝花市的米易（与盐边交界），于米易县得石镇大坪附近注入雅砻江。在安宁河水长期切割和冲刷的作用下形成的安宁河谷是四川省内仅次于成都平原的第二大平原。这里水源充足、土壤肥沃、自然条件优越，发展条件良好，从古至今都是聚落的最佳选址地，以汉族移民聚落为主，山地部分以彝族聚落为主，区内泸沽湖附近还有少量的极具特色的摩梭聚落。总的来说，该地区地形复杂，气候多变，民族多样，聚落呈现出多种格局形态。

3.5.2　聚落特征

川西南裂谷区总体呈“大散居，小聚居”的聚落格局形态，大致可分为大型聚落、微型聚落、散户聚落，聚落的整体布局缺乏合理规划和指导，盲目性和随意性较大。大型聚落随中心村的空间分布呈集聚态势，而微型聚落和散户聚落的自主性发展明显[60]。区域内的聚落一般分布在安宁河谷地区和山地区。河谷地带的居民主要是汉族和回族，多从事种植业和经济林果业。种植业作物以稻谷、小麦、蔬菜、花卉、甘蔗和烟叶为主。经济林木以热带、亚热带水果，如杧果、火龙果等，以及核桃和花椒为主。山地区居民以彝族、傈僳族、纳西族为主，多从事种植业和畜牧业。种植业作物以玉米和洋芋为主，牲畜品种主要为山羊、绵羊和黄牛。多样复杂的气候以及多民族混居的现象形成了区域内多民族交融、相互混居的聚落格局。摩梭聚落是本地区特色乡村聚落的典型代表。

1. 聚落选址

摩梭聚落以“适宜居住、有利生产、方便生活”为选址原则，以满足功能需求为选址导向。摩梭聚落多依山傍水、近田向阳，聚居形式强调人与自然和谐统一，巧妙利用景观格局，营造出一种和谐生态的人居环境。聚落总体布局松散，由相似的单元拼合而成，一般无大型建筑物。因采用木材搭建，为防止火灾，家屋单元与周边耕地的比例大约是 1∶4，这也同时反映出摩梭的每个“母系大家庭”都是相对独立的经济单元[61]。摩梭聚落实际呈现出一种以血缘为实体、以地缘为划界方式的演进趋势。

2. 聚落景观空间形态特征

摩梭村落的格局受地形地貌、宗教信仰、风俗习惯等影响，呈现出不同的形态特征，从几何关系和空间形态来看，一般分为带型、围合型、混合型三种形态。

带型的空间布局方式主要沿泸沽湖岸、山脚或过境道路分布。这种布局受地形影响较大，聚落沿泸沽湖一字排开，依山傍湖，还有的聚落沿山脚平行于等高线布置，挨户并排展开；沿公路分布的村寨，横向延伸大而纵向进深小。另外，发展旅游的集镇也多是沿道路形成紧凑的“线型”结构。

围合型的空间布局方式以公共建筑或公共活动场所为中心，民居分散在周边。这种类型一般体现在封建领主制占主导、空间存在主从关系的聚落，一般以土司府为中心布局，土司府的规模和建筑形制与普通民居有较大区别，并且一般民居也有明显的阶级分化，贵族的住宅规模比平民的大，使得聚落空间更加丰富、结构更加复杂。

混合型的空间布局是指村落在发展过程中，沿道路、水域集聚，在组团中又以公共活动空间为中心集聚。这种形态体现了摩梭村落的因地制宜和摩梭居民的聚合心理，聚落的布局就是沿主干道和以公共活动场所为向心点的混合布置方式，居民活动呈线性和放射性的模式进行[61]。

3.5.3 典型建筑样式

川西南裂谷区的汉族民居建筑较为复杂，区域内受到自然和人文等多方面综合因素的影响，呈现出民居体系的混搭局面。在时间变迁、人口流动，特别是通婚等诸多社会因素的影响下，发展出多种民居建筑形式，其中以“一颗印”民居、木楞房等为该区域的典型建筑样式。

1.“一颗印”民居

西昌近郊的川兴坝子是汉族聚居的村落，民居以土房瓦顶居多，几乎每家都有土碉楼，整个村子土碉林立。民居形制采用类似云南“一颗印”的形式，多采用块石、土坯或青砖砌筑的混合结构。“一颗印”民居的典型特征是方正，在方正平面上布置正房三间，二层前设抱厦，两边设耳房，在正房对面的围墙正中设一扇进出户内的大门，有的还设有倒座和屏风，一般倒座进深八尺，这便是“一颗印”民居系列中比较典型的“三间四耳倒八尺”特征（图 3-47）。其民居的建筑空间由一系列彼此分离又相互依存的空间体量构成，是一个以院落为中心，三面或四面“向心自由围合”环绕布置而成的封闭空间，仅在二楼设有个别小窗以供通风、采光之需[52]。居民的日常生活往往围绕着天井和檐廊空间展开，这样整座住宅的外观造型显得方正、严谨而封闭，由此被称为“一颗印”。

(a)

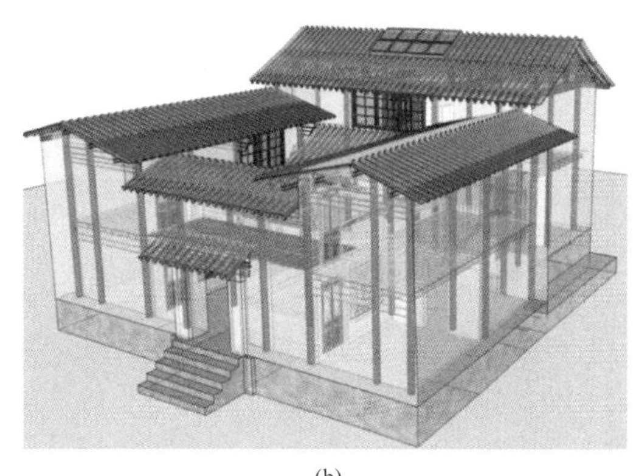
(b)

图 3-47　“一颗印”民居模型

2. 木楞房

木楞房是摩梭人家建筑的主要形式。摩梭民居依山而建，且多位于山脚，尽量不占用平坦的耕地。“井干式”结构是其较早的一种建筑形式，用天然原木或方形、矩形、六角形断面的木料，层层垒叠，构成房屋的壁体。这种形式的房子又称木垒子，有的以木梁柱搭成屋架，围护结构多以原木垒制而成，或采用夯土墙，与支撑体系脱离；有的屋顶则直接支撑在原木垒成的井干式土墙上[62]。摩梭人家的庭院由空透的廊子围合而成，传统摩梭庭院空间的平面比例接近于正方形，一般都是一个“母系大家庭”居住在一个四合院里，这样的空间布局与其民族社会形态、家庭结构是相对应的。一座完整的四合院由正房、经房、花楼、门楼构成（图 3-48 和图 3-49）。摩梭“母系”文化背景下的核心空间祖母屋、花楼，宗教信仰背景下的经堂，游牧生活背景下的草房等构成了摩梭民居的基本院落空间[61]。房屋四周筑墙，围出外院，外院栽种果树，还可堆放柴草。

图 3-48　木楞房

图 3-49　木楞房花楼

3.5.4　典型村落实例

1. 雅安市汉源县宜东古镇

宜东古镇位于汉源县西北部大相岭与大雪山相接的高山山谷中，地理位置上恰好处于茶马古道“大路”雅安至康定段的中点，这里自清朝康熙以来一直就是川商、陕商会集的地方。作为川藏茶马古道上重要的茶叶中转站和商品集散转运地，内地的茶包和食盐大多经过宜东古镇转运到藏族聚居区，同时藏族聚居区的皮货、药材等商品在此集结并分送到内地各地，它有着极其重要的历史交通地位。随着318国道的贯通，道路交通环境得到改善，宜东古镇的重要地位也逐渐削弱，现仅存一条村级公路。但凭借其优越的地理位置和长期以来完整的商业形态，每逢赶场天，古镇依然是周围乡镇农户重要的集市贸易中心。

宜东古镇的建造模式与大多数位于交通要道的聚落相同。古时，村落的居住点较为分散且缺乏往来的交通基础，为了方便交换商品，住户集中居住并逐渐形成街道。由于流沙河的冲刷作用，形成了大大小小的平坝与峡谷，人们就在一些宽阔的平坝上定居，并由此形成一个个传统聚落，宜东古镇就是位于流沙河上游北岸的其中一个聚落。古镇依山而建，四周群山高耸，中央河谷低平，总体地势西高东低[63]。

聚落整体呈东西走向（图3-50），有新街与老街之分，两条街基本平行，高差达100多米，众多高度、宽窄不一的巷道连通新老街。其中一条小道被称为“七十二级台阶”，足以说明新老街之间的巨大高差。

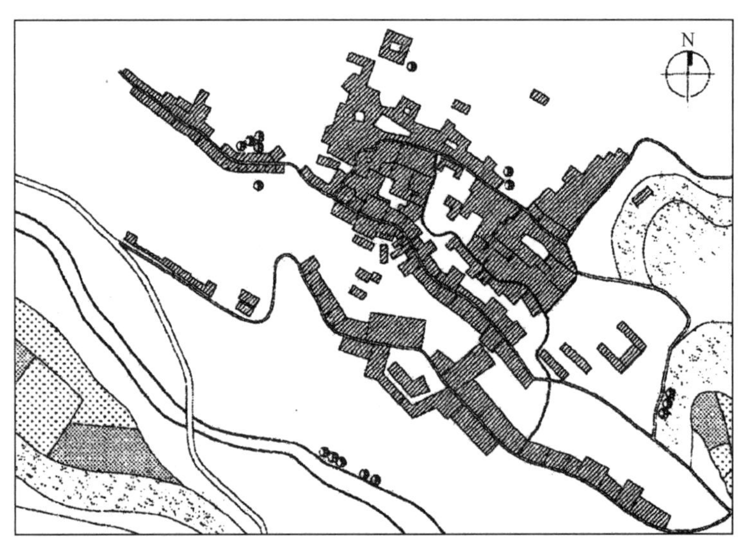

图3-50　宜东古镇平面图[63]

过去老街有包括茶市、旅店、马店、仓库、兵营等在内的数十种业态，1.5km左右的长度就分布着数十家马店，可见当时商业之繁荣。老街分为上街、中街、下街三个部分，街道宽3～5m。街道两侧的建筑物基底标高基本持平，外轮廓线间也只有微小的跌落；上街坡度较陡，与中街通过古桥相连。老街还遗留有许多明清时期的古建筑，大多为两层，各具风格特色，形制大致有三种：第一种上下两层基本齐平，一层为排门，二层为带格栅的菱花窗，仅在外立面上有突出墙面的穿枋，枋头雕刻精美的花纹；第二种的二层形成向内凹的檐下空间；第三种二层向外挑出外廊，一层自然形成“屋檐”以利于遮风避雨（图3-51），如此形成的街巷空间上窄下宽，街巷底层的空间层次变化较为丰富[63]。

上街与中街之间有一座川主庙（图3-52），这种传统建筑形式普遍存在于川、渝、黔一带。“川主”是唐朝及以前四川地区对治水有功的秦蜀郡太守李冰的一种称呼，最初是为了纪念其治水有功，后来逐渐发展成为一种重要的以巴蜀治水文化为核心内容的民间信仰。由于地缘关系的影响，存在于省外的川主庙渐渐发展成为川人的集会之地，以相互联系和寄托思乡之情。

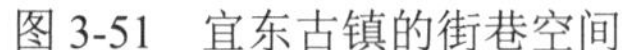

图 3-51　宜东古镇的街巷空间

图 3-52　古镇内的川主庙

2. 凉山彝族自治州盐源县泸沽湖镇木垮村

木垮村地处盐源县泸沽湖镇西北，平均海拔 2690m，面积 5.67km^2，属高原季风气候区，冬暖夏凉，昼夜温差小，光照充足，景色优美。村内还有格萨、洼夸等摩梭古村落，村民们大多靠山临湖而居。木垮村整体呈点状分散在狭长的泸沽湖北岸，村前是清澈纯净的泸沽湖水，村后有高耸圣洁的格姆女神山，资源环境得天独厚。

木垮村的摩梭人家多用原木垒墙，这种房屋原始、敦实又显得高贵，还有些四合院用土夯围墙。院内有火塘，男女围坐在一起煮茶烤火。村内大的摩梭家庭众多，虽有新修建筑但也同传统摩梭建筑风格完全相同。此外，村民们充分保留了摩梭人的民风民俗。传统完整的摩梭文化结合得天独厚的资源环境成为吸引游客的一大亮点。在旅途中，游客们还可以到摩梭人家中品尝花糖、苏里玛酒、酸鱼、泡梨等泸沽湖地区的特色美食。

一直以来，木垮村将古老、独特的摩梭文化和现代旅游发展有机结合，打造原始古朴、别具风情、文化底蕴浓厚的摩梭古村落，在保护和发展的同时致力于建成一个具有原真性且田园风光宁静优美、民族特色鲜明、民族风俗浓郁的摩梭家园（图 3-53）。

(a)

(b)

图 3-53　木垮村民居

3.6　川西南中高山地区

川西南中高山地区包括乐山市的峨边彝族自治县、马边彝族自治县，宜宾市的屏山县，攀枝花市的仁和区以及凉山彝族自治州的大部分区县。此地区位于青藏高原东部横断山系中段，地貌类型属于中山峡谷。全区基本为山地，且多为南北走向，主要山脉有大凉山、小凉山、小相岭、螺髻山、鲁南山等，山地海拔多在3000m左右；域内河流众多，均为长江支系，如越溪河、美姑河、马边河等河流密布；区内明显呈现出立体气候，气温、降水等气候要素随海拔增加而呈规律性变化，变化幅度明显较水平方向大。干湿分明，冬无严寒，夏无酷暑，日温差大，年温差小，气候温和宜人。森林植被分布多样，类型丰富。凉山地区分布有无数的小盆地——坝子，是包括彝族在内的多民族理想聚居地。四川大小凉山向来有“凉山十坝”之称。昭觉县的昭觉坝、四开坝、竹核坝，越西县的越西坝，普格县的普格坝，布拖县的布拖坝，屏山县的新市坝等，都是彝族大规模聚居的地方[64]。此外，该地区还有随着社会发展而产生的部分彝汉融合的聚落。

3.6.1　聚落生成背景

凉山彝族族源复杂且历史悠久，史学家对其族源关系至今仍众说纷纭，其中影响较大的是土著学说与氐羌说。国内大多数学者较为认同氐羌说，即彝族祖先是早期从西北高原往南迁徙而来的，此后与当地土著结合并不断扩大其聚居规模。

聚落的形成与地形密切相关，该地区大部分属大小凉山所属的中山山原地貌，仅有少数的冲积平原、宽谷、丘陵和断陷盆地，交通比较闭塞。因此，凉山彝族传统聚落大多数靠山而居，受山川河谷影响，聚落一般被分割得比较破碎，布局凌乱。彝族传统生产方式是农业耕作与畜牧业结合。但由于地处山区，自然环境差异较大，生产方式的比重在不同位置的差异也较大。山区内部的聚居点耕地较少，但草木繁盛，比较适宜畜牧业的发展，所以畜牧业的比重较大；而靠近集镇，处于平地上的聚落则相反，耕地面积大，灌溉水源的获得也比较方便，因而农业耕作的比重大。可以看出，农业耕种和畜牧业的比重是与聚居点的海拔、地形息息相关的。

3.6.2　聚落特征

1. 聚落选址

彝族是典型的高山民族，其聚落多选址在地势较高、便于防御的山地，虽然绝大多数彝族地区随着社会的发展早就摒弃了战争防御的概念，但由于是从奴隶社会“一步跨千年”进入社会主义社会的，其聚落选址于险要地势利于防守的风俗至今仍有保留。大多数村落绝大部分的聚居点位于山上，还有一些位于斜坡和靠近河谷的缓坡之上，甚至还有小部分“悬崖村”（图3-54）。

(a)

(b)

图 3-54　有着“悬崖村”之称的阿土列尔村

在建筑选址方面，彝族最忌讳房屋背后有水、有沟或者有斜坡，认为这会影响家中的运势。他们的聚落选址大多负阴抱阳、藏风聚气、背山面水、背风向阳、树木掩映，与地形环境有机结合。

聚落的选址对彝族来说是最为重要的，按照聚落的地形特征和对地形处理方式的特点可以将聚落分为两种类型：其一是高原缓坡型聚落，多见于凉山的高原缓坡之上，村寨规模一般较小，建筑分布零散，民居周围一般有田地围绕，无明显的道路组织；其二是横跨山脊顺山就势聚落，村寨建筑顺应山体坡地，呈现出由山脚延展至山脊顺势而上、舒展平缓的布局形态（图 3-55）。一般在山顶或山脊处布置村寨的公共建筑或种植植被林。建筑群体轮廓与自然山体坡度充分一致[64]。对于水的选址要求首先满足人们日常生活用水的需要，其次防止水涝灾害的发生。

(a)

(b)

图 3-55　靠山而居的彝族民居

彝族传统聚落的标志物通常有村寨入口的寨门、具有防御作用的碉楼、村内举行家支会议的公房、承载彝族质朴宗教信仰的土主庙，以及保留原始图腾崇拜的寨神树等[65]。

2. 聚落景观空间形态特征

彝族聚落主要分布在大小凉山的高海拔地区，山区地形支离破碎，聚落规模及密度都较小，聚落格局总体属于大分散、小集中的散点组团型。居民根据地形山势选择村寨地址，聚落之间缺少经济联系和互动，表面上看相互分离，但从整个山体宏观布局上看它们之间又相互呼应。分散式布局的聚居点一般位于山顶处（图 3-56），少则三五户成一寨，多则十几户成一寨，更多是独户散居，还有部分彝汉杂居。此类布局方式的村寨开敞性强，喜选择背山面水的南方或日出的东方而居，边界与道路均不明显；道路布局简单，一般由与外界联系的聚落主道路和其分散出来的通向各家住宅的支路构成，方向性非常明确；建筑布局随意，一般沿等高线分布或散落在田间，呈分散状。集中式布局一般 20～30 户成一寨，布局集中，多位于河谷或缓坡地带，也有一些寨子因地形破碎或河流分割形成几个集中居住的组团。这类布局的寨子一般以农耕为主，所以进行聚落建设时一般优先留出农耕用地，而建筑退到坡度稍陡、不利耕种的区域。集中式布局又可分为密集片状式布局与密集带状式布局。

(a)

(b)

图 3-56　顺应山脊布置的彝族土房

3.6.3　典型建筑样式

凉山彝族的建筑构筑体系属于四川地区常见的穿斗式构架形式。住宅形式大多较为简单，基本为“一”字形坡顶平房，周边围以栅栏、土墙等形成一个小院子（图 3-57）。而受到地方资源限制和游耕经济生活的影响，当地彝族常用杉木板做屋面瓦，并以生土板筑墙做房屋的围护结构。其建筑吸收借鉴了穿斗式建筑构架简洁、施工方便的优势，并结合本民族的生活特性，发展出搧架式的结构类型。加之与本民族文化信仰的结合，产生具有突出民族特色的民居类型，主要包括民居建筑、公共建筑、宗教建筑、焚场建筑。从建筑工艺本身来看，彝族工匠都是技艺高超的民间建筑师，从选材、加工到制形、纹饰，没有既定的图纸，也没有专门的模型，他们全凭口口相传的知识和自身积淀的经验来建造，但无论构架还是雕刻、纹饰、布局、风格，都具有浓郁的民族特征（图 3-58）。

图 3-57　栅栏、土墙围合而成的小院子

图 3-58　彝族住居正房搧架结构

1. 瓦板房

以瓦板房为典型特征的民居建筑是凉山彝族聚落景观的核心建筑标识。瓦板房依墙的类型分为土墙和竹笆墙两种，基本构造都为上置栋梁构成房架，双斜面的“人”字形屋顶，盖以两层木瓦板，下层铺满，上层则在两板相砌处置一板，再用石块复压其上（图 3-59）。木板不以锯解，而用刀剖砍，方便雨水顺木纹而下，用木板代替瓦片的作用故称之为瓦板房[65]。瓦板房是彝族人民长期依山而居，在木材资源相对丰富的凉山地区，因地制宜发展出来的富有彝族民族特色的民居形式，其技术成熟，代表凉山彝族民居建筑的最高形式。随着社会经济的发展，新农村建设的推进加快了瓦板房聚落的消失，在彝族聚落中纯木质结构的房屋已经越来越少，砖混结构民居明显增多（图 3-60）。

图 3-59　瓦板房

图 3-60　新式砖瓦房

2. 火塘

彝族现有传统建筑一般可分为单栋式和院落式，其民居空间的平面布局形成了以火塘为中心的一堂间两侧间的三间式形态（图 3-61）。根据使用功能将房屋用隔墙分隔出堂屋、生产空间和生活空间三大区域。相对于其他少数民族，火塘在彝族的居住生活中占据更为神圣的地位。火塘不仅具有煮食、取暖等生活功能，还具有界定家庭成员地位的功用，并有维系宗族血脉的伦理功能，在住屋的空间组织、分家行为等方面扮演了重要

的角色[64]。火塘又被称为“锅庄”，是由挖地而成的土灶和三块锅庄石组成的。以三块锅庄石为界，将室内区分为主位、客位、活动区等区域，各区域根据简便、实用、牢固原则分设，具有很强的抗震性、实用性。

(a)

(b)

图 3-61　彝族火塘

3. 建筑装饰

彝族民居的色彩与装饰是彝族建筑特色最直观的体现，其装饰部位主要在室内的板壁、窗格，屋外的檐、斗拱、门楣。装饰图案多为与彝族生活密切相关的大自然和动植物图案，如日、月、星、花、鸟、草等，凸显出彝族人民独特的认知和审美情趣。装饰技法有阴刻、阳刻、彩绘，纹样创意朴实生动、形式多样，讲求民族化、艺术化表达。传统建筑的色彩主要为黑、黄、红，饰以简化的彝族图案，图腾被工匠们以雕刻、绘画的方式运用在建筑装饰的细节上（图 3-62）。他们还喜欢在建筑上挂上玉米（图 3-63）、辣椒等农作物作为装饰，这种长期发展而成的固定色彩搭配与图案样式体现了彝族的民族特性，具有很高的艺术价值。每个房屋均采用彝族特色建筑技艺（图 3-64）。“穿斗式”榫卯结构是彝族建筑的典型特征，屋顶为“人”字形，屋内为斗拱与穿枋，壁面为嵌式结构，上雕各种纹样，工序复杂，工艺要求高，建筑全凭木工心中的“图纸”和经验建造，不用一根钉子，也不需要黏合剂。

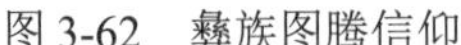

图 3-62　彝族图腾信仰

图 3-63　挂满玉米的民居

(a)

(b)

图 3-64　彝族建筑装饰

3.6.4　典型村落实例

1. 凉山彝族自治州美姑县洪溪镇古拖村

古拖村位于凉山州美姑县洪溪镇，作为凉山彝族瓦板房村寨聚落的代表和残留“标本”，散居于大山深处，受到的影响和破坏较小。瓦板房聚落建筑顺应山势地形灵活布局，建筑区域主要由建筑和田地两部分组成，在聚落的四周栽种一圈树林，使得整个村落掩映于绿荫之中。同山底农田耕种传统不同，古拖村的农田随山形地势分布于聚落的四周，被划分为大小不一的方形，几何形体镶嵌其中，几乎全部种植适宜当地高山气候的荞麦、燕麦，形似油画，极具大地艺术美感。其间的单体瓦板房通常为“一”字形单层建筑，由彝族特色的“搧架式”结构支撑，形成一个大体量的建筑空间，中间一般为开敞的堂屋空间，火塘安置在堂屋左侧，主要的卧室空间紧邻火塘布置，堂屋右侧为仓储空间（图 3-65 和图 3-66）。“人”字形的屋顶交错构成带有采光缝隙的屋脊，是瓦板房的最大特色。浅黄色的木材与黄土夯实的墙体共同形成了和当地环境融合的建筑底色，如同从大地生长出来一般[65]。

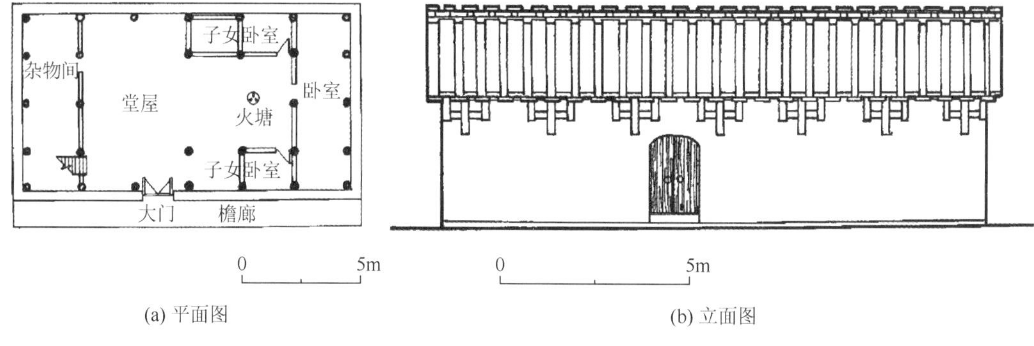

(a) 平面图　　(b) 立面图

图 3-65　古拖村尼布呷住宅平面图、立面图[65]

(a)

(b)

图 3-66　古拖村民居

2. 攀枝花市仁和区平地镇迤沙拉村

迤沙拉村位于四川省攀枝花市平地镇的金沙江畔，海拔 1700m。受到金沙江干热河谷热流的影响，迤沙拉村具有冬暖夏凉的气候特征，年平均气温约 22℃，呈现出典型的深切峡谷乡土景观，是目前已知的我国最大俚濮彝族自然村，被誉为中国俚濮彝族第一村，于 2005 年 11 月，被建设部、国家文物局正式评选为“中国历史文化名村”。

据考证，全寨的村民有一部分是明朝洪武年间陆续从南京、长沙等地作为军人受命军屯而来的，他们与当地彝族交融而形成俚濮彝族支系。历史上迤沙拉的形成和发展主要得益于南方丝绸之路的开通和发达，其因古驿道而逐渐繁荣。迤沙拉驿道上的政务、军务和商务活动交流日益频繁，外来的移民活动也渐渐改变了聚落原本的空间肌理和建筑形态[64]。

迤沙拉村在聚落布局方面呈现出顺应山丘等高线且集聚成团、块状布局的特点，在布局朝向上主要呈正南朝向与西南朝向，村内的俚濮人将民居建筑朝西南向布置（图 3-67），是因为其指向故土祖先的方向，以便在祭祀祖先时进行朝拜。

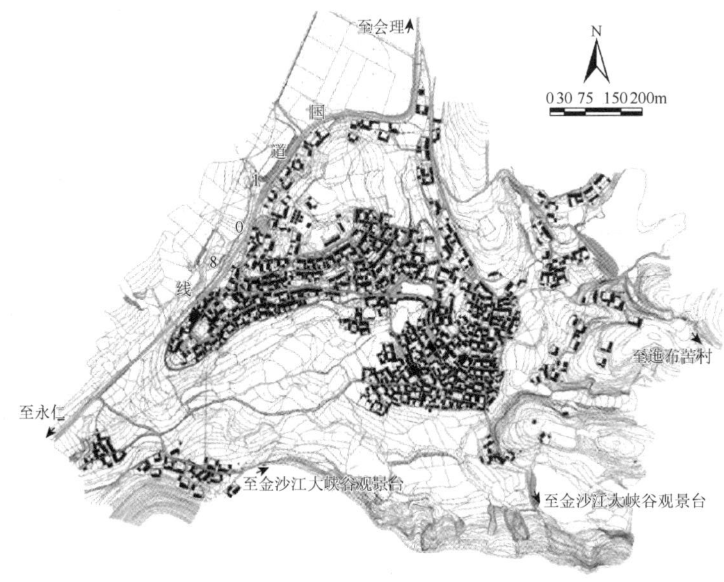

图 3-67　迤沙拉村总平面图[66]

村内巷道格局在形态上呈现出纵横交错的网状结构，村中进行农业生产的土地又散布于聚落四周，村民从居所到自家耕地的路程较远，产生了搬运农作物的需求，村民在民居里通过饲养牛、马等牲畜作为对家中劳动力的补充，因此街巷在空间尺度上需满足牲畜日常驮运物品的基本需求尺度。不仅如此，以往村民与马帮之间的交易活动也影响了村中街巷格局，由于其过去处在茶马古道的重要位置，史称“万户毗馆”[66]。

迤沙拉的民居建筑从外观上看与传统的彝族民居区别明显，它将苏皖民居与彝族民居加以融合，并依据外部形态蜿蜒出有机的街道空间，以合院的形式相互组合形成村落的空间形态，聚落风貌相比一般的彝族聚落独具一格（图3-68～图3-70）。

图3-68　迤沙拉村聚落

图3-69　街巷景观

图3-70　迤沙拉村合院聚落

3.7　川东丘陵低山区

川东丘陵低山区包括巴中市、达州市、南充市、广安市、泸州市、内江市、遂宁市、资阳市、自贡市市辖区内全部区县以及广元市、宜宾市、绵阳市、眉山市的大部分区域，德阳市、乐山市、成都市的部分区域以及雅安市的名山区。川东丘陵低山区位于四川盆地东部，该地区以台地、丘陵为主，伴有少量低海拔山地；域内主要河流有嘉陵江、涪江、渠江、沱江、岷江、长江等，河流呈西北—东南走向，纵横交错；由于地形、气候的影响，植被类型丰富多样，地带性植被是亚热带常绿阔叶林，以乔灌混合林及竹林为主。川东丘陵低山区四季气候特征分明，整体属于亚热带季风气候，气候温热潮湿，降水频繁，湿度大，年降水量在 1000～1300mm，但四季分配不均，70%左右的雨量集中于 6～10 月。其中，广元、巴中、达州、绵阳、雅安、泸州、宜宾、乐山等地的部分区域毗邻盆周山地，其余区域处于盆地底部。居民主要为汉族蜀民系，还有小部分少数民族散居其中。

3.7.1 聚落生成背景

历史上，汉族祖先一直长时间居住在以长安等京都为中心的中原地带，即今陕、晋、冀、鲁、豫等地。在战乱、自然灾害的影响下，大批汉人进行了三次大规模的南迁，当时大量人口以宗族、部落、宾客和乡里等关系结队迁移，从黄河流域迁移到长江流域。通过移民、杂居、通婚等交融方式，南迁的汉族和周边民族加强了经济、文化，包括农业、手工业、生活习俗、语言、服饰等各方面的交往，最终各民族文化融合在汉民族文化之中。特别是在封建社会末期，明清之际的“湖广填四川”，使得各民族文化结合交融并自成一系，它们虽然有同一民族的共性，但人口构成的历史社会因素及地区人文、习俗、环境和自然条件的差异对族群和居住方式带来不同程度的影响，从而形成了各地区不尽相同的居住模式和特色。即使在同一民系内部，也因南迁人口的组成、家渊及各自历史、社会和文化特质的不同而呈现出地域差别[52]。同时，由于不同的历史层叠，形成较早的民系保留有较多古老的历史遗存，所以民系不同所形成的聚落风貌也各有不同。这也是四川出现国内不同地域公共建筑的原因，国内各地都能在四川找到自己文化的影子，如会馆、祠堂、寺庙等。

3.7.2 聚落特征

川东地区丘陵纵横，缺乏平整且具规模的用地，但水系发达，具备聚落形成和发育的良好自然条件，大部分聚落因贸易、交通区位、战事等原因而形成。从布局特点来看，初始聚落多“逐水而居”，有相当一部分聚落分布在山水相夹的带状阶地上，背山面水。聚落选址多根据自然地形因地制宜，虽然整体看来其布局方式较为自由，但往往都严格遵循风水古制进行选址布局。区内较为复杂的地形对传统民居聚落发展产生了明显的限制作用，促使整个聚落建筑产生一种“高密度”聚集的倾向，并向着“天”“地”两个方向发展，从而使聚落集约形成相对紧凑的结构形态。当聚落发展到一定规模，周边缺乏必要的用地条件时，聚落居民会选择到用地条件相对较好的地方重新发展，而这种发展同样也遵循着老聚落的方式并不断反复，最后就形成了所谓的“簇群形态”[67]。大聚落除了本身由若干这样的子簇群组成外，其内部街区的组成有时也反映出同样的结构形态。在有些微地形比较复杂的山地，高差变化剧烈，其建筑也根据地形的变化灵活构筑，互相因借而成，最后也形成了成组成群的内部街区簇群形态。

川东地区的传统聚落多是以血缘为纽带建立起来的宗族簇居聚落。这种宗族簇居聚落的形成与四川特殊的历史背景有着密切关系。外来移民来到四川后在小范围内以血缘宗族为单位聚居，形成了“大杂居、小聚居”的松散居住结构。学术界将这种依血缘而聚、按房族而居的聚落形态称为宗族簇居聚落。这种聚落在选址上因地制宜，不注重朝向，聚落建筑多散布于平坝与丘陵交接的缓坡地带；在聚落建筑布局上，由于同族而居无须顾及私密性和领域感，住宅与住宅之间不设院墙，衔接紧密，有很强的紧凑感，聚落边界也较为有机随意；聚落环境正面开敞，后部簇树成林，使得聚落掩映在树林之中形成前松后紧的独特景观形态。

川东地区还有许多聚落沿交通线，特别是沿古驿道、古栈道、古盐道及茶马古道等古商道分布。由于四川盆地的地理特点，历代开辟的交通道路既是盆地内与外界沟通的主要渠道，又是川内各地联系的重要路线，若干次大移民全靠这些道路网络。因此，人们的聚居点也随交通网络不断延伸，相应地得以形成和发展。例如，在川北沿陕入川的金牛道、米仓道和洋巴道，自广元、绵阳、南充、遂宁到成都一带和达州、广安到重庆一带分布的城镇历史都很悠久。川南的聚落则沿古盐道及商道分布，例如，从“盐都”自贡向南入黔的夜郎古道和由宜宾入滇的五尺道一带都有不少的古典聚落场镇分布[52]。所以，四川典型的城镇乡村聚落在川东有较多遗存，形态主要是成都的平原式，总平面大多较为规则，道路以棋盘式方格网布局，大体为坐北朝南方位，从大街小巷到居住街坊，都较为方正规整。一般场镇就其街巷平面布局来说，依据其基地大小形状，在平坝地区的，常为“一”字形（鱼骨式）、“丁”字形、“十”字形、“井”字形、方格网等几种基本形式①。

这些场镇在历史形成过程中，按照风水的模式和原则来考虑聚落和民宅的选址为普遍现象，而且各自都独具风格特色，并成为当地福祉的标志和象征。聚落与周围的山水环境有着微妙奇巧的构图关系，运用朴素的风水环境观将人工环境自然化和自然环境人工化相结合，创造出具有文化特色的人居环境。例如，昭化古城山水围台切割出一幅宛如天然的太极图形，古城即在阴阳鱼的阳极鱼眼上，号称“天下第一山水太极”天成之作（图 3-71 和图 3-72）。

图 3-71　昭化古城山水格局

图 3-72　昭化古城聚落

此外，一般场镇还分布有皂角、刺槐、梧桐、榆树、银杏、香樟、苦楝等高大乔木以及桑树、柳树、花灌木等，还包括柑橘、枇杷、桃树等各种果树。有的场镇还有培植

① 李先逵. 2009. 四川民居. 北京：中国建筑工业出版社.

风水之说，常将村口旁的大树作为一种进入场镇的标识和象征，故以“风水树”命名，寓意到此能带来好运（图 3-73）。这也是一种追求吉祥生活的愿望和寄托，有的也把包围场镇的竹林当作风水林加以维护，形成独特优美的绿色景象。

(a)

(b)

图 3-73　村口“风水树”

3.7.3　典型建筑样式

川东丘陵低山区的乡土建筑主要包括干栏建筑及其变形吊脚楼建筑、传统民居中式屋宇的合院建筑、移民文化产生的会馆建筑及宗祠建筑等一些典型建筑样式。

1. 干栏建筑

干栏建筑是由巢居建筑发展而来的，以南方居多。由于气候及物源特征的差异，产生出“干栏建筑体系”，其多用于民间住宅，并逐渐演变出“吊脚”的空间处理形式，更能灵活适应山地变化。干栏与吊脚楼建筑相对集中分布于川东南的山区及临江区域，一些少数民族如苗族至今仍保留使用较为典型的干栏建筑（图 3-74 和图 3-75）。

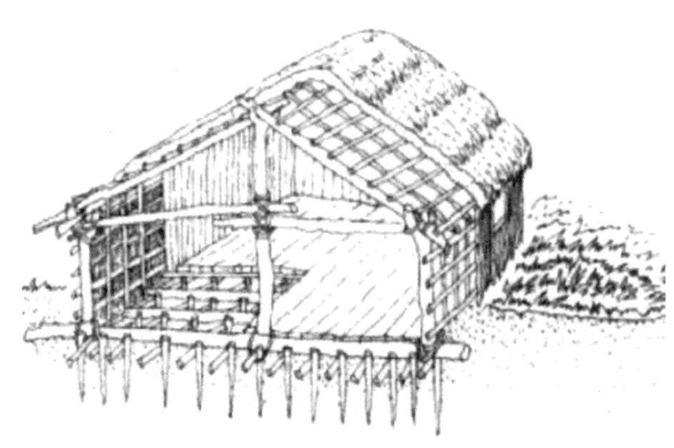

图 3-74　成都干栏建筑遗址[68]

图 3-75　福宝古镇干栏建筑

川东山区的生产方式以农作为主，居民自给自足，家庭劳作多饲养牲口家禽，干栏的架空层提供了适应这种农作模式的家务空间。在四川山地自然环境下，吊脚楼适应能力强，分布十分广泛，而且无论何种平面形制，只要在坡地修建这种形式都可应付自如。尤其在沿江河、溪流两岸的陡崖峭壁上，各种式样的吊脚楼七长八短高低错落杂然其间。一条石路多用作牲畜圈栏或晾晒、储藏粮食作物以及柴草等杂物的堆放空间[67]。

2. 合院建筑

受中原文化影响，合院建筑形式在普通民居中的四合院、三合院、混合多重院落中得以体现，许多庄园、会馆、祠庙等大型建筑也以合院形式来组织空间，规模尺度略大。川东自成风格的“天井建筑”也深受合院文化的影响（图3-76和图3-77）。在川东地区，由于文化上的强势及地理空间上的优势，合院建筑体系比干栏建筑体系发展得更为成熟完善，成为区域内主要的传统建筑形式。

图3-76　合院建筑

图3-77　四川南充阆中古城天井建筑

四川的四合院建筑有固定的形制格局，布局基本对称，但受地方环境的限制以及居民思想的相对自由，民居的布置更注重生活实用性；通常以房屋围合，建筑可相互连接；院落空间紧凑，但也有多进院落的布局；空间布局不苛求严格的形制，如完全对称和方位朝向等。这些都是文化的发展和所处的地域空间等诸多因素导致的。四合院建筑的典型代表如南充阆中古城的孔家大院（图3-78）[69]。

还有一种合院是乡镇场镇中沿街联排式民宅，店宅合一、作坊住房合一等多种形制逐渐定形化，在各种变通中风格逐渐趋于协调统一，而且为充分利用宅地，街道出现了不少多层木构楼房。同时，青砖的应用开始普及，空斗墙、马头墙、封火墙、砖房，以至城墙包砖等成为普遍的建筑样式（图3-79和图3-80）[52]。

3. 会馆建筑

四川作为移民大省，来自两湖、粤、赣、陕、闽等10余个省份的众多移民在新的客籍地大建会馆，以便于联络乡谊和维护同乡人的利益。据有关研究的不完全统计，清代全川的会馆总数约2000个，可称全国之最。会馆的建造情况在某种程度上反映了移民聚居的分布状况、形态特征及相互影响的关系。民间一般都有“九宫八庙”之称。常见的有湖广会馆（禹王宫）、广东会馆（南华宫）等。

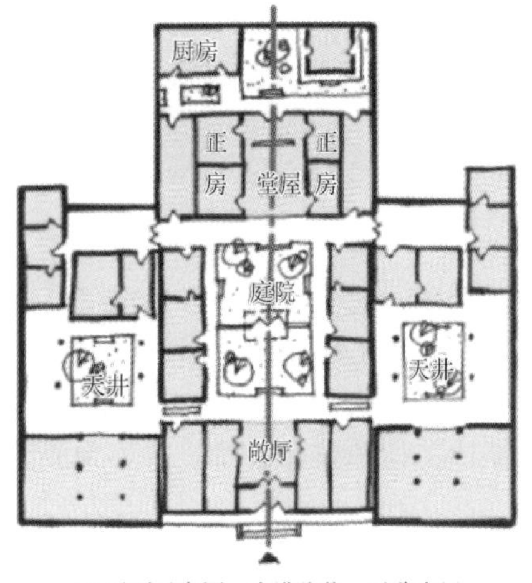

(a) 平面示意图：多进院落、对称布局

(b) 实例照片：庭院一角结合室外、景观、休闲活动的院落

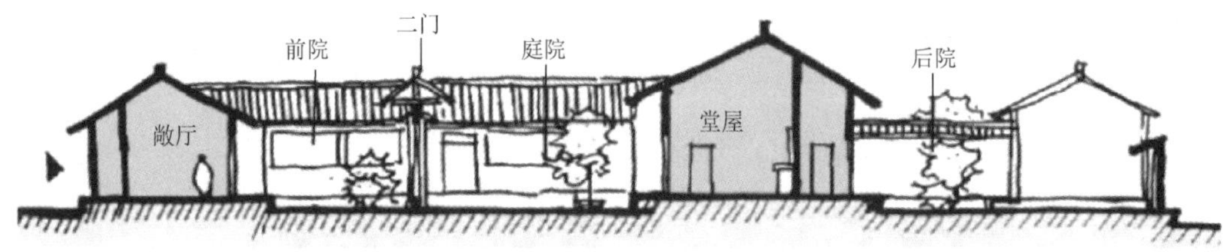

(c) 剖面示意图：空间有序

图 3-78　孔家大院建筑布局[69]

图 3-79　自贡仙市古镇的封火墙

图 3-80　内江铁佛古镇的封火墙

巴蜀物资丰富，茶叶、丝绸、盐等物流充足，商业贸易往来频繁，会馆成为商业性移民在各地的支点，并逐渐发展为“行业会馆”，多为商业用途所设，如王爷庙、会馆等（图 3-81 和图 3-82）[69]。会馆的设立，起初是以保护本省往来的商人和远离家乡移民的权益为目的，而后逐渐发展为在政治、宗教、社会各方面有相当影响力的机构。

4. 宗祠建筑

祠堂作为宗祠建筑，是一种礼制建筑，执“家礼”之处，即“家庙”。祠堂的功能首

图 3-81　自贡的西秦会馆

图 3-82　宜宾的云南会馆

先是本族人用以敬祀祖先，然后执行族权、劝善解纷等。所以一般场镇有多少大姓，必有多少宗祠（图 3-83）。其规模尺度往往比住宅大，比会馆小，通常祠堂形制也采取四合头院落式，前为大门，中为祖堂，供跪拜祭祀，两侧为食宿厢房（图 3-84）。一些讲究排场的祠堂建有戏楼，与入口大门相结合，戏楼底层为通道，建筑装饰颇为讲究。有的宗祠散布在场外或周边，自成一个小环境。

图 3-83　达州的姚氏宗祠

图 3-84　宗祠内的台阶式厢楼

5. 民居的局部变形

泸州、宜宾、自贡等地有长江阻隔，以往交通多有不便，民居及场镇多集中在古商道沿线，与川内民居有许多共性，也有较大差异，而与云南贵州的民居有更多的相互借鉴之处。在该地域自然条件的影响下，建筑布局较为开敞，防晒、排风、除湿成为该地域民居建筑首要的功能，这部分地区的民居建筑以悬山顶、歇山顶（图 3-85）为主，高敞的形式及其“大出檐”（图 3-86）的特点实现了对民居内部“小气候”环境的调节，用来适应夏日较长时间的炎热气候。建筑檐下常使用体积较大的撑拱（图 3-87）作为增强梁枋抗震、抗压功能的构件，灵活的穿斗木架（图 3-88）在高差处理上显得变化多端，特殊的倾斜角度使得撑拱拥有较大的空间进行装饰，配合雕饰大量代表吉祥寓意的图案、色彩，彰显一族财力雄厚、人丁兴旺。

图 3-85　歇山顶屋顶

图 3-86　“大出檐”民居

图 3-87　富有吉祥寓意的撑拱

图 3-88　民居的穿斗木架

3.7.4　典型村落实例

1. 巴中市恩阳区恩阳古镇

恩阳古镇位于巴中的恩阳河畔，距今已有长达 1500 多年的悠久历史。古镇的政治地位显著，在历史上设郡、县时间长达 800 余年，是六朝郡县的故城。由于明末年间战乱不断，大批湖广地区的移民搬迁定居于此，合资修建古镇。现存古街共有 38 条，其中有四川省内成片保存较为完好且规模较大的明清古建筑群，还有一些建筑装饰，手工雕刻的精细程度令人震撼。

恩阳古镇总平面布局呈现复杂多变的“网络状”格局，主要表现特点是：整体形态呈网格式布局和走向，街道呈环状，多巷道发散生长，因而场镇空间表现出“环线空间”的特质。顺应山势和依托水运造就了整个场镇的基本骨架，丰富的街巷体系决定了恩阳古镇平面的基本形态[70]（图 3-89～图 3-91）。

古镇地基以青石板铺就，坡度明显，平坝较少，属缓坡型古镇。主体地域呈现西北高，东南低的地势倾斜走向。老场和回龙区至今仍完整保存着以往传统的街市格局，其中老场街高差较小，街道尺度较大；禹王宫街的街道曲折，落差较大且处于古镇中心的

图 3-89　恩阳古镇建筑布局

图 3-90　恩阳古镇的山墙

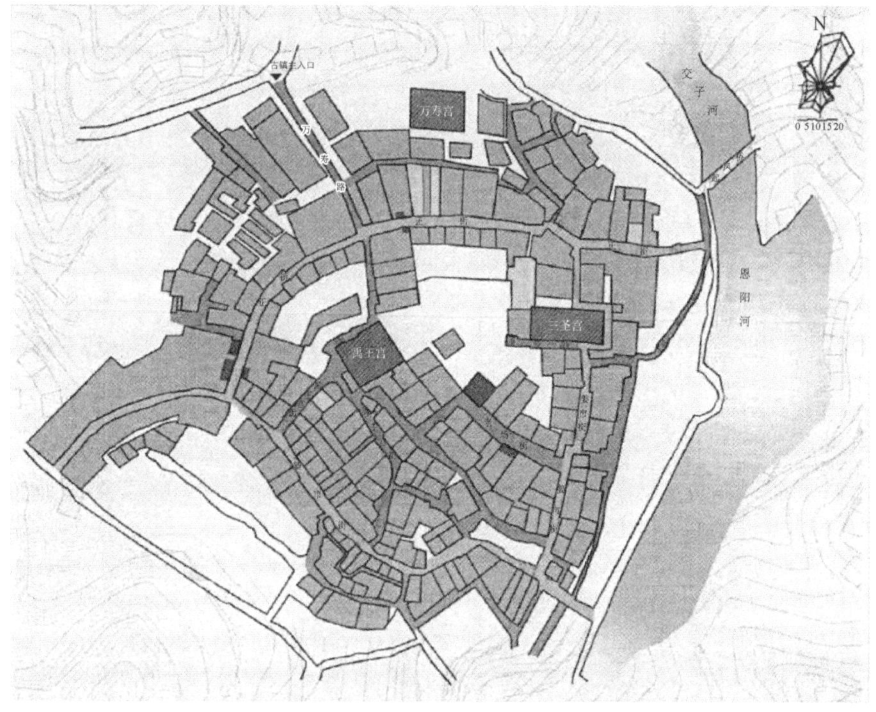

图 3-91　恩阳古镇总平面图[70]

制高点，多条街道均可通向禹王宫；古万寿宫由于地势高差较大，沿着东西向逐渐降低，这些街道形态高差丰富、蜿蜒曲折，具有典型的缓坡型古镇特色，同时展现了古镇对地形的适应能力和灵活巧妙的布局方式。场镇临河面的高差较大，民居下吊，形成高低错落的吊脚楼。古镇内的古建筑具有浓郁的川东北民居风格，架梁结构是其主体，白色的土墙保护着墙内的竹篱板。

民居建筑的临街层用于开设各式店铺，居住区则布置在二层或店铺后面（图 3-92），形成下店上宅、前店后宅的形式，十分巧妙地利用了地形，并有效地创造了空间。同时，作为六朝郡、县之故城，随着商业的发展，恩阳也充分考虑了古镇的安全因素，在周围设置关寨，构成寨门、战壕、寨墙等严密的防御体系，如文治寨和义阳寨，具有“寨堡式”场镇特征[70]。

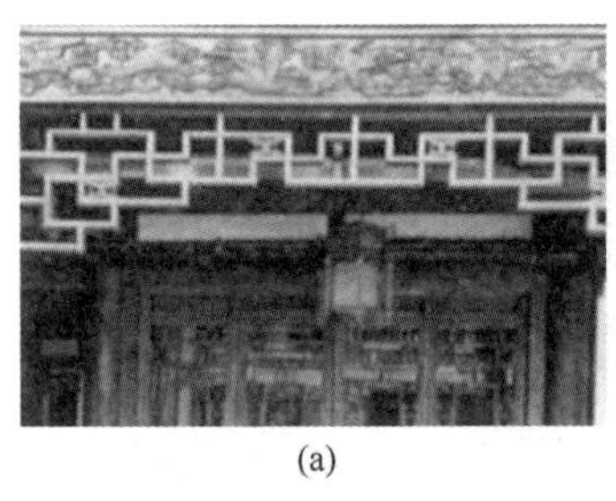
(a)

(b)

(c)

图 3-92　恩阳古镇内部空间

2. 巴中市通江县泥溪乡梨园坝村

梨园坝村位于巴中市通江县泥溪乡的西北部，村落依山傍水，中央的梨园河自北向南穿境而过，汇入大通江河，水文条件优越。村内土壤肥沃，植被丰饶，农耕文化符号齐全。该村落享有“川东北传统村落第一村”“大山深处的香格里拉”等美誉。梨园坝村的民居建筑属于典型的穿斗式结构，其朴实的格局最能体现原始的西蜀风情。村内还保存有古建筑 20 余栋和大量历史遗迹，如宗祠、戏楼、古墓等。

梨园坝村的聚落空间由河流、耕地、道路、院落等与生产生活息息相关的要素构成，整体形态呈块状。河流将梨园坝村一分为二，东侧是开阔的农田，西侧是呈梯田状掩映于绿树林中的院落人家。院落呈组团式布局，主要集中分布于三处，呈倒“品”字形坐落于缓坡之上，如图 3-93～图 3-95 所示。村落民居建筑依山而建，房屋基本都是穿斗架梁，具有青瓦白墙的典型川东民居特征。受地形条件限制这三处组团院落分别位于不同的海拔坡地上，从对面俯瞰，村落布局错落有致，掩映于绿树丛中，整体形成了民居散落、绿树掩映、良田遍布的空间格局。

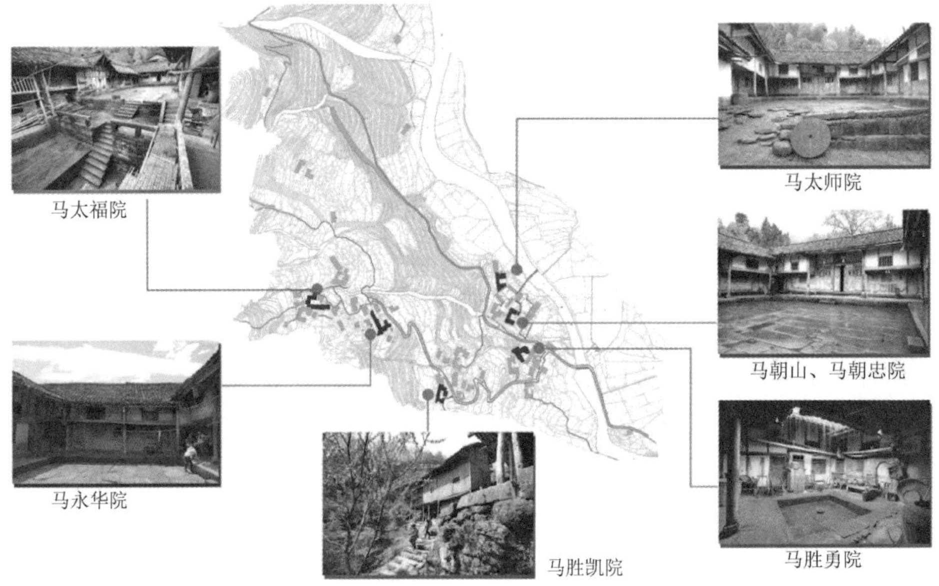

图 3-93　梨园坝民居院落格局[71]

图 3-94　梨园坝村聚落环境

图 3-95　院落空间

3. 广元市昭化区大朝乡牛头村

牛头村地处广元市昭化区大朝乡，距离昭化古城约 11km，距离剑门关约 24km，是连接两个景区道路上的重要节点。牛头村生态环境优良，其所处的牛头山为剑门山脉分支，为其主要山体。牛头山为牛头村内主要的山体景观资源，是牛头村的主要生态屏障，现已形成牛头山风景区，具有休闲、祈福、旅游功能。大包梁是村里的主要林地，为居民的生活提供丰富的林木物产资源，以及众多野生动植物资源。村内有诸多水塘沟渠，其在满足居民生活饮水、生产灌溉的同时，也是村内的天然生态景观[72]。依托优越的山水林木资源，牛头村的乡土味很浓，其中最有特色的就是村内成片的柿子树（图 3-96 和图 3-97）。初冬时节，村民将收获的柿子串成串挂在竹竿上晾晒，像一串串喜庆的小灯笼（图 3-98 和图 3-99）。村内分布着大大小小 2000 余株火晶柿子树，不少是村民祖辈栽种的，其中百年以上的老树有 300 余株。村内举办的柿子节是全村最热闹的节日，也吸引着附近市郊的游客前来观赏参与。

图 3-96　牛头村柿子树

图 3-97　掩映于柿树间的牛头村民居

村内建筑主要为川北民居风格，其中别具特色的有刘家院子、郭家院子、仲家院子等明清及当代蜀道乡土民居，其星罗棋布且保存完整，与森林、田园搭配形成了浓郁的原乡风味，诗意栖居，深受文艺爱好者和游客的喜爱。

图 3-98　牛头村房前屋后挂着的柿子

图 3-99　挂满柿子的牛头村民居

4. 泸州市合江县福宝古镇

福宝古镇位于川、渝、黔交界处，地处四川盆地西南部，距泸州市的合江县城 42km。西汉时，这里的夜郎古道是蜀郡南部和贵州夜郎部落交流的重要道口；明清时为川盐古道的运输节点，四川、重庆生产的食盐都要经此运往贵州北部。由于边贸交易的频繁，这里逐渐形成商业场镇，明初时称为新场，后来随着外地客商的汇集，场镇上开始兴建各地会馆，如万寿宫（江西会馆）、禹王庙（湖广会馆）、天后宫（福建会馆）等，借各大宫庙之名，古镇改名佛保，意为“佛祖保佑”，后改谐音为福宝，即今天的福宝古镇[73]。

古镇布局方式采用“包山临溪沿河”，巧于因借，灵活自由。福宝古镇选中一溪一河交汇处的山冈，沿山脊开路设街，布局以包山为主，兼及水面，两边建筑顺梯街上下层叠布局，一端临溪架桥，向北扩展，一端沿河平行向南延伸，宛如一条巨龙，依山势上下起伏游动（图 3-100）。

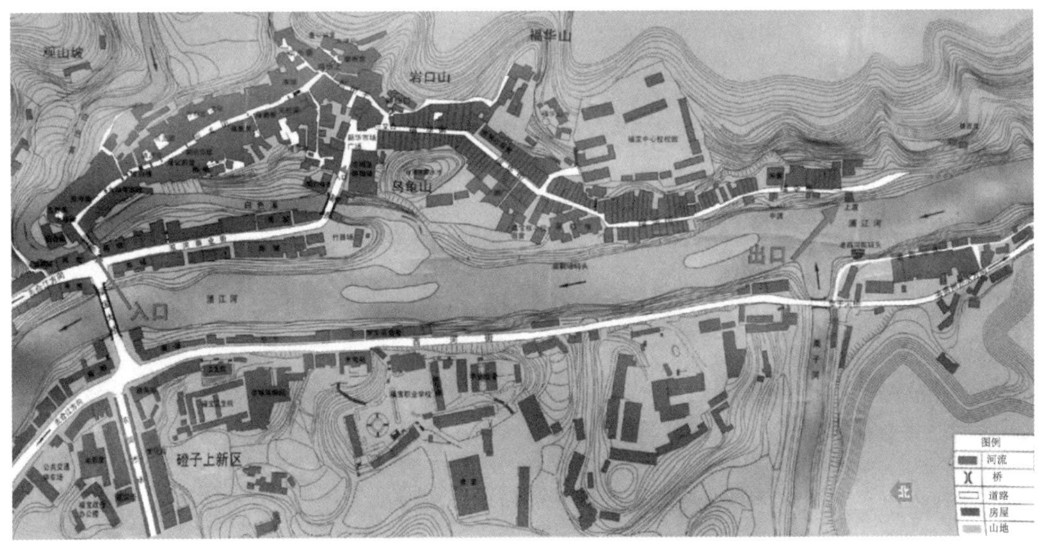

图 3-100　福宝古镇平面格局[74]

整个场镇从回龙桥、回龙街、福华街到上码头，长达近千米。聚落内外环境变化丰富生动，有江南水乡似的小桥流水人家，有气宇轩昂的山地爬坡吊楼，有平缓舒展的河街小院，还有大树浓荫掩映的渡口码头，完全师法自然（图3-101）。镇内随意布局房屋街市，不论是竖向空间还是水平空间，均交织相融于周围山水环境之中，浑然天成。从回龙街对面的观山坡上俯瞰全镇，四周是连绵的山峦和蜿蜒的河水，狭窄的街道顺着山势上下起伏（图3-102），鳞次栉比的屋宇凸显了古镇的千姿百态，一排排木吊脚楼沿壁高悬（图3-103），形成了独具特色的传统聚落景观。

福宝古镇竖向空间大起大落，对比强烈，层次丰富。建筑以吊脚楼为主，吊脚楼后部以木料或砖石为支撑，从街正面看建筑只有一两层，殊不知街背面却悬着山下六七层，仿佛扎根于大地一般，建造技艺高超，颇具川东南建筑特色。建筑群的山墙风貌精彩绝妙，因为两面包山，无论是居高从北端看，还是从南端看，都可见那层层叠叠、错落有致的大小"人"字形山墙随着太阳光影变化涌动，如云梯一般（图3-104）。福宝古镇内大多是两边不等长的斜山墙及木构架，与带装饰的弧形元宝马头墙形成了强烈对比，加上小青瓦长短坡屋面的悬殊，使得整个山面更为灵动活跃。民居多为大出檐、宽前廊（图3-105和图3-106），院落横长，庭院式的布局中包含了天井、敞厅等典型空间形式，形成内外融合的空间效果，尺度狭小的天井兼具通风采光和排水的作用。穿斗式结构将墙面分割出许多富有节奏和韵律感的块面，由于气候潮湿以及雨

图3-101 福宝古镇聚落布局

图3-102 顺应山势布局的民居

图3-103 古镇内的高吊脚民居

图3-104 古镇特色山墙

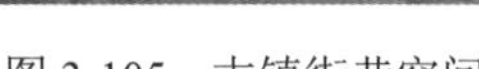

图 3-105　古镇街巷空间

图 3-106　建筑的长拖檐

水的冲刷，在水润斑驳的泥墙上，竹木骨架时隐时现，显露出古镇民居特有的建筑色彩，朴实清新与郁郁葱葱浑然一体，成为该地区特有的建筑风格[74]。一般屋面短坡朝向街里，由于建筑临街，为争取空间多为大进深，且随地形层层下跌，朝向街外的屋面被拖拉得很长，这使得福宝场镇的形象有着飘逸洒脱的特征。

5. 泸州市叙永县分水镇木格倒苗族村

泸州市叙永县的木格倒苗族村是一个保存完好的川南特有的苗家村落。木格倒苗族的祭祀鼓乐、构皮造纸等技艺在这里延续传承了数千年，它是中华民族传统文化的精华，是农耕文明不可再生的文化遗产（图 3-107）。

木格倒苗族村聚落选址于山谷之中，民居建筑多位于山谷的山脚或山腰位置，海拔在 1200～1300m。苗寨以山林为依托，四面环山，背山面田，依山而建，布局紧凑（图 3-108）。整个聚落坐落于山谷之间，在空间格局上分为三个聚集点，呈现出上、中、下三层布局：北村落沿山体等高线呈线状分布；核心村落位于聚落中心，以最初形成的陶家大院为中心向外辐射发展；南村落分布则较为零散[75]。明清时期，陶姓人家为躲避战乱而来此定居，建起了最初的陶家大院，而后木格倒周边的苗族迁移至此，苗寨开始向东北面发展，形成了第二个苗寨聚集点，与陶家大院苗寨相距不足百米。之后伴随着人口增长、户数增加，苗寨发生了自然扩张，受用地条件的限制，苗族村民在最初苗寨的西面山上建成了第三个苗寨聚集点。木格倒苗寨聚落的布局尊重原有山地空间的格局，顺应地势形成了现在的沿主要对外交通道路带状分布的格局，既便于躲避外界乱世纷争和村内防守，又方便村民对外交通与联系（图 3-109～图 3-112）。

6. 宜宾市江安县夕佳山镇坝上村黄氏庄园

夕佳山黄氏庄园位于宜宾市江安县夕佳山镇坝上村，始建于明代，完善于清代，迄今已有 400 余年历史。明朝末年，湖北黄氏家族迁居于此，开始划地建宅，逐渐扩散发展。黄氏是书香门第，崇儒尚礼，子孙后代中多有中举为官者，因而在宅院营建和扩建中，儒家文化、封建宗法制度和尊卑观念对民居格局的形成有深远的影响[76]。

图3-107 丰富多彩的苗家活动

图3-108 深藏在大山深处的苗寨

图3-109 木格倒苗族村传统的吊脚楼

图3-110 苗寨院落空间

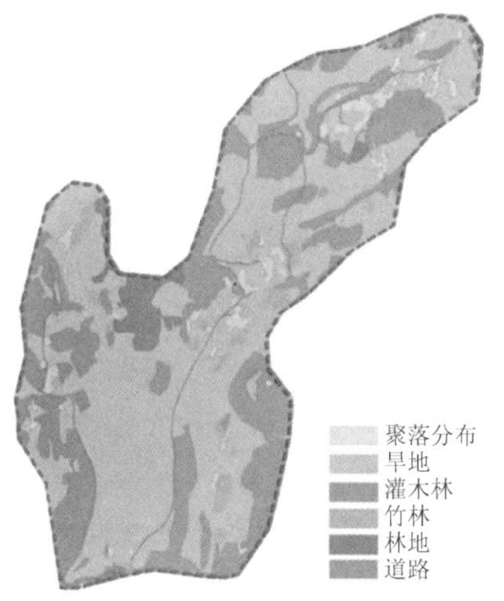

图3-111 木格倒苗族村聚落选址[75]

图3-112 村落一角

黄氏庄园因地而施，坐南朝北，建筑平面符合以院落组织形成建筑群体的传统布局。受儒家思想的影响，建筑以中门、前院、前厅和堂屋的中心线为明确的主中轴线，并在南北、东西方向展开形成多条副轴线（图 3-113 和图 3-114）。建筑空间的营造和节奏氛围的变化就产生于这些主副轴线之中。整个民居建筑布局严谨、错落有致、开合有序，私家花园兼有巴蜀园林与江南园林的特色（图 3-115 和图 3-116），是典型的“川南庄园”建筑风格。民居建筑在撑拱装饰上常以周边自然对象为主题，以表达宅主寄情于山水之间的美好意境，无论门窗、脊顶、斜撑、柱础、墙饰，还是木刻、石雕，制作都极具匠心（图 3-117 和图 3-118），具有强烈的“天人合一”之感。四周上百亩的桢楠林、人工风水林郁郁葱葱，吸引成千上万只鹭鸟栖居，镶嵌浮动于林梢树丛，景色十分壮观。

图 3-113　夕佳山民居鸟瞰

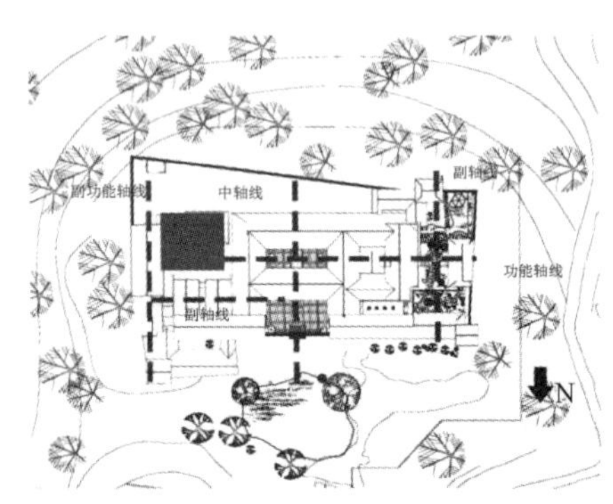

图 3-114　黄氏庄园平面空间轴线[76]

图 3-115　黄氏庄园内院

图 3-116　黄氏庄园戏台

图 3-117　民居中的木制双开门

图 3-118　民居中门两侧雕饰的凤凰祥云深浮雕

7. 自贡市沿滩区仙市古镇

仙市古镇聚落位于自贡市沿滩区仙市镇西南部，西距自贡市区 11km，距今已有 1400 余年历史。古镇聚落整体布局坐东北向西南，前临釜溪河，后由玛瑙山及官山、黄金山合围，古镇聚落保护区域共计占地 17.6hm^2。聚落生长于古盐道上的水、陆盐运道路枢纽，萌芽于隋代，走过了 1000 多年的漫长岁月，至今仍保持着旺盛的生命力。古镇因历史久远，充满地域特色的文化古迹众多，于 1992 年被评为“四川省历史文化名镇”，2007 年被评定为“中国历史文化名镇”。仙市古镇因盐运而生，而自贡地区盐业经济活动的兴衰也直接影响着仙市古镇的成长轨迹。无论是古镇“依山傍水、仙人变阵”的选址布局，还是“前市后宅、五庙一祠、正字布局”的街市规划，又或是因盐业文化及盐业经济活动衍生而出的盐运文化，都深深刻画在仙市古镇聚落的自然景观和人文景观之中[77]。

仙市古镇聚落受外部山势地形的影响，主要街道均为沿河依山呈线状延伸的走势，其景观空间以玛瑙山、官山和釜溪河围合而成的扇形为边缘（图 3-119），在四周青山绿水基质的衬托下，由川东南以穿斗式民居为主的商贸建筑通过单体到群落的组合，形成完整的景观斑块，并由青黛素瓦屋顶构成古镇景观斑块的肌理，由此形成环绕官山的正街及包围玛瑙山的半边街、河街子和羊肉巷，还有沿釜溪河岸发展的新河街等共计四街一巷组成，自然构成“正”字形的布局形态（图 3-120 和图 3-121）。仙市古镇聚落主要有商贸、居住及公共活动等功能，对聚落空间加以分割，形成临街以商贸为主体的开放空间和后部以居住为主体的私密空间，即传统古镇所有的“前店后宅”型单体空间格局。而古镇的川主庙、南华宫、天上宫、江西庙和湖广庙五座重要的会馆建筑则山墙笔挺地点缀于聚落之中，形成古镇聚落的景观节点。受传统风水理念影响，仙市古镇形成了环山抱水、背山向阳的优良格局，其聚落选址也在尊崇自然、顺应自然的基础上尽力避免季节性不良气候及暴雨洪涝对聚落的危害。

图 3-119　仙市古镇聚落布局的鱼骨形结构[77]

纵观仙市古镇，其自古就有着良好人居环境思想的设计布局。具有鱼骨形线性街道空间形态的主干线明确（图 3-121），让聚落建筑有极强的序列感和方向性，保证了聚落内的建筑都尽可能获得好的朝向和视野；院落、广场、街道合为一体的空间功能体现出聚落对于有限空间环境的包容；街道拥有良好的高宽比，并依据形式美法则营建空间界面，带给居民与观者愉悦的视觉感受和舒适的空间体验。

图 3-120　烟雨中的仙市古镇

图 3-121　街巷空间

第4章　四川乡村生产

4.1　川中平原核心区

4.1.1　川中平原核心区概况及乡村生产

川中平原核心区属于四川盆地平原，包括龙泉驿区、青白江区、郫都区、温江区、双流区、新都区、新津区、广汉市等。该区域地势由西北向东南倾斜，以深丘和山地为主，海拔大多在1000～3000m，是成都平原的腹心地带，主要由平原、台地和部分低山丘陵组成，海拔一般在750m左右；由于气候的显著差异，形成明显的不同热量差异的垂直气候带，因而在区域范围内生物资源种类繁多、门类齐全，分布又相对集中，为发展农业带来极为有利的条件。成都平原这一特殊的地理空间单元，长久以来融合多方因素，形成了富有本土特色的大地景观。

该区域的传统农业基本上是自给自足的多种经营模式，其原因在于成都平原的气候宜人，多种粮食作物都能生长，养殖业、畜牧业也能基本适应。这一地带地势平坦，水网密织，土壤肥沃，河渠密集交错，形成自流灌溉系统，水田占耕地的90%以上，平原中部的广大地区全部是水田，水田逐渐成为该区域常见的农田类型，水田常用工具有犁、耙、锄头、铲和刀等。就产业结构内部来说，川中平原核心区以种植业作为主导产业，积极发展畜牧业，并且未来畜牧业的发展有可能赶超种植业，服务业（农林牧渔）的发展正逐步追上渔业和林业，有一定的发展潜力。川中平原核心区是中国水稻、棉花、菜籽油、小麦、柑橘、柚子、油桐、茶叶、药材、蚕丝、香樟的重要产区。其中，水稻、小麦和油菜产量高而稳定，常年提供的商品粮、油分别约占四川全省的1/5、2/5，是四川和全国著名的商品粮、油生产基地。以成都市郫都区为代表的农业生产基地，有以“袁隆平”命名的杂交水稻科学园，且是全国唯一一个。成都市新津区稻渔现代农业园区被列为四川省四星级现代园区，园区的主导产业为“稻-油菜-渔”，其中稻渔综合种养核心区面积在5000亩以上。

经过这几年的农业产业化调整，川中平原核心区涌现出许多特色农业突出的乡镇，如龙泉驿区的桃乡——山泉镇、双流区的梨乡——大林镇（2019年，撤销大林镇，划入籍田街道）、温江区的苗木之乡——玉石乡（已并入寿安镇）、郫都区的农家乐——农科村等。同时也涌现出了大量的农业特色产品，如郫县豆瓣、龙泉驿枇杷、温江大蒜、双流二荆条辣椒、青白江福洪杏、温江酱油等，这些特色农产品先后被列入国家地理标志保护产品。

在漫长的历史发展过程中，随着农业形态的变化以及农业的进步，人类的活动改变了最初的大地格局，农作物、水系、聚落、道路与农业生产的联系更加密切，形成了适应当地气候和地形的生产性景观，如表4-1所示。川中平原核心区已经自发形成了中心城市成都市这种类似“花园城市”的区域，场镇-林盘这种类似“邻里单位”的社区以及“随田散居”的林盘这种类似“广亩城市”的生活形态[78]。

表 4-1　川中平原核心区生产性景观体系

大类	典型景观
田地景观	袁隆平杂交水稻科学园、新津区稻渔综合养殖地、柳江蔬菜种植园、梨花溪特色水果种植园、三道堰镇青杠树村林盘群、温江和林村水稻美化栽培地、水城新津林盘群、广汉市稻香公园
田地生物	野生植物：银杏、珙桐、黄心树、香果树、桃树 野生动物：大熊猫、小熊猫、金丝猴、牛羚、雀鹰、苍鹰
传统生产技术及习俗	生产器具：犁、耙、锄头、铲和刀 生产作物：水稻、棉花、菜籽油、小麦、柑橘、柚子、油桐、茶叶、药材、蚕丝、香樟 生产习俗：开秧门 生产活动：祭祀仪式、栽秧插苗、田间捕鱼、农村集市

4.1.2　川中平原核心区典型乡村生产性景观

1. 袁隆平杂交水稻科学园

“袁隆平国际杂交水稻种业硅谷”是经袁隆平院士授权以其名字命名的科学园区（图 4-1），为了加快推进乡村振兴计划，实现袁隆平院士的“禾下乘凉梦”和“杂交水稻覆盖全球梦”以及“少年识农愿”，袁隆平杂交水稻科学园由郫都区人民政府、国家杂交水稻工程技术研究中心、四川泰隆农业科技有限公司三方合作共建而成，于 2020 年 5 月正式对外开放。“水稻种业硅谷”的落成将为郫都区农业农村产业发展注入活力，以杂交水稻科研为核心，种业硅谷项目将在水旱轮作种植模式的基础上，创新开展稻鱼、稻菜和稻蒜的有机绿色种养结合新模式。同时，结合林盘文化、川西文化和水稻文化，打造新时代林盘院落景观，积极探索“种稻致富”、稻米品牌塑造、青少年研学旅行的一二三产业互动的乡村振兴郫都路径。

袁隆平国际杂交水稻种业硅谷紧邻成都电子信息产业功能区和郫都区德源万亩高标准大蒜基地，既有良好的生态环境、壮观的田园风光，又有川西林盘的人文风情。一期建设用地占地 35 亩，建筑面积约 8000m^2，户外配套高标准农田建设 2000 余亩。区域涵盖袁隆平杂交水稻科技馆、国际会议中心、青少年双创中心及相关配套的食宿空间。农业的核心是良种，而良种的关键是基因。其中，基因技术产业链建设是“园之重器”，是“种业硅谷”的“命门”。在稻蒜轮作示范区，成片的水稻茂盛挺拔，沉甸甸的稻穗呈现出诱人的青黄色。乡土生态和农耕文化是这里最宝贵的资源。一条长长的观景栈道漂浮于稻田之上，人们行走在栈道上仿佛置于天地自然之间，风吹稻香满衣裳。

2. 新津区稻渔综合养殖地

新津区位于四川盆地西部、成都市南部。新津区“两山相拥、五河汇聚”，自然地理形态多样。“五河一江”流经新津的长度超过 70km，岸线长度约 150km，河流面积占城市规划区面积的 20%，新津境内诸河属岷江水系。养殖地位于新津区安西镇和宝墩镇，具体包括新漕村、月花村、花碑社区和柏杨村等村（社区），面积 52000 亩，其中农用地 30000 亩，位于天府农业博览园（简称农博园）产业功能区范围内和“成新蒲”都市现代农业示范带新津段。

(a) (b) (c) (d)

图 4-1　袁隆平杂交水稻科学园

新津区稻渔综合养殖依托省星级现代农业园区，结合国家级产业强镇建设，突出稻渔综合种养特色，通过农业新品种和新技术的示范推广，完善相关产业链条，引进先进设施设备，着力建设产业特色鲜明、生产方式绿色、三次产业融合、要素高度聚集、农业品牌响亮、辐射带动有力的现代农业园区，夯实美丽宜居公园城市的生态本底，努力诠释美丽宜居公园城市的乡村表达，丰富美丽宜居公园城市的产业形态，为省级“鱼米之乡”提供强力支撑。

稻渔综合种养是利用稻田的浅水环境将水稻和水生物种养在同一稻田空间而形成的独特的稻作系统（图 4-2），是一种以水稻为主的“种植”，实现了“一水两用、一田双收、稳粮增收、一举多赢”，有效提高了农田利用率和产出效率。新津围绕该产业体系建设，依托中国天府农博园，大力发展稻渔、粮油、蔬菜等特色产业，形成以标准化池塘园区、工厂化养殖园区、规范化稻渔园区、休闲渔业园区为主的川鱼产业体系。新津区稻渔综合养殖加强与科研院所的交流合作及成果转化，探索出池塘内循环养殖、玻璃钢循环水养殖、鱼菜共生养殖、稻田底排污循环养殖、无抗养殖等健康养殖模式，探索环境友好型和资源节约型现代稻渔综合种养新模式和新业态。

图 4-2　新津区稻渔综合养殖

3. 柳江蔬菜种植园

柳江蔬菜种植园依托柳江万亩蔬菜基地原有基础，沿用“龙头企业+专合组织+基地+种植大户”的种植模式，鼓励园区内业主积极引进新品种、新技术、新设备，促成标准化、规模化、集约化种植，提高蔬菜产品的质量和产量；建立“蔬菜初加工中心”“蔬菜恒温仓储中心”“蔬菜冷链物流中心”，调节蔬菜季节性供应不足的矛盾，稳定蔬菜供应；打造标准化、品牌化地标农产品基地及溯源平台，保障舌尖上的品质与安全，最终形成产品优势，重塑柳江、马王两大蔬菜品牌。

种植区域涉及普兴、花桥、花源 3 个街道，规划面积 1.6 万亩，其中蔬菜种植面积 1.0 万亩。以“菜+稻+菜”模式种植，展现出复合型的生产性景观（图 4-3），主要种植莲藕、子姜、葱蒜、四季豆、生菜、慈姑、食用菌等产品。

图 4-3　柳江蔬菜种植园

4. 梨花溪特色水果种植园

在永商镇梨花溪范围内，当地以梨、柑橘特色水果为主导产业，依托花舞人间、梨花溪等知名农旅融合典型，通过引入休闲观光、农业科普、农事体验等一三产业互动项目，改良原有品种、革新技术，实施标准化种植等措施。结合柑橘种植管理、地力培肥、绿色防控灯技术指导和培训，多渠道整合资金，完善水果分拣中心、冷链物流中心等基础设施，打造以产业为本底，以花、果为媒介，绿色生态、有机生长、和谐共生的农旅融合产业功能区，构建梨花溪生态旅游圈，进一步拓宽农户增收渠道。

梨花溪一湾溪流绵延十里，沿途湖光山色，景色清幽。每到春日，便有梨花烂漫山野，兼有灼灼桃花和金灿灿的油菜花。梨花溪距离新津城区 3km，面积约 $6km^2$。每年春天，梨花溪的成千上万棵梨树一夜间幻化出冰雕玉凿般的世界。山坡上、田野里、阡陌间、茅草竹林边、青堂瓦舍周围，含苞吐蕊的梨花如雪似霞，春风拂过花絮漫天飞舞（图 4-4）。

图 4-4　梨花溪特色水果种植园

5. 三道堰镇青杠树村林盘群

川西林盘是天府文化、成都平原农耕文明和川西民居建筑风格的鲜活载体，具有丰富的美学价值、文化价值和生态价值。郫都区三道堰镇青杠树村的林盘群田园景观有“中国十大最美乡村”之称。

青杠树村位于成都市西南，其三面环水，渠系纵横，川西林盘众多，生态优良，村内既保留着传统川西坝子特色，又展示了原汁原味的传统川西农耕文化精华，集生态环境、田园风光、川西民居、林盘特色、小桥流水、鸟语花香于一体（图 4-5）。

三道堰镇青杠树村的新村建设始终把尊重自然、顺应自然作为基本法则，利用“两河环绕、半岛天成”的环境优势，规划打造沿河生态带，依托现有林盘布局安置点，内部通道随弯就弯，利用沟渠引水进院，并将连片低槽田改造成生态湿地，村子里绿道相连、沟渠环绕，形成一个原汁原味的生态家园。

同时，一大批珍贵的乔木和竹林也被保留下来。在九个居住点规划中，所有的房屋、道路建设，都必须遵循一条铁的规定——“不改变田园肌理，不破坏河流沟渠，不砍伐

图 4-5　三道堰镇青杠树村林盘群

成型竹木”；除了保护原有的树木，村里后来还补栽了一批桂花、银杏、香樟树等风景树木。青杠树村利用良好的生态本底、资源禀赋和区位优势，坚持“政府引导、农民主体、市场化运作”的原则，积极探索土地改革，激活存量集体建设用地，将零星、分散、闲置的 480 亩集体建设用地集中复垦，用于发展绿色经济。

6. 温江和林村水稻美化栽培地

和林村是古蜀鱼凫农耕文化的发源地。和林村水稻美化栽培面积占地约 10 亩，用彩色水稻栽植不同图案打造的大地艺术景观，具有极强的观赏性。稻田景观利用常规水稻作为边界，根据紫叶、黄叶或白叶水稻构图的定植模式，确定图案斑块作业面积。水稻生长期间，叶色、花色的自然变化会给人带来别具一格的视觉感受。俯瞰和林村生态稻田，“手工插秧”“远古春耕”“熊猫主题”“鱼凫神鸟”4 个巨大的图案镶嵌于葱郁的稻田间，靠近绿道处还有“田园风光、生态温江”8 个大字（图 4-6）。

图 4-6　温江和林村水稻美化栽培地

7. 广汉市稻香公园

广汉市现代农业产业园是国家级现代农业产业园，涵盖金鱼镇和连山镇两个镇。其稻香公园主要建设在金鱼镇上岑村，分布有广汉土地改革展览馆、全产业链展示中心、稻香研学院、大地景观、生态湿地等项目，整合了农业、文化、旅游、商业、体验等版块，是集高科农业、精深加工、文化创意于一体的多层次生态产业。其中，稻香研学院引进了省内专业教育机构参与建设和运营，采取政府引导、企业参与、村民共建的模式，通过资金投入，对民宅进行设计和改造，赋予其研学功能，盘活闲置资源，扩宽村民增收渠道。在上岑村白鹤上岭聚集点西侧有一片约 50 亩与众不同的稻田，从高处俯瞰，这里“绘制”了一个巨大的三星堆青铜面具和多个古文字符号。这些图案就是稻香公园的另一处美景——大地景观，用彩色水稻种植而成，不仅景致美观特别，待丰收时节，收获了的稻米还可食用（图 4-7）。

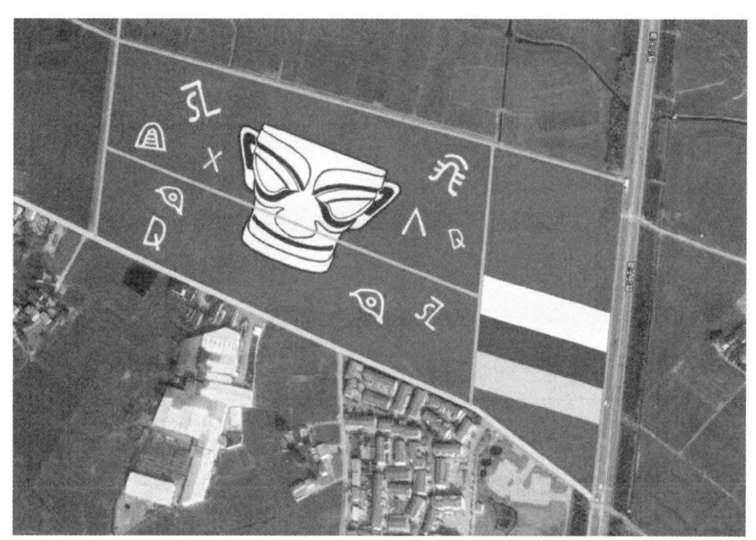

图 4-7　广汉市稻香公园

4.2　川中盆周山地区

4.2.1　川中盆周山地区概况及乡村生产

川中盆周山地区位于四川省的中部区域，包括阿坝州、成都市、德阳市、乐山市、眉山市、绵阳市、雅安市的部分县域。成都市的都江堰市、大邑县、彭州市、崇州市、邛崃市以及雅安市的芦山县、宝兴县、天全县、荥经县、雨城区为核心区域，以阿坝州的理县、茂县、汶川县为重点区域。全区以汉族、彝族、藏族为主体，境内还有羌族、苗族、回族、侗族、瑶族、蒙古族、土家族、傈僳族、满族、纳西族、布依族、白族、壮族、傣族等民族分布，有全国最大的羌族聚居县——茂县。羌族聚居地区的传统农作物以玉米为主，也有青稞、小麦、荞麦、各种豆类和蔬菜。被称为“雪山大豆”

的一种白豆是著名的特产。经济林木有花椒、核桃、苹果、鸡血李、樱桃、杏子、茶叶、生漆、油茶、花生、向日葵等。饲养黄牛、牦牛、犏牛、马、羊、猪等牲畜及各种家禽，养羊业较发达。近年来，随着农业产业化不断发展，羌族地区引进了大量名、特、新、优农产品。药材种类达 200 种以上，其中名贵药材有虫草、贝母、鹿茸、天麻、麝香，大宗药材有羌活、党参、当归、大黄、黄芪等。在高山深处，有蕨苔、木耳等山珍，还有丰富的菌类资源。

该地区是四川盆地和青藏高原的过渡地带，地质构造复杂，地形地貌多样，地势呈阶梯状分布，形成了多样的生产性景观（表 4-2）。随着改革开放的不断发展，政府加强对农业和农村工作的领导，调整产业结构，农、林、牧、副、渔全面发展。在稳定粮食产量的基础上，该区实施天然林保护和退耕还林工程。不同县（市）域有着不同的农业发展方向。例如，汶川县的农作物品种有玉米、小麦、荞麦、油菜籽、马铃薯和无公害蔬菜大白菜、灯笼辣椒、莲白等，经济林木主要有大樱桃、猕猴桃、红脆李、青脆李、核桃等。养殖业以三江黄牛、大耳羊、汶川铜羊、土鸡等为主，土特产“三江腊肉”“汶川大樱桃”“汶川土鸡蛋”“羌绣”尤为有名。大邑县在四川省率先实施国家大田数字农业试点项目，搭建“润地数字农业服务平台”，启动 150 个数字农场建设，获批国家数字乡村试点县，加快发展数字农业，让农业、农村、农民共享数字红利。数字赋能粮油“耕、种、防、收、销、管”覆盖面积 20 余万亩；都江堰形成了集生产、生活和景观于一体的复合型居住模式——都江堰天府林盘群，都江堰天府林盘群的形成得益于先秦时代李冰开拓的都江堰水利工程，这里从林盘打造出发，将林盘院落、大地景观、乡野民宿等有趣好玩的元素串珠成线。

表 4-2　川中盆周山地区生产性景观体系

大类	典型景观
田地景观	茂县“李子+苹果”园、汶川县樱桃种植园、天全县水产园、竹叶青生态园
田地生物	野生植物：鹿茸、麝香、大黄、羌活、秦艽 野生动物：大熊猫、小熊猫、金丝猴、羚羊
传统生产技术及习俗	生产器具：鸡嘴铧、鸭嘴铧、双面铧、扁锄、刨锄、尖锄、镰刀、钩钩锄 生产作物：玉米、青稞、小麦、荞麦、各种豆类、蔬菜 生产习俗：开秧门、关秧门 生产活动：祭山会

4.2.2　川中盆周山地区典型乡村生产性景观

1. 茂县“李子+苹果”园

茂县位于青藏高原东南沿，地处川西北高原岷江和涪江上游的干旱河谷地带，面积 3903km^2，县城海拔 1580m，年均气温 11℃。茂县立足其独特的自然地理条件和产业发展实际，大力发展“李子+苹果”现代农业产业（图 4-8 和图 4-9）。

在茂县南新镇凤毛坪村，蜿蜒曲折的田间道与灌溉水渠相互交错，水池水窖星罗棋布。在“李子+苹果”现代农业园区建设中，茂县以深化农业供给侧结构性改革为抓手，

图4-8　茂县苹果

图4-9　茂县李子

实施道路畅通、电力保障、通信覆盖、基地提升“四大工程”，进一步完善产业发展基础设施。

目前，园区内机械化耕作面积占园区耕地面积的95%，农业机械化使用率达到95%以上，园区苹果、李子等农产品预冷率达到87.71%，冷链运输率达到92.7%，“茂县李”“茂汶苹果”先后获颁农产品地理标志登记证书，“茂县李”获第十八届中国绿色食品博览会金奖。

2. 汶川县樱桃种植园

汶川是四川最早栽种甜樱桃的地区之一。目前，汶川全境种植甜樱桃的面积达3万亩，主要分布在灞州镇、威州镇、绵虒镇等岷江河谷和高半山区，日照时间长、昼夜温差大、独特的地理位置、适宜的气候使得汶川甜樱桃具有果大、色艳、质优的特点（图4-10）。如今，甜樱桃已成为汶川的一张名片，闻名全国。而汶川也凭借多种高品质的甜樱桃产品，在特色农业领域始终保持着超强的吸引力和竞争力。汶川县甜樱桃的质量上乘，被授予国家农产品地理标志产品和全国名特优新农产品，汶川甜樱桃园区被评为四川省首批星级现代农业园区，汶川县也荣获了“中国大樱桃之乡”的称号。汶川正

图4-10　汶川县樱桃

以甜樱桃之名，将特色农产品与丰富的旅游资源、优美的生态环境融为一体，以农业促进工业和旅游业，又以工业和旅游业的振兴反哺农业，一、二、三产业在相互促进中共生成长。

汶川樱桃种植地环境优美，空气清新，远离城市的喧嚣，置于山的怀抱。每年3月，这里就成了樱桃花的海洋，百鸟争鸣，花香四溢。4月下旬即进入果实成熟期，在青翠绿叶的映衬下，串串樱桃就像晶莹的红玛瑙让人心动，人们可以边观赏边品尝，别有一番情趣。樱桃种植园年年开花、岁岁结果，成为一大景观。美丽而又五彩缤纷、令人陶醉的樱桃园由多条大小不同的沟群组成，其得天独厚的地理优势和丰富的自然资源，使人感觉进入了回归自然、返璞归真的“世外桃源”。

3. 天全县水产园

作为四川省最大的冷水鱼养殖基地，天全冷水鱼养殖以思经镇天全润兆鲟业有限公司一期100亩冷水鱼养殖基地为核心，辐射带动县域10余个冷水鱼养殖基地，形成了1000亩集养殖、加工、休闲于一体的冷水鱼产业园区，在全县构建起“一核心多组团”的产业布局。天全县围绕省、市现代农业体系，坚持“好山好水养好鱼”，大力发展优势特色冷水鱼产业。2020年，天全县水产现代农业园区被评为四川省三星级现代农业园区（图4-11）。

图4-11　天全县水产园

4. 竹叶青生态园

竹叶青茶，产于“佛教四大名山”之一的峨眉山。四川峨眉山地处蜀地，那里群山险峻、云海连绵，独特的地理条件与人文传承造就了峨眉竹叶青茶的极佳品质，在精植细作的僧人手下孕育出清醇、淡雅的隐士风格。竹叶青早在唐朝就有了极佳的口碑。唐朝李善在《文选注》中就曾提及过，“峨眉多药草，茶尤好，异于天下。今黑水寺后绝顶产一种茶，味佳，而色二年白，一年绿，间出有常。”自唐以后历代众多文人墨客接踵而来，多有赞誉。竹叶青茶按照品级划分为三级，品味级为峨眉山高山茶区所产的鲜嫩茶芽精制而成，其色、香、味、形俱佳，堪称茶中上品；静心级为峨眉山高山茶区所产的鲜嫩茶芽精制后精选而成，细细体味，唯觉唇齿留香，神静气凝，实乃茶中珍品；论道级为峨眉山高山茶区之特定区域所产的鲜嫩茶芽精制，再经精心挑选而成，深得峨眉山水之意趣，品之，更能体会“茶禅一味”之要旨，因产量有限，故极其珍罕。

竹叶青生态园区位于峨眉山麓的乐山国家级农业科技示范区茶叶科技园内，总面积173440m^2，其中建筑面积38000m^2，绿化、水景和种植面积共135440m^2，绿化率达80%，由“茶博园”“茗青苑”“生态园”“茶叶科研生产加工区”四大区域组成，是目前国内尚不多见的集茶文化展示、品茗休闲、茶叶生态观光和茶叶工业旅游观光为一体的茶叶种植生态园区（图4-12）。

图4-12　竹叶青生态园

4.3　川西北高原区

4.3.1　川西北高原区概况及乡村生产

川西北高原区属青藏高原的东南部，包括甘孜州、阿坝州、凉山州的木里藏族自治县以及绵阳的平武县，是藏族、彝族、羌族等少数民族的聚集区。该区在自然环境上，具有青藏高原的基本特征：山体高大，地势高耸。其中，西北部为山原，山原宽广，谷地开阔，东南部则为横断山脉，岷山、邛崃山、大雪山、沙鲁里山等高大山脉纵贯南北，海拔在4000m以上，与岷江、大渡河、雅砻江、金沙江等河流相间排列，形成高山峡谷。它们都属于我国三大地势阶梯的第一级，但在社会经济上，该区是我国三大经济地带中西部欠发达带的组成部分[79]。该区以寒温带气候为主，区内海拔高差大、气候立体变化明显；光照资源充足，年日照时数可达2600h；水资源充沛，拥有四川全省32.1%的径流量；人均耕地面积约为全省平均水平的1.8倍，拥有全省46%的林地和87%的牧草地；区内动植物资源丰富，还有名贵中药材、藏药材以及珍稀菌类等特种生物资源[80]。多样的立体气候与生物资源，为该地区发展生态农业、循环农业和特色农业提供了必要条件。

川西北高原区的农业结构中，以畜牧业为主导产业。该地区南部是高山峡谷林农牧区，北部是高寒草原牧区。耕地主要分布在河谷开阔地带，玉米、土豆、青稞、小麦为其主要作物；谷坡中下部多为灌丛草场，是山羊的主要分布区；谷坡中上部和江河支流沟谷两侧的森林茂密，是四川省重要的林区；其上还有不少高山草场，可以放牧牦牛和藏牛。川西北高原区以旱作农业为主，旱作农业是将生荒之地开垦为农田，种植一年或数年后，由于地力下降撂荒若干年，待地力恢复后，再次种植作物。这种土地的利用方式称为撂荒制，其主要特点是土地不能连续多年进行种植，即土地还没有实现连作，这在甘孜地区较为普遍。与撂荒制相对应的主要农耕技术就是刀耕火种，为了能在播种前进行翻土，改善土壤的物理结构，常使用的工具有木锄、薅锄、牛角锄、铁锄、铁铧、脚犁等（表 4-3）。

表 4-3　川西北高原区生产性景观体系

大类	典型景观
田地景观	理塘县蔬菜种植、甘孜县青稞种植、石渠县蔬菜种植、金川世外梨园、红原县牦牛养殖、青川县食用菌种植、盐源县苹果种植、娃姑梯田、俄么塘花海、毛垭大草原、红原大草原、若尔盖草原、扎溪卡草原、塔公草原
田地生物	野生植物：贝母、虫草、天麻、黄芪 野生动物：麦洼牦牛、贾洛藏系绵羊、河曲马、汶川三江铜羊、黄牛
传统生产技术及习俗	生产器具：木锄、薅锄、牛角锄、铁锄、铁铧、脚犁 生产作物：水稻、小麦、青稞、大麦、荞麦、玉米、薯类、豆类 生产习俗：煨桑焚香、拉伊色莫 生产活动：春播节、煨桑节、望果节

该区域以阿坝州、甘孜州为特色农业代表。阿坝州的基础产业是农业。全州共有耕地 100 万亩，粮食播种面积达到 82 万亩，在稳定粮食生产能力的基础下，大力发展特色效益农业，全州以蔬菜、水果、马铃薯、中药材和高原中低温食用菌五大产业为主导的特色农业带初步形成。特色产品优质率达到 85%。甘孜州的农作物主要有玉米、小麦、青稞、豆类和薯类，林果资源丰富，水果、干果及其他经济林均有广泛分布和栽培，有苹果、茶、油桐、杜仲等经济林木 10 余种，还有沙棘、海棠、野葡萄、山核桃等野生作物。全州有草原 946.67 万 hm^2，其中可利用草地 826.67 万 hm^2，是川西北牧区的重要组成部分。药用资源丰富，州内有药用植物 1581 种，占四川已知种类的 40%。

4.3.2　川西北高原区典型乡村生产性景观

1. *理塘县蔬菜种植*

理塘县蔬菜种植以濯桑现代农业园为代表，它是甘孜州首个省级四星级现代农业园区；位于国道 227 沿线，处于金沙江流域大香格里拉国际精品旅游区和环亚丁两小时旅游圈核心区；规划面积 10km^2，核心区面积 3.59km^2，按照“一园多主体、种养循环、三产深度融合”的发展模式进行规划与建设，园区是川西北高原地区唯一的四川省供港澳台及东南亚的“出口蔬菜种植基地”和“出口蔬菜加工基地”。理塘濯桑现代农业园区现已成为集农业观光、果蔬采摘、露营、花海、寺庙游览、骑马、射箭等娱乐体验活动于一体，农、文、旅深度融合的复合型农旅景区（图 4-13）。

图 4-13　理塘县蔬菜种植

2. 甘孜县青稞种植

甘孜县位于甘孜州北部，境内山环水绕，地势开阔，年日照时数长，是有名的青稞主产区，素有“康北粮仓”的美称（图 4-14）。每年 9 月，金黄色的麦穗铺满大地，处处都能看到农牧民、收割机在大片的青稞田里忙碌的身影（图 4-15）。曾经青稞产量低、销售无路一度困扰着这里的人们，随着青稞现代农业园区的诞生，这些难题得到了彻底解决。

图 4-14　甘孜县青稞种植

图 4-15　农民收割青稞

甘孜县的青稞种植涉及县内 16 个乡镇，总面积 351.05 万亩，耕地 20.08 万亩，其中青稞播种面积 10.5 万亩，粮食产量达 3.9 万 t。核心区包括拖坝乡、仁果乡、南多乡、生康乡、甘孜镇、色西底乡、呷拉乡 7 个乡镇。以“连片开发、集约经营、示范引领”的发展方式，在拖坝乡、仁果乡等乡镇建设青稞良种扩繁基地 8500 亩。此外，除青稞种植外，甘孜县还配套建成了马铃薯、芍药、绿色果蔬等独具高原特色的种植基地。

3. 金川世外梨园

金川雪梨分布于金川县沙耳乡、咯尔乡、庆宁乡一带的大金川河谷阶地地带。核心区域占地约 $12km^2$，为享誉全国的金川雪梨主产地，更是金川梨花、金川红叶景色的绝佳观赏地。2014 年农业农村部评选出的 140 个“中国美丽田园”中，金川县梨花和红叶景观双双上榜，成为全国唯一一个双景入榜的“中国美丽田园”，具有极高的观赏价值。

世外梨园核心区占地约 12km^2，长约 6km，宽约 3km，海拔在 2150～2450m。区内分布有梨树数十万株。金川县是全世界范围内最大的原生态、高海拔雪梨种植区。从明末清初年间开始，嘉绒藏族就开始在这里广泛种植具有高度耐寒性和药用功能的雪梨树。雪梨栽种历史达 300 余年，分布地域达 100 余千米，梨树数量达 100 万余株，是国家认定的中国雪梨之乡。金川雪梨是特有的地方品种，主要栽培的品种有鸡腿梨、金花梨等。

金川县每年在此举办“金川古树梨花节”“金川红叶节”“神仙包庙会”等大型节庆活动。每年 3 月中旬至 4 月上旬，金川县内沙耳乡、咯尔乡、庆宁乡金川大峡谷的平缓河谷地带，由单一梨树森林群盛开的梨花形成大面积纯粹梨花景观区。沿金川大峡谷绵延数十千米，漫山遍野的雪白梨花散落河谷两岸，但凡到过的人无不被它的清雅身姿、迷人芬芳所打动。远望梨花胜雪，近看花朵娇媚，如诗如画。绵延百余千米的大金川河谷两岸漫山遍野的梨花与蓝天、白云、麦地、河流、民居、碉楼等共同绘就出一幅幅“世外梨源”画卷（图 4-16）。人们把大小金川沿岸的梨花风光归为三绝：一绝为雪花与梨花竞相争艳，山顶是雪，山下却是遮天蔽日的梨花；二绝为山花乱飞，梨花闹春，大小金川两岸的梨花、桃花、油菜花同时竞放，气势恢宏；三绝为雾里看花，山谷中、村落里、梨园中飘着薄雾，甚是飘逸。深秋时节，区内单一古梨树森林群的树叶形成大面积纯粹红叶景观区。沿金川大峡谷绵延数十千米，漫山遍野的红叶，红透半边天，自成一派田园美景。金川海拔 1950～2900m 的峡谷地带日照充足、紫外线强烈，独特适宜的自然条件造就了雪域高原奇特绚丽的自然风光。这里不仅有上万株漫山遍野雪白的梨花，还有错落有致的梯田、良好的地形地貌、层层递进的山地，更增添了梨花红叶的美感。

图 4-16　金川世外梨园

4. 红原县牦牛养殖

阿坝州红原县地处青藏高原东部边缘，草原面积辽阔、水草丰茂，独特的自然生态条件孕育出了牦牛的优良品种——麦洼牦牛，被誉为“牦牛之乡”，是国家现代农业示范区，四川现代草原畜牧业试点示范县、第二批特色农产品优势区，是阿坝州唯一的纯畜牧业县。全县有可利用草原 1121 万亩，其中 90%作为麦洼牦牛“自然放牧+补饲”养殖的生产资料，存栏牦牛达 45 万余头。麦洼牦牛养殖示范区培育，带动全县建设示范家庭农场 35 个、“企业+农户”养殖联盟经营示范场 10 个、联户联营基地 100 个、培育麦洼牦牛保种选育场 3 个，推动了全县麦洼牦牛畜群结构调整和养殖分工。

红原县牦牛养殖区处于两山之间形成的较缓的山谷地带，这里地形富于变化，高处视野广阔，可以俯瞰远处的雪山景，以及近处的广阔牧草地，形成极佳的观山视线。周围的河流、湿地共同构成具有生态特色的水体系统，中心区域有小片树林，与草原形成不一样的风景（图 4-17）。

图 4-17　红原县牦牛养殖

5. 娃姑梯田

娃姑梯田位于四川省阿坝州金川县俄热乡英布汝村，面积约 1km^2；处于半山腰缓坡，地形坡度约 8°，总体呈阶梯状；以条带状农田为主，其间含少量草地、未成林林地、村民住宅地，它们星散点缀于梯田中。夏秋季节在周围群山、林地、沟谷的环绕下和阳光的照耀下，梯田鳞次栉比，田地内谷物金黄，周边草地绿草茵茵，形成一幅安宁静美的画面（图 4-18）。

6. 俄么塘花海

红原俄么塘花海是镶嵌在川西北高原上的璀璨生态明珠和旅游瑰宝（图 4-19），素有“最美高原花海 •云上湿地桃源”的美称。俄么塘花海是红原草原上天然花卉集中地之一，属于生物景观主类、植被景观亚类中的花卉地基本类资源点。由景区大门进入，沿着观景通道呈对称分布，整个花卉地呈集中的长条分布，依傍梭磨河上游水系，水资源丰富。

图 4-18　娃姑梯田

图 4-19　俄么塘花海

红原俄么塘花海平均海拔在 3500m 以上，属于高原地区，年平均气温 1.1℃，昼夜温差大，年降水量 753mm。每年 6 月开始，方圆数十平方千米的俄么塘草地成为一片鲜花的海洋、一路芬芳的天堂，堪称“高原桃源”，宛若“人间仙境”，整个花期持续到 10 月。相传俄么塘花海景区内大量生长着一种牦牛最喜爱的食物，称“俄么草”，因此得名“俄么塘”。红原俄么塘花海面积 10 多平方千米。除了草原花海景观，俄么塘花海景区还拥有生态保护完好的 20 处大小不等的冰碛湖景观，其中最大的措琼神海面积约 $200hm^2$，相当于 200 个标准足球场的面积，其是措琼沟湖泊群中最壮观的奇景，被当地牧民视为“圣湖”。

7. 毛垭大草原

毛垭大草原位于四川省甘孜州理塘县县城以西，在群山环抱之中，是四川最大的草原。夏日，湛蓝的晴空下，牛羊成群，绿草连天，盛开的野花姹紫嫣红，往地上一躺就是一身花香；秋天，晴空高远，云朵洁白，草木金黄；冬日则是白雪皑皑，原驰蜡象。季节的变化赋予大草原无边的神韵与风姿。数十千米的青青草地，点缀着帐篷、毡房（图4-20），成群的牛羊在悠闲地散步、吃着青绿的草，丹顶鹤、水獭、羚羊、青羊、黄鸭、旱獭等野生动物混杂其中。清晨，牧民的袅袅炊烟直上与草地上升起的淡淡薄雾混在一起，犹如幻境。

图4-20　毛垭大草原

毛垭大草原是高山围绕的一个山间盆地，高山环绕，高差都在1000m以上，只有东部由无量河切开了一条河谷与外界相连，在草原上向南望可见海拔5838m的益母贡呷雪山，该小山顶终年积雪、冰清玉洁，雪山之水滋润着这片广阔的土地；草原依山而存，躺在沙鲁里山顶，虽然没有内蒙古呼伦贝尔、锡林郭勒的博大无垠，但与青山、雪峰、白云、蓝天亲近，脱俗而灵动，有一种立体多面的美。草原上风云变幻无穷，置身其中，有一种说不尽的感慨。2005年毛垭大草原被《中国国家地理》杂志评为中国最美的六大草原之一。

4.4　川西南裂谷区

4.4.1　川西南裂谷区概况及乡村生产

川西南裂谷区包括凉山州的西昌市、德昌县、冕宁县、盐源县等；攀枝花市的东区、西区、盐边县、米易县等；雅安市的汉源县和石棉县等。区域内汉族人口最多，其余人口较多的民族依次为彝族、傈僳族、苗族、回族、纳西族、傣族等。该区域为复杂多样的山地地貌，以中高山和高山峡谷为主要地貌。西昌市、冕宁县、德昌县处于安宁河谷平原，其是四川第二大平原。在复杂的山地型立体气候、立体地貌、立体植被和各种成土母质以及人为耕地熟化诸因素的综合作用下该区形成了多样的农业生产景观（表 4-4）。

表 4-4　川西南裂谷区乡村生产性景观体系

大类	典型景观
田地景观	九襄花海果乡、安宁河谷田园风光（德昌段）、米易县芭蕉箐枇杷种植、盐边国胜茶种植
田地生物	野生植物：红豆杉、独叶草、珙桐 野生动物：熊、豹、獐、狐、猴、小熊猫、穿山甲、羌活鱼、白寒鸡
传统生产技术及习俗	生产器具：铁具、木具、弩弓 生产作物：攀枝花杧果、米易何首乌、米易山药、国胜茶叶、盐边西瓜、石棉枇杷、石棉黄果柑、石棉指核桃、凉山苦荞麦、西昌洋葱、德昌香米 生产习俗：土地祭祀 生产活动：阔时节、收获节

西昌市作为全国最大彝族聚居区——凉山州的首府，农业光热资源丰富，日照充分，雨量丰沛，土壤肥沃，自流灌溉便利，是国家农业综合开发重点地区。西昌是全国粮食大县、全国生猪调出大县、中国洋葱之乡、中国花木之乡、中国冬草莓之乡、全国现代烟草农业示范市、国家蔬菜产业重点县、国家奶牛标准化示范县、国家级杂交玉米种子生产基地、全国绿色水稻 20 万亩生产基地、全国绿色蔬菜标准化 10 万亩基地、四川省鲜切花和盆花生产基地、四川省优质蔬菜生产基地及四川省现代农业（粮经复合产业）重点县。多个特色产品获得无公害产品、绿色食品、有机食品的许可认证，西昌钢鹅、高山黑猪、建昌鸭等取得农产品国家地理标志认证。

冕宁县、德昌县适宜多种经济作物生长，是发展优质、高产、高效、生态农业的理想之地，也是重要的商品粮生产基地。其中，烟叶、蚕桑、蔬菜、林果等特色支柱产业全面快速发展，核桃、枇杷、桑葚、樱桃等现代农业产业园初具规模，带动能力持续增强，“德昌桑葚”“建昌板鸭”获国家地理标志产品保护。“中国果桑之乡”已成为德昌的重要名片。

汉源县与凉山州、甘孜州、乐山、眉山两州两市交界，是通往康藏的交通咽喉；被誉为“攀西阳光第一城”，物产丰腴，生态水果四季不断，有机蔬菜和花椒、核桃等干果畅销全国；是四川省蔬菜生产十强县、四川省水果生产二十强县、四川省特色水果核心基地县、四川省马铃薯良种繁育基地县及四川省第一批无公害水果生产基地县、无公害蔬菜生产基地县、无公害优质肉牛肉羊生产基地县，素有“中国花椒之乡”“中国甜樱桃之乡”“西部花果第一县”“花海果乡”的美誉。

米易县地处安宁河下游的攀西经济区腹心地带，一年四季阳光明媚、温暖如春、瓜果飘香、空气清新，是天然的大地温室和全国少有的热作区，早春蔬菜、冬春枇杷、晚熟杧果等特色农产品以“早、稀、特、优”的特点驰名中外，系全国现代农业示范区和国家级“南菜北运”基地。20世纪80年代，米易县即被列为四川省立体农业试点县，经过30多年的发展，已形成安宁河谷粮经复合产业带、二半山区特色水果产业带、中高山干果烤烟产业带三个特色鲜明、层状分布的“三带”产业布局。

4.4.2　川西南裂谷区典型乡村生产性景观

1. 九襄花海果乡

九襄花海果乡覆盖汉源县九襄全镇，核心景点位于九襄镇三强村，中心景区距雅西高速九襄出口仅2km，交通便利（图4-21）。近年来，依托汉源甜樱桃（图4-22）、汉源红富士苹果（图4-23）、汉源金花梨（图4-24）、伏季水果等农业基地，当地政府按照“产业景观化、新村景区化、农居景点化”的要求，打造出“春天是花园、夏天是林园、秋天是果园、冬天是庄园”的农旅结合、文旅结合的休闲农业与乡村旅游新兴业态，通过举办“梨花节”“品果节”“桃花会”“花椒节”“生产食物饱口福”“生产景观饱眼福”等活动，九襄花海果乡的知名度和美誉度大大提升。2012年，九襄花海果乡被评为“四川十大最美花卉观赏地”、四川首届100个最美观景拍摄点；2013年，九襄镇被四川

图4-21　九襄花海果乡

图4-22　汉源甜樱桃

图4-23　汉源红富士苹果

图4-24　汉源金花梨

旅游标准评定委员会授予“四川省乡村旅游示范乡镇”称号；2015 年，九襄花海果乡被四川省农业厅评为“省级示范农业主题公园”。

有诗道“人间四月芳菲尽”，可 4 月才是梨花盛开之时。一树梨花十里香，春风拂面而来时，赏花的游客抑或是当地居民都被沁人心脾的清香所包围，让人心旷神怡。既然被称为“花海果乡”，那这里的瓜果必然也是不逊色的，因九襄常年雨量丰沛，甜樱桃、枇杷、李子等各种水果琳琅满目，在不同季节能品尝到不同时令的水果。这个看似“平常”的小镇，春季是片花海，秋日则是果园。

2. 安宁河谷田园风光（德昌段）

安宁河谷田园风光（德昌段）位于德昌县境内，河谷宽缓悠长。田园景色一望无际，缓慢而有节奏的风电设备更为田园风光锦上添花，动静结合，构造出一种原始的美（图 4-25）。德昌冬无严寒、夏无酷暑，湛蓝的天空、清新的空气和温暖的阳光，素有“春秋三百天，四季养生地”之美誉。安宁河，汉代称为孙水，晋代称白沙江，唐代称长江水，其北源称长河。因元代有泸沽治所，故又名泸沽水，明代称宁远河，清代始名安宁河。安宁河是凉山的母亲河，又是雅砻江下游左岸最大支流，河长 326km，流域面积 11150km^2。其发源于四川省冕宁县东小相岭记牌山，流经凉山州的冕宁、西昌、德昌三县（市）后，入攀枝花市，流经米易县，后成为米易县与盐边县的部分界线，最后于米易县得石镇（盐边县桐子林镇火车站以北 2km）汇入雅砻江。安宁河谷田园风光（德昌段）全长约 80km，年均日照 2480h，平均气温 18.1℃，森林覆盖率近 70%，是名副其实的“原生态植物园”“天然氧吧”。

图 4-25　安宁河谷田园风光（德昌段）

螺髻山脚、安宁河畔，自然环境优美、空气宜人，安宁河天然形成的自然河湾，造就了该区域独特的自然生态景观，群山逶迤、林木葱郁、流水潺潺、雾岚缭绕，非常适合养生、养老、避暑、避寒、避雾霾。春天的田园，潮湿的空气中弥漫着诱人的小草芳香；田野里不时飘来泥土的芳香。放眼望去，满眼都是嫩绿的苗，一直延伸到遥远的地平线，而霞光将它的眷恋留给苍穹的同时，也留给了大地。河谷的秋季，秋色宜人。金子般的黄、翡翠般的绿，宛如画家精心绘制的画卷。

3. 米易县芭蕉箐枇杷种植

芭蕉箐枇杷种植区（图 4-26）距米易县城 20km，位于丙谷镇东南部，海拔 1300～1700m，属南亚热带立体气候，光热资源丰富，年日照时数 2350h，冬春天气晴好，气温日较差大，是发展早春枇杷的绝佳区域。这里山川秀美，水资源丰富，阳光明媚，物产丰富，自然风光独特。

芭蕉箐枇杷种植区群山环抱，枇杷树层层叠叠，四季常青，夏秋扬花，冬春挂果，全国罕见，年产枇杷 50 万 kg。其枇杷果肉柔软多汁，色泽艳丽（图 4-27），口感细腻，风味甘甜，富含人体所需的多种营养元素，具有上市季节早、上市时间长的优势。芭蕉箐村秀丽的芭蕉箐万亩生态观光园，是人们理想的旅游、观光、休闲、度假的胜地，2005 年被四川省列为首批农业生态观光园区之一。枇杷园下绿水荡漾，鱼鸟游翔，“黑龙望月”“乌龟探海”“金花寻夫”的动人传说、欢快的秧歌、淳朴的笑容，共同构成生态、农业、旅游、休闲的田园风情园。

图 4-26　米易县芭蕉箐枇杷种植区

图 4-27　米易枇杷树

4. 盐边国胜茶种植

盐边县国胜乡位于攀枝花中北部地区，距县城 120km，属亚热带气候，独特的地理位置造就了该地区丰富的多元民族文化和奇特的自然景观。

国胜乡柏林山腹地山峦起伏，雨雾缭绕、雨量充沛、气候湿润、土壤肥沃、气候独特的优势孕育出了国胜茶。万亩茶山遍布国胜乡每个角落，茶树成行栽植，地为梯田（图 4-28），在茶林间漫步，凉风悠悠，清香阵阵，回归自然之感油然而生。国胜茶具有芽叶厚、条粗、色深、茶香、耐色、冲泡后汤色淡绿明亮、滋味浓厚等特色，是攀枝花盐边县特产和中国国家地理标志产品。

图 4-28　盐边国胜茶种植

4.5　川西南中高山地区

4.5.1　川西南中高山地区概况及乡村生产

川西南中高山地区位于四川省西南部，凉山州是该区的核心区域，包括凉山州的布拖县、甘洛县、会理市、盐源县、德昌县、会东县等 12 个县（市），以及攀枝花的仁和区、宜宾的屏山县、乐山的峨边彝族自治县和马边彝族自治县，该区是全国最大的彝族聚居区，区内有彝族、汉族、藏族、回族、蒙古族等 14 个世居民族。该区拥有独具特色的彝族农耕文化，彝族传统农业具有环境利用、作物种植以及畜牧养殖的多样性。根据环境条件安排农作生产，利用混作、间作、套作、混牧以及农牧结合等生产技术模拟自然的生物多样性，彝族传统农业获得了良好的收益，维护了环境的生物多样性。在今日彝族的农业生产中，犁头、镰刀、锯子、剪刀等仍然是最主要的农作工具（表 4-5）。

表 4-5　川西南中高山地区乡村生产性景观体系

大类	典型景观
田地景观	攀枝花市仁和区杧果种植、宁南县蚕桑种植园、屏山县双峰茶园、峨边乾池桃博园、马边高山茶园、甘洛普昌阿尔梯田
田地生物	野生植物：木棉、番石榴、酸角、橄仁树、红椿、木蝴蝶、黄杞、小桐子、余甘子、黄茅、营草、荩草、芸香草 野生动物：凉山钢鹅、四川山鹧鸪、黑颈鹤、黑鹳
传统生产技术及习俗	生产器具：犁头、镰刀、锯子、剪刀 生产作物：水稻、蔬菜、花卉、烤烟、蚕桑、马铃薯、汉源花椒、茶叶 生产习俗：土地祭祀 生产活动：荞年节

作为川西南中高山地区少数民族地区的代表，凉山州的绿色农业资源丰富多样，是全国农产品优势区、发展特色农业的最适宜区。该地自然条件得天独厚，光热充足，雨量充沛，立体气候特征明显，农产品资源极其丰富，以优质水稻、蔬菜、花卉、烤烟、蚕桑和畜禽为主导，马铃薯、烟叶产量稳居四川省第一。近年来，新建省州级现代农业产业园区29个，农业科技示范基地64个，产地初加工设施65座。凉山州桑蚕茧入选第三批中国特色农产品优势区名单，会理石榴、盐源苹果、越西甜樱桃、雷波脐橙、甘洛黑苦荞等10余种特色农产品先后被列为中国国家地理标志产品。

4.5.2 川西南中高山地区典型乡村生产性景观

1. 攀枝花市仁和区杧果种植

果树成荫、青瓦白墙、民族风情……走进仁和区大龙潭彝族乡混撒拉村，一棵棵杧果树像一把把绿伞撑开在一片片山坡上，青山绿水间掩映着一幢幢富有民族特色的小别墅，村内分布有一个个垃圾分类集中点，墙面被装饰成不同主题、内容丰富的文化墙，全村整装换颜（图4-29和图4-30）。

图4-29 攀枝花市仁和区杧果种植区

图4-30 攀枝花金百花杧果

20世纪90年代，混撒拉村是四川省挂牌的省级贫困村，村民居住在破旧的“土长房”（土长在房顶上），照明用松明子，人均收入不到200元，人均占有粮食不到300kg，大部分家庭在温饱线上挣扎，为了摆脱贫困，混撒拉村两委苦苦探索着致富之路。自1992年发展杧果产业以来，混撒拉村在大力发展杧果产业的基础上，着力发展乡村旅游产业，推进农业观光、休闲旅游、乡村阳光康养民宿相结合的一、三产业融合可持续发展，以将混撒拉村建成“游产村”相融的乡村旅游精品村、示范村。全村现以“杧果+旅游”为主导产业，逐步走上一条产业兴旺、生态宜居、乡风文明、治理有效、生活富裕的农业农村现代化之路。在乡风文明建设上，混撒拉村除了完善硬件设施外，还着重加强了思想道德建设，完善村规民约、议事制度、村务公开等制度，积极开展“十星文明户”“五好家庭”“好婆婆”“好媳妇”等评选活动；通过实施农村“厕所革命”“新农村建设”“美丽乡村”建设，村路和农户家门口随处可见垃圾分类桶，让大家养成了垃圾分类的习惯。道路两旁增加的观赏花为农村环境增添色彩，解决了农村环境“脏、乱、差”的问题，村庄环境更加清洁、优美、舒适。

以混撒拉村为核心区的攀枝花市仁和区杧果现代农业园区被评为攀枝花市唯一的省五星级现代农业园区，并成为四川省巩固拓展脱贫攻坚成果同乡村振兴有效衔接现场会、四川省现代农业园区现场会的备选参观点位。

攀枝花市仁和区杧果现代农业园区所呈现的芒果树群使人仿佛置身于一个硕大的杧果园里，每当杧果成熟，当地的农民就会摘下甜美的果实（图 4-29 和图 4-30）。俗话说，一方水土养一方人，攀枝花杧果的这些酸甜味或取之于自然或来源于世世代代的传承，是永远的乡愁。

2. 宁南县蚕桑种植园

宁南县位于凉山州东南侧，地处川滇接合部，县内自然条件优越，桑蚕资源丰富，是国内优质桑茧生丝生产的最佳适宜区。宁南县蚕桑现代农业园区所展现的以蚕桑为主导产业的生产性景观，被四川省人民政府命名为四川省五星级现代农业园区，这是四川省第一个也是唯一一个蚕桑产业五星级现代农业园区。片片桑叶汇聚万亩桑园，一汪碧绿，生机盎然（图 4-31 和图 4-32）。

图 4-31　宁南县蚕桑种植区景观

图 4-32　宁南蚕桑树

宁南县立足蚕桑产业优势，按照“桑园变公园，园区变景区”的理念，大力推进蚕桑现代农业园区建设。在核心区建设高标准桑园 1.2 万亩，配套建设智能小蚕共育工厂、高标准蚕茧生产车间、文化主题公园、蚕桑科技园、良种试验示范园、特色民宿蚕事体验园等，高标准农田占比达到 81%，机械化率达到 95%；推行“公司+基地+合作社+农户”模式，推进蚕桑资源综合开发，积极发展以蚕桑文化为主题的乡村旅游，实现蚕桑产业全链条融合发展；建立省级院士专家工作站和省级企业技术中心，培育国家级重点龙头企业 1 户、省级重点龙头企业 1 户、州级龙头企业 3 户、专业合作社 1 家，培育蚕桑家庭农场 11 家，建成蚕桑良繁基地 1 个、鲜茧交易中心 2 个。2020 年，园区产值达到 1.64 亿元，带动 1015 户 4030 贫困人口直接增收 1890 万元，户均增收 13281 元，荣获全国“一村一品”、省级万亩蚕桑示范基地等称号，为脱贫攻坚、乡村振兴发挥了重要产业支撑作用。

3. 屏山县双峰茶园

大乘镇双峰现代茶叶产业示范基地位于宜宾市西北部、屏山县东部，是宜宾农业科技园区茶叶主产区的核心区域。基地现有高品质茶园 1.5 万亩，分布在海拔 600～1350m，生态环境优良、土壤富硒，所生产的茶叶香气弥漫，味道浓厚香甜，所产茶叶氨基酸含量高达 7.12%，其 467 项指标符合欧盟检测标准，属宜宾天宫山 10 万亩高山绿色有机茶产业融合发展示范园的核心区域，是优质“屏山炒青”主产区。区域内有大型茶叶加工企业 5 家（其中省级龙头企业 1 家，市级龙头企业 2 家）、国家级农民专业合作社 2 个、省级农民专业合作社 2 个；有“岩门秀芽”“君茗天下”“双峰雾”等多个自主品牌，其中“岩门秀芽”绿茶通过国家绿色食品认证。2019 年，干茶产量 1503t，实现产值 1.05 亿元，茶叶产业已成为大乘镇最具区域经济特色的优势支柱产业。双峰茶园的最高处修建了用于观景的翠岚亭，站在亭上可以观赏到茶园对面的一片喀斯特地貌山壁，同时可以从上往下观赏茶园美景。翠岚亭下面，还专门修建了游览亭长廊，走进约 10km 的休闲步道中，一股浓浓的茶香扑鼻而来。

双峰茶园下方不远处便是国家级文物保护单位——龙氏山庄及当地的特色茶博物馆。龙氏山庄距今已有 180 余年历史，占地面积 5000m^2，建筑面积 3750m^2，坐西向东，呈“品”字形结构，由六个四合院组成，依山势而建，呈阶梯式分布（图 4-33）。大门高耸雄壮，风火墙高低错落，碉楼犹存，别有风韵，属典型的徽派建筑，其规模堪称南方徽派建筑之典范。游客可在茶园中感受屏山独有的文化沉淀，在茶文化博物馆中品味屏山炒青的甘甜。

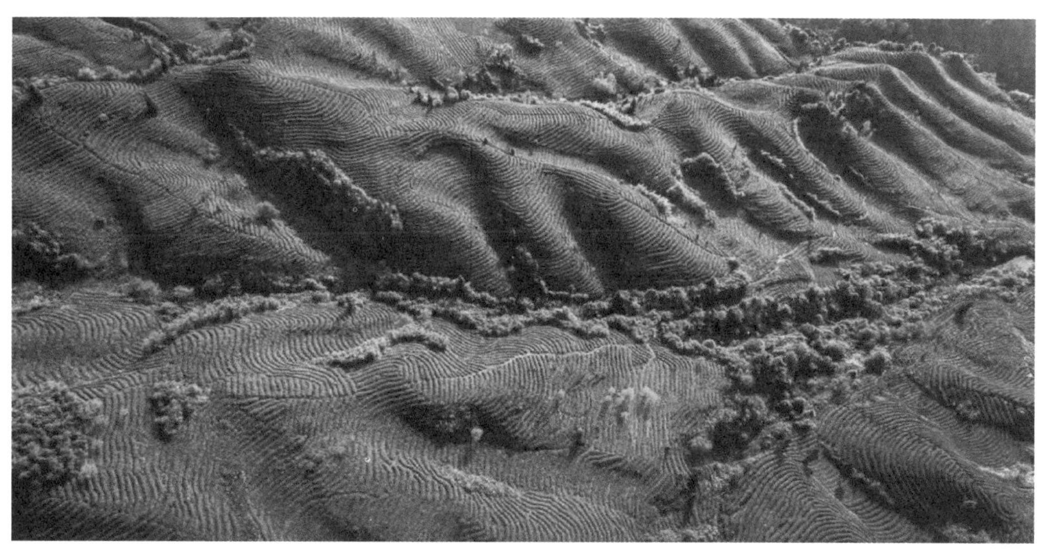

图 4-33　屏山县双峰茶园

4. 峨边乾池桃博园

峨边乾池桃博园位于沙坪镇河沟村，距离峨边县城仅 1km 路程，海拔在 550～800m，是典型的山地型桃源。园内有 500 多亩桃林，包括观赏桃和观赏鲜食两用桃，品种有金辉、春美、霞脆、晚湖景等。据悉，桃树每年 3 月初开花，花期能持续 40 多天；5 月下旬第一批果子开始成熟，采摘期可持续到 7 月下旬。

蓝天白云之下，绿水青山之间，赏百里桃花，品香甜桃果。阳春三月，春光明媚，清风拂来，乾池桃博园内的桃树，随着和煦的春风竞相开放。千树万树桃花开，千朵万朵闹满园，远远望去，好像一只只蝴蝶在枝条上欣赏美景；近看又似春姑娘的发丝翩翩起舞。艳丽的花儿一朵紧挨一朵，挤满了整个枝条，红的像火，白的似雪，黄的如金……到处一派欣欣向荣的景象（图 4-34～图 4-37）。

图 4-34　峨边乾池桃博园

图 4-35　峨边桃林

图 4-36　峨边桃花

图 4-37　峨边食用桃

5. 马边高山茶园

四川省马边彝族自治县地处小凉山腹地，流经马边、沐川两地的马边河，因流域相对闭塞，保存着较为完整的自然生态体系。这里土壤肥沃，山民质朴，沿河的深山幽谷中，分布着 10 万多亩云雾滋养的生态茶园（图 4-38），所产的茶叶肉质厚、香气清高、微量元素丰富，是味醇耐泡的茶中佳品。马边有着悠久的茶史，是古老的茶乡，又是多民族居住的地方，形成了历史悠久、丰富多彩的茶文化。马边绿茶以叶厚、色绿、汤清、味香、质优而著称。据史料记载，宋代，马边是“茶马互市”的场所；明清时期，马边荞坝茶曾作贡品进京；1959 年“马边荞坝茶”又进京敬献毛主席。

6. 甘洛普昌阿尔梯田

甘洛县位于四川省凉山州北部，素有凉山“北大门”之称。该县的普昌镇和阿尔乡（已并入普昌镇）是本地的谷仓。彝族谚语有“甘洛的普昌，谷草喂耕牛，稀饭喂母猪；甘洛的阿尔，地坝吃米饭，古觉喝米酒”之说。普昌镇和原阿尔乡分别离甘洛县城只有 7.5km 和 13km。

图 4-38　马边高山茶园

普昌阿尔梯田连接成片，万亩的梯田散落在长长的缓坡上，层层叠叠，如台阶紧凑相连，十分壮观（图 4-39）。每年 3 月、4 月梯田放水插秧苗的时节和 8 月、9 月谷子成熟发黄的时节是观赏甘洛普昌阿尔梯田最好的时间。春天，储水的梯田映着天色，像一块块七色的调色板，从高处俯瞰，翠绿的秧苗层次分明，色彩斑斓；秋天，随着谷子的成熟，远远望去，一片金黄，像给大地铺上了一层金色的毯子，绚烂美丽，丰收在望。

图 4-39　甘洛普昌阿尔梯田

梯田之间的落差较大，在长达 300 多米的缓坡上，梯田层层叠叠，如台阶紧凑相连。梯田大小不一，陡坡处的梯田窄不足 1m、最宽也不过 2m，但最长的可达 100 多米。从高处俯瞰，梯田的颜色极为丰富，像彩色的版画，又似调色盘。

4.6　川东丘陵低山区

4.6.1　川东丘陵低山区概况及乡村生产

川东丘陵低山区处于四川省的东部，分为川东北丘陵低山区和川东南丘陵低山区。川东北经济区包括南充市、遂宁市、广安市、达州市、广元市、巴中市 6 个地级市，其中南充是该区的核心城市，遂宁是四川盆地的几何中心城市，南充、遂宁和广安构成该区的中心区域，达州、广元和巴中构成川东丘陵低山区的生态经济片区。川东南经济区包括泸州市、宜宾市、自贡市、内江市、资阳市、眉山市及乐山市部分地区。

从地貌上看，本区属四川盆地平行岭谷区和盆周山地。区内山地总面积占 51.5%，深丘占 30.9%，浅丘和平原占 17.6%。东部有长江三峡的夔门作为入川的门户，南北有高山耸立作为四川的屏障。川东丘陵低山区生物资源丰富，嘉陵江、渠江水系发达，流域面积广阔，亚热带湿润气候滋润着整个区域，年均日照长，降水较为充沛，气候温和，四季分明，光照充足，雨热同季；植被保护较好，森林植物种类繁多，不仅有国家重点保护的濒危珍稀植物杜仲、银杏、鹅掌楸、岩柏、篦子三尖杉、厚朴、红豆树、青檀、大王杜鹃、红椿、黄檗、八角莲、天麻等数十种，还有被英国剑桥大学皇家物种协会鉴定为世界稀有树种的巴山水青冈；盛产银耳、木耳、茶叶、香菇、核桃、板栗、雪梨、银杏、生漆、杜仲、厚朴、天麻、油橄榄、苎麻、蕨菜、竹荪、猴头菇等名优土特产品。总体上，川东丘陵低山区气候湿热，地形多变，植被复杂，具有发展多种类型绿色农业的条件（表 4-6）。

表 4-6　川东丘陵低山区生产性景观体系

大类	典型景观
田地景观	西充县香桃种植、叙永县丹山梯田、乐德红土地、董允坝现代农业示范园区、蒙顶山国家茶叶基地、资阳安岳柠檬种植、泸州毕红园有机生态农场
田地生物	野生植物：川芎、天麻、麦冬、半夏、五倍子、佛手、黄檗、杜仲 野生动物：藏酋猴、猕猴、穿山甲、黑熊、大灵猫、小灵猫、岩羊
传统生产技术及习俗	生产器具：犁、耙、锄头、铲和刀 生产作物：大罗黄花、川明参、南江山核桃、平昌青花椒、空山马铃薯、蒲江猕猴桃、渠县黄花菜、峰城玉米、中江丹参、中江白芍、邻水脐橙 生产习俗：迎春耕、保青苗、抗旱魔、护耕畜、祈丰收

川东丘陵低山区是四川省重要的商品粮和农副产品生产基地，粮食作物种类繁多，包括水稻、小麦、玉米、红薯、大麦、高粱、豌豆、绿豆、黄豆、荞麦、燕麦等共 34 种，其中水稻、小麦和玉米是主要的粮食作物。同样，经济作物类型众多，包括油菜、花生、棉花、麻类、甘蔗、席草、药材、烟草等 21 种，其中以油菜和花生为主，其是农民的主要经济来源，在农业经济中占有相当大的比例。川东丘陵低山区过去旱地多以单作为主，后来推行间、湿、套作多种形式，促进了产量的提高，增强了生态系统的生产力和环境的抗逆力。例如，玉米和小麦套作，充分利用生长季节，促进了稳定高产；而大豆和玉米间作，可以减轻虫害对大豆的危害和水土流失。

4.6.2　川东丘陵低山区典型乡村生产性景观

1. 西充县香桃种植

充国香桃是西充县的特色农产品，每年7月上中旬全面上市，以其香、甜、脆的独特口感深受消费者的喜爱，在川东市场有极高的美誉度，并远销成渝甚至港台等地。2012年，充国香桃被列入中国地理标志产品。

西充县香桃种植依托西充县百公里百村香桃现代农业产业，覆盖古楼、太平等10个乡镇、130个村，是该县建设“中国西部现代农业公园”的重点支撑项目之一，建成香桃产业园区10万亩。按照“大园区、小业主”的思路，创新发展模式。大力推行有机生产技术，园区通过有机认证7000亩，有机转换2万亩。

区内各种桃花品种争奇斗艳，落英缤纷，层林尽染，植物季相四季变换，美轮美奂，是名副其实的桃花种植园。每年7月，驱车行驶在西充县香桃产业带，只见漫山遍野的桃树郁郁葱葱，阵阵桃香扑面而来，翠绿的枝叶下，硕大饱满的香桃涨红了脸，压弯枝头（图4-40和图4-41）。

图4-40　西充县香桃种植

图4-41　充国香桃

2. 叙永县丹山梯田

素有“川南小峨眉”之称的叙永县丹山风景区脚下的万亩梯田，以连绵不绝的丹霞地貌和喀斯特岩溶地貌著称于世，成片的梯田随着山体沟壑舒展起伏，伴随点缀其间错落有致的川南民居，如层层波浪漫卷开来，尽显蜀地的壮美风姿。

丹山脚下成片的梯田随着山体沟壑舒展起伏一直延伸至红岩坝，梯田线条流畅，层次分明，气势雄伟壮观，如级级阶梯，似根根纬线，层层叠叠、依山就势盘旋于群山沟壑之间。每到黄昏，那一圈圈的波光在落日的映射下，泛着粼粼的色彩，仿佛一面面明镜，镶嵌在丹山脚下，细看如水墨版画，静到极致也美到极致。红岩村那些背朝蓝天面朝黄土的人们，千百年来的辛勤汗水所绘成的梯田图画既是一种静态的美，又是一种动态的图画，那些围转的田埂也似乎变成了流动的线条（图4-42）。

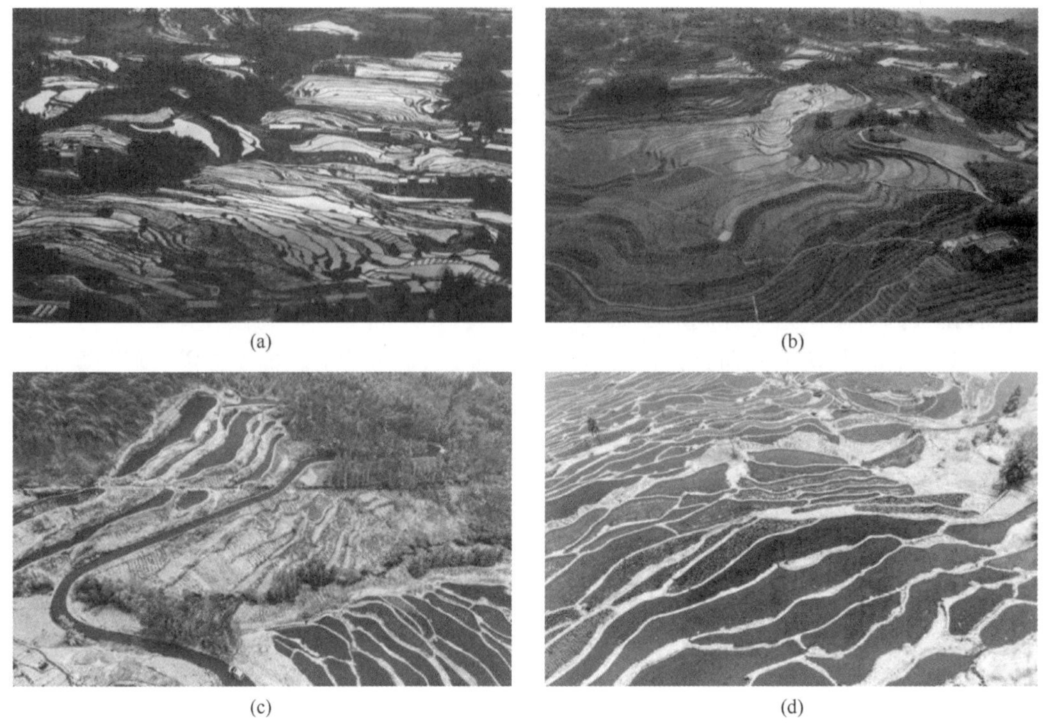

(a)　(b)　(c)　(d)

图 4-42　叙永县丹山梯田

3. 乐德红土地

乐德红土地位于自贡市荣县南部的乐德镇天宫庙村，其母岩为白垩系窝头山组砖红色铁泥质砂岩和泥岩。约 1 亿年前的四川盆地气候炎热干旱，沉积所形成的岩石因含丰富的铁质经氧化而呈赭红色；随着地壳运动的发展，这些岩石重新裸露出地表，并经风化、淋滤等自然作用而形成红色土壤。乐德红土地是一条迷人的、原始的乡村生态旅游观光之地，广袤乡村田野种植“乐德红”小辣椒，油菜花、梨花、桃花、豌豆花竞相盛开，绚丽斑斓。

乐德红土地分布在天宫庙村及周边广袤的田野间，这里的田园风光格外美丽，油菜花、梨花、桃花交替开放，色彩斑斓、变化无穷，栽种的“乐德红”小辣椒一望无际。不仅如此，这里的生态环境十分优越，气候温和湿润，保持着原始古朴的自然生态，是乡村休闲旅游的理想环境（图 4-43）。

4. 董允坝现代农业示范园区

董允坝现代农业示范园区是泸州市国家现代农业示范区的核心基地，位于泸州市江阳区东南部，覆盖黄舣镇、分水岭镇，辖 7 个村，共 7000 余人，为西南地区现代农业发展的典范（图 4-44）。董允坝现代农业示范园区规划面积 1.2 万亩，以宜泸渝高速为横轴，分为南、北两区。景区内有蔬式广场、观景台、三国城、科技大棚、烟雨湖、董允祠堂、花海等诸多景点，有静湖人家、惠民农家、聚贤山庄等特色的农家乐。园区规划主要分为了四个区域，即高效农业示范区、农业观光游览区、现代

(a)　(b)　(c)　(d)

图 4-43　乐德红土地

图 4-44　董允坝现代农业示范园区

农庄综合服务区和滨湖休闲区。①高效农业示范区：占地面积 0.67 万亩，利用春提早、秋延后的气候优势采用设施培养无公害的标准蔬菜，提高蔬菜产业的商品化率。②农业观光游览区：占地面积 0.48 万亩，山脊上为松树，山下为散生竹，中部区域为农户种植的苹果、桃、李等具有观赏性和经济性的果树，有春赏花、夏观绿、秋采果的特色。园区已建成高标准科技展示大棚 200 亩，露地蔬菜 4000 亩，蔬菜大棚 300 亩，经果林 120 亩，水稻生产基地 6000 亩。③现代农庄综合服务区：占地面积 0.1 万亩，此区域是主要农业示范园区内人口的主要聚居地之一，包括农庄、会所、餐厅、茶园等设施，是园区亮丽的名片。④滨湖休闲区：占地面积 0.06 万亩，包括商业街区、水景公园、居住的生活区和文化创意中心。

董允坝已被创建为省级蔬式生活主题公园、省级现代农业示范园区、国家 AAA 景区，集产业、文化、旅游、公共服务等功能于一体。区内有蔬菜工厂、伞里、烟雨湖、董允祠堂、花海等诸多景点，作为省级示范农业主题公园，其中最具有代表性的是蔬菜工厂。2016 年，董允坝举行了第一届四川（泸州）江之阳蔬菜品赏会。2019 年 11 月 13 日，董允坝成为泸州唯一入围中国美丽休闲乡村名单的乡村。董允坝现代农业示范园区建设有温室大棚、蔬菜大棚以及肥水一体化系统，棚内蔬菜育苗、新品种展示、肥水一体化系统、无土栽培多种模式展示等体现较高的现代农业生产方式和水平，各类蔬菜品种生长整齐、长势良好；中央控制系统已建成运作，通过中控室可以全程监控示范区的生产过程，同时增加区域现代农业平台管理功能，对江阳区农业公司、优势农产品实施一体化平台管理。

5. 蒙顶山国家茶叶基地

蒙顶山国家茶叶基地即蒙顶山国家茶叶公园，其覆盖雅安市名山区全境。雅安市名山区属盆周丘陵区县，地势西北高、东南低，蒙顶山、莲花山、总岗山三山环列，地形地貌以台状丘陵和浅丘平坝为主。境内可供开发的人文景观和自然风景名胜有 70 多处，山、湖、峡、林资源类型多样、内涵丰富。境内拥有省级风景名胜区蒙山与百丈湖。蒙山以夏禹治水踪迹所至而名列经史，因蒙顶仙茶自唐入贡而久负盛名，山川秀色与仙茶盛誉相得益彰。与蒙山相邻的十里烟波百丈湖，水碧如蓝，山岛坐落其间，湖边绿树成荫，山光水色，淡雅宁静，冬春野鸭嬉水，夏秋白鸥翔集，堪称川藏线上的水上乐园。此外，还有清漪湖、双龙峡……各具特色，令人流连忘返。

最高峰海拔 1456m（蒙顶山上清峰），最低点 548m（红岩乡青龙村骆河扁），其中海拔 650m 以下的浅丘平坝占总面积的 22.1%，丘陵台地占 61.2%，海拔 800m 以上的低山占 16.7%，分布面积 614.27km^2，人口 25.85 万。整个茶叶公园按照“1+6+N”的布局精心打造。“1”即百公里百万亩生态茶产业文化旅游经济走廊，“6”即在走廊上打造“六个特色茶乡”组团，“N”即走廊上布局的“农业体验园、茶家乐、家庭农场”等休闲农业设施、要素。名山区依托蒙顶山 4A 级景区打造的“蒙顶山国家茶叶公园”，是中国首个以茶叶为主题的休闲农业公园，该茶叶公园充分利用了当地的自然生态资源，融合一、二、三产业共同规划发展，具有领先全国的创新性和先进性。

雅安市名山区地处亚热带季风性湿润气候区，冬无严寒，夏无酷暑，雨量充沛，终年温暖湿润；年均气温 15.4℃，最高气温 35.2℃；年均降水量 1500mm 左右，年均无霜期 298d，年均日照 1018h，年均相对湿度 82%，夜雨占 80%，森林覆盖率 32%；空气清新，气候宜人，白燕、亮虾、枯叶蝶、竹荪、千佛菌等名贵动植物资源十分丰富。雅安市名山区出露地层较新，有侏罗纪、白垩纪、古近纪-新近纪和第四纪地层，以第四纪和白垩纪为主，土壤类型分为 5 个土类、9 个亚类、18 个土属、7 个土种、139 个变种。名山的酸性和微酸性土壤占耕地面积的 64%，光热条件好，土壤肥力好，相对成片集中，有 48.8 万亩宜于种茶，已用于种茶 35 万亩。

名山是中国绿茶第一县（区）、全国茶树良种繁育基地县、四川省名优茶生产基地县（图 4-45）。目前，全区茶园面积已达 35 万余亩。2017 年，茶叶总产量达 4.92 万 t，产值达 18.73 亿元，其中，名优茶产量达 1.74 万 t，区域品牌价值达 23.68 亿元，居四川第一，茶叶类收入在农民可支配收入中达 50%以上；茶叶加工产值已达 38 亿元，加工精制茶 6000 余吨。茶叶产业已发展成名山经济的主导产业和农民增收致富的骨干项目。

图 4-45　蒙顶山国家茶叶基地

6. 资阳安岳柠檬种植

资阳安岳县是中国唯一的柠檬商品生产基地县，是“中国柠檬之乡”，安岳已建设成为全国柠檬种植、加工、销售、科研、文化的“五大中心”；现已建成柠檬基地乡镇 41 个，全县柠檬种植面积达 50 万亩，柠檬鲜果产量 60 万 t，其产量、规模、市场占有率占全国 80%以上；现已成立安岳柠檬鲜果专业合作社、安岳普州柠檬专业合作社等柠檬专业合作经济组织 126 个，柠檬加工企业 17 个，年加工能力 5 万 t，生产开发柠檬油、柠檬果胶、柠檬发酵果酒、柠檬发酵果醋、柠檬茶、柠檬饮料、冻干柠檬片、即食柠檬片等系列产品 10 多个。

柠檬为芸香科常绿小乔木，原产中国喜马拉雅山麓，目前地中海沿岸、东南亚和美洲等地都有分布，我国四川、台湾、福建、云南、广西等地也有栽培。其中，四川安岳种植面积最大。柠檬的嫩叶和花，都带紫红色，果长圆形或卵圆形，淡黄色，顶端呈乳头状，果皮稍厚，芳香浓郁，果汁较酸，但可配制饮料，还可提炼成香料（图 4-46）。

图 4-46　资阳安岳柠檬

第5章　四川乡土文化

5.1　川中平原核心区

根据四川乡土景观分区，川中平原核心区总体由成都市龙泉驿、青白江、郫都、温江、双流、新都、新津七区以及德阳市的广汉市构成。自然环境和人文环境对川中平原核心区的文明起源具有极其重要的意义，所处地域的地形地貌、土壤、气候、水文等因素对当地乡土文化的形成具有深刻甚至决定性的影响。从自然地理条件来看，川中平原核心区发育在东北—西南向的向斜构造基础上，是由大河冲积而成的扇形平原，整个平原地势平坦，平均海拔600m左右。凭借优越的地理环境、肥沃的土壤和温润的气候，区域内物产富饶、农业发达，自古有“天府之国”的美誉。从人文风情特征来看，川中平原核心区地处四川省的中心地带，是四川人口分布高度密集的区域之一，也是四川盆地主要的粮食、蔬菜等农产品生产基地，更是中国西南部经济社会最为发达的地区之一。早在古蜀国时期，川中平原核心区所在区域即有较发达的农耕生产，在汉代，蜀地多产丝、麻、丹砂、铜铁、竹木之器，通过商品流通而运销全国；蜀地土特产也以成都为集散中心流向中原和东海南越交趾之地；至唐宋之际，成都逐步成为西南最大的商品经济活动中心甚至全国闻名的大都会。

5.1.1　饮食文化

“民以食为天”，饮食是人类生存的基础。因为潮湿阴冷的地理气候，古代巴蜀人早就有“尚滋味”“好辛香”的饮食习俗。作为中国传统四大菜系之一，川菜食谱突出麻辣香鲜、油大味厚，重用“三椒”（辣椒、花椒、胡椒）和鲜姜，并根据其地域特色分为川菜三派：上河帮川菜（蓉派川菜）、下河帮川菜（渝派川菜）及小河帮川菜（盐帮川菜）。其中，上河帮川菜以口味较为清淡调味丰富而闻名，麻婆豆腐、回锅肉、夫妻肺片等正是上河帮川菜传统菜品的典型代表。

（1）麻婆豆腐。作为上河帮川菜派系的传统名菜之一，麻婆豆腐的主要原料为豆腐、肉末、辣椒等。“麻”来自花椒，“辣”来自辣椒，“麻、辣、酥、香、鲜、嫩、整”七个字完整体现出麻婆豆腐的菜品特点。麻婆豆腐始创于清朝同治元年，一家原名“陈兴盛饭铺”的老板娘陈麻婆对豆腐有一套独特的烹饪技巧，烹制出的豆腐色香味俱全，深得人们喜爱，她创制的烧豆腐被称为“陈麻婆豆腐”。《成都通览》记载陈麻婆豆腐在清朝末年便被列为成都著名食品。如今，麻婆豆腐远渡重洋，在美、英、法、越南、新加坡、马来西亚等国安家落户，从一味家常小菜一跃而登上大雅之堂，成了国际名菜（图5-1）。

（2）回锅肉。回锅肉是四川传统菜式中家常菜肴的代表菜肴之一，一直被认为是川菜之首，属于上河帮川菜菜系。回锅肉起源于四川农村地区，制作原料主要有猪后臀肉、青椒、蒜苗等，四川地区大部分家庭都有自家独门烹饪秘方。所谓回锅，就是再次烹调的意思，四川回锅肉色香味俱全，色泽红亮，肥而不腻，是下饭菜之首选。回锅肉最早可追溯到北宋，到明代基本定型，而清末豆瓣的创制更是大大提升了回锅肉的口感和品质，使回锅肉成为川菜中的当家花旦。《竹屿房杂部》记载："油爆猪，取熟肉细切脍（切片），投热油中爆香，以少酱油、酒浇，加花椒、葱，宜和生竹笋丝、茭白丝同爆之"（图 5-2）。

图 5-1　麻婆豆腐

图 5-2　回锅肉

（3）夫妻肺片。夫妻肺片原名"夫妻废片"，由郭朝华、张田政夫妻创制而成，是四川省成都市的一道传统名菜，被评为"中国菜"四川十大经典名菜。夫妻肺片通常以牛头皮、牛心、牛舌、牛肚、牛肉为主料，进行卤制后切片，配以辣椒油、花椒面等辅料制成红油浇在上面。该菜品片大而薄，粑糯入味，麻辣鲜香，细嫩化渣，非常适口（图 5-3）。它的诞生是中国劳动人民日常生活智慧的凝结，食材中所选用的牛肉与牛杂能够温补脾胃，保护胃黏膜，也增强抵抗力，促进身体生长发育，特别是牛肚富含有高蛋白质和脂肪，对于气血不足与营养不良的人来说是天然的补品。

图 5-3　夫妻肺片

此外，川中平原核心区属都江堰上游灌溉区，地势平坦，土壤肥沃，独特的地理环境为成都饮食文化提供了丰富的调味原料。素有"川菜之魂"美誉的郫县豆瓣色泽红润、味辣香醇，是川味食谱中不可缺少的调味佳品，其品质特色与郫都区的环境、气候、土壤、水质、人文等因素密切相关。同时，作为一味调料食材，郫县豆瓣深深影响了蜀地人民的餐饮习惯和饮食文化（图 5-4）。

（4）郫县豆瓣。郫县豆瓣产于郫县（2016 年改名为郫都区）的唐昌、郫筒、犀浦等镇（街道），由当地人陈守信始创于清朝康熙年间，并总结出郫县豆瓣“晴天晒、雨天盖、白天翻、夜晚露”的传统手工制作技艺。豆瓣酱在选材与工艺上独树一帜，香味醇厚却未加一点香料，色泽油润，经过长期翻、晒、露等传统工艺天然精酿发酵而成（图5-5），具有瓣子酥脆化渣、酱脂香浓郁、红褐油润有光泽、辣而不燥、黏稠适度、回味醇厚悠长的特点。2008 年 6 月 7 日，郫县豆瓣传统制作技艺获批列入第二批国家级非物质文化遗产代表性项目名录。

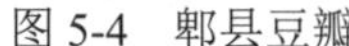
图 5-4　郫县豆瓣

图 5-5　郫县豆瓣酱传统制作技艺

5.1.2　技艺与器具

成都自古以来就是工商繁盛的大都会，秦汉时代，成都是全国有名的五大都会（洛阳、邯郸、临淄、宛、成都）之一，也是“五都”之中唯一的南方工商业中心城市，唐代更是创造了经济和文化的辉煌，有“扬（州）一益（成都）二”之称。同时，成都是一座工艺名城，商品经济的繁荣发展带动了成都工艺生产力的发展，为器具工艺的传承发展奠定了坚实的物质基础。

（1）中药炮制技艺。四川有“天府之国”“中医之乡”“中药之库”的美称，全川中药资源有 5000 余种，约占全国中草药品种的 75%，其中著名药材和主产药材有 30 余种。中药炮制是根据中医药理论和医疗、调剂、贮藏等不同要求以及药材自身的性质，分别采用修治、水制、火制及增添辅料制作等方法，对生药进行加工的特殊技术，可追溯到药材的种植、采集或饲养，其中以炒、炙、烫、煅、煨和火制方法最为常用，故名“炮制”（图 5-6）。

中药炮制方法非常多，如蒸、炒、炙、煅、炮、炼、煮沸、火熬、烧、斩断、研、锉、捣膏、酒洗、酒煎、酒煮、水浸、汤洗、刮皮、去核、去翅足、去毛等。中药炮制在中医理论和运用中具有相当重要的作用：一是可以提高临床医疗的效果，即医生可根据不同的病因、病机、症候及患者的身体健康状态，有的放矢地选用恰当的炮制品，以增强方剂的准确性、可靠性和实用疗效；二是可充分保证临床用药的安全性，降低或消除药物的毒副作用，从而保证患者的生命安全。

中药炮制的目的在于降低或消除药物的毒性和副反应，缓和或改变药性，从而提高疗效，便于调剂、贮藏和服用，其核心是减毒增效。从古至今，中医药从业者在中药炮制方面积累了大量经验，总结了成套理论，发明了不少技术（图 5-7），形成了众多流派，编著了大量著作，中药炮制技术成为中药学的重要内容之一。

图 5-6　中药炮制

图 5-7　中药炮制技艺传承

（2）成都银花丝制作技艺。成都金银器制作是四川省成都市的传统技艺（图 5-8～图 5-10），该技艺在秦汉时代就颇为发达，至清代中叶已形成一定规模，其中银花丝制作技艺最为突出，已有 2000 多年的历史。成都金银丝编织品历代均被列为贡品，五代时期前蜀皇帝王建墓中出土的玉册、饰件、金银器皿可证，当时的银丝制品已具有相当高的工艺水平。

图 5-8　成都金银器制作

图 5-9　太阳花金银器

图 5-10　母子熊猫金

银花丝技艺以花丝平填著称，以白银为材料，综合运用花丝和錾刻、填丝、垒丝、穿丝、搓丝、焊接等技艺，按照设计要求精心制作出各种手工艺品。其成品做工精湛，造型别致，显示出浓郁的民族特色和独特的地方风格，具有很高的艺术价值和收藏价值。银花丝产品主要有瓶、盘、薰、鼎、盒等传统摆件及钗、环、镯等饰品，近年又开发出了“银丝画”等新品种。此外，成都银花丝技艺还有一道关键的工序——白银防变色工艺处理，能够使银花丝产品在较长时间保持柔和的光泽且不褪色。

（3）新繁棕编。新繁棕编是成都市新都区新繁街道的汉族传统手工艺品之一，主要流行于成都市新都区新繁街道所辖的公毅、锦水、曲水、通联、石云等村。新繁棕编起源于清代嘉庆年间，文献记载清代嘉庆末年新繁妇女即有“析嫩棕叶为丝，编织凉鞋”的传统。原料多来自彭州市、大邑县、邛崃市、都江堰市等的山区，每年夏季和秋季是新繁棕编生产的高峰，夏季主要生产凉帽、拖鞋，秋季则生产工艺棕编提包（图 5-11 和图 5-12）。

图 5-11　新繁棕编

图 5-12　新繁棕编熊猫储物盒

新繁棕编不仅具有较高的艺术审美价值，还具有一定的经济价值。新繁棕编的手工技法主要有三种：第一种称胡椒眼技法，将棕丝等距排列的经线相互交叉形成菱形，再用两根纬线穿于菱形四角，依此类推，编织出窗花般美观规则的图案；第二种为密编法，艺匠采用疏密相同、距离相等且重复的方法进行细密的编织，这种编织方法多用于鞋、扇等产品的编织；第三种是“人”字形编法，即以“人”字图案来设计或控制棕编的经纬走向或构图，这种编织方法通常使用在帽、席等生活用品编织上，具有美观大方的特点。2006 年 11 月，新繁棕编被成都市人民政府列入首批非物质文化遗产保护名录，远销法国、美国、加拿大、俄罗斯、日本、韩国及东南亚各国。2008 年，新繁棕编又被列入四川省非物质文化遗产保护名录。

5.1.3　服饰装束

服饰作为一种民族文化的象征，其款式图案、文化元素等特征不仅体现出一个民族的思想意识与精神风貌，更反映出一个地区社会文明与经济的发展水平。四川古称“蜀”“蜀国”“蚕丛之国”，这里桑蚕丝绸业起源最早，是中国丝绸文化的发源地和生产地，古蜀丝织文明为其服饰文化的发展兴盛创造了雄厚的物质基础和包容的产业环境。

（1）蜀绣，又称川绣，与苏绣、湘绣、粤绣齐名，为中国四大名绣之一。古代川西水土丰美，气候宜人，温湿度都适宜栽桑养蚕。古蜀大地的丝绸文明孕育了高超的丝织技术（图 5-13），这既为蜀绣提供了刺绣原料——丝绸和丝线，使蜀绣发展有了雄厚的物质基础，又为蜀绣发展兴盛创造了产业环境和文化环境。

图 5-13　明·秦良玉平金绣龙凤袍

《史记》记载：春秋时，蜀地把丝织品、麻织品运往泰国都城雍进行贸易；至两晋时，刺绣品已成为蜀地特产；汉末三国时期，蜀绣随着蜀地丝织业的发达而发展起来，被官府所控制；隋唐后，随着丝绸之路的贸易往来，织绣品需求剧增，蜀绣在此情势下得以迅速发展，达到历史上的高峰；明清两代，除闺阁女红外，四川又出现了许多专业刺绣人员和小型刺绣作坊；到 1925 年前后，仅成都就有刺绣从业人员 1000 多人，店铺 60 余家；20 世纪 50 年代，蜀绣遍布四川民间；70 年代末，川西农村几乎是“家家女红，户户针工”，刺绣从业人员达四五千人之多。

蜀绣具有较高的文化艺术价值，绣品技艺以针法见长，共有 12 大类、122 种。蜀绣以本地织造的红、绿等色缎和散线为原料，各种针法交错使用，施针严谨。常用的针法有晕针、铺针、滚针、截针、掺针、沙针、盖针等，讲究“针脚整齐，线片光亮，紧密柔和，车拧到家”，各种针法交错使用，变化多端，或粗细相间，或虚实结合，阴阳远近表现无遗（图 5-14）。在刺绣技巧上，蜀绣已发展到双面、异形甚至异色。最高境界当属双面异色异形绣，正反两面图案、颜色截然不同（图 5-15）。绣制图案既有山水花鸟、博古、龙凤、瓦文、古钱一类，又有如八仙过海、麻姑献寿、吹箫引凤、麒麟送子等民间

图 5-14　单面绣

图 5-15　双面绣

传说，也有隐喻喜庆吉祥荣华富贵的喜鹊闹梅、鸳鸯戏水、金玉满堂、凤穿牡丹等，还有富于浓郁地方特色的图案，如芙蓉鲤鱼、竹林马鸡、山水熊猫花鸟人物等。

受地理环境、风俗习惯、地方文化艺术等因素的影响，蜀绣在长期发展过程中逐渐形成了严谨细腻、光亮平整、构图疏朗、浑厚圆润、色彩明快的独特风格。但受到社会变迁和市场需求的影响，近年来蜀绣在生产规模和商业收益上明显衰减，导致大量熟练的手工艺人改行流散，许多古老的刺绣工艺迅速失传。

（2）蜀锦。成都市地处四川盆地西部边缘，气候温暖、土壤肥沃、生物资源丰富，具备蜀锦需要的桑蚕丝、草本植物染料为主要原料生长所需的环境。蜀锦兴于春秋战国而盛于汉唐，因产于蜀地而得名，在传统丝织工艺锦缎的生产中历史悠久，至今已有2000年的历史。与南京的云锦、苏州的宋锦、广西的壮锦一起，并称为中国的四大名锦。

蜀锦多用染色的熟丝线织成，用经线起花，运用彩条起彩或彩条添花，用几何图案组织和纹饰相结合的方法织成，是一种具有汉民族特色和地方风格的多彩织锦（图5-16）。蜀锦织品经纬比例恰当，图案清晰，色彩丰富，花型饱满，工艺精美。蜀锦分为经锦和纬锦两大类：以多重彩经起花的蜀锦为经锦，以多重彩纬起花的蜀锦为纬锦，其中经锦工艺是蜀锦独有的。

图5-16　纹样蜀锦

5.1.4　休闲娱乐用具

成都有着4500年的悠久历史，是四川省旅游、文化和经济中心。这里的人们生活方式与大多数城市不一样，在这里你能很明显感受到成都人民“慢生活”的休闲状态。公园里散步搓麻将、茶社里坐着悠闲地泡杯盖碗茶都可以让你感受到“休闲之都”的生活方式。

（1）盖碗茶。饮茶文化始于中国，中国饮茶则源于四川。诗歌中最早的饮茶记录是成都，唐宋时期的成都是全国茶叶生产的主要地区，也是茶叶贸易的集散中心。清代以来，成都的茶馆文化别具一格，相沿至今。茶馆浓缩了成都的地域文化特征及风土人情、市井百态，同时也承载着成都人对传统休闲文化的理解与认可。

成都特有的矮桌竹椅和茶碗、茶盖、茶船子的“三年头”茶具，形成了一种独特的茶船文化，也称盖碗茶文化。茶馆、茶肆在蜀中更是历史悠久，遍布巴蜀的城乡和街巷，溶于各行各业，或隐于闹市，或立于郊野，置身于其中，不仅可以品茗养性，还可以听评书、看围鼓，充分体味巴蜀的风土人情（图 5-17）。

凌晨早起清肺润喉一碗茶，把自己埋在藤椅上，一天的悠闲生活开始了。如果你爱成都，爱成都的文化，爱成都的闲适，爱成都的风土人情，那就从喝盖碗茶开始！

（2）搓麻将。麻将是一种由中国古人发明的四人骨牌博弈游戏和娱乐用具，一般用竹子、骨头或塑料制成小长方块，上面刻有花纹或字样，粤港澳及闽南地区俗称麻雀。经过漫长的岁月流传至今，麻将成了中华民族的一种文化精粹。

成都人传承麻将文化可谓是全国之最，搓麻将已经成为打通“关节”的最亲和自然的沟通方式（图 5-18）。成都旅游文化产业的不断发展，带动成都传统茶馆文化也不断融入新的文化元素，在丰富成都市民业余生活的同时，也使传统麻将有了新的生命力。成都无处不有的茶馆为麻将文化的推广提供了天时地利人和的发展条件，也为麻将活动的开展提供了方便的场地，盖碗茶、搓麻将成为成都人休闲娱乐的独特生活方式。

图 5-17　盖碗茶

图 5-18　搓麻将

搓麻将作为中国的一项独有的娱乐文化，麻将中的花色也烙印着深厚的中国文化。麻将牌上的八个花——春夏秋冬是一年之四季，梅兰菊竹是花之四君子；七个风——东南西北是天地之方位，红中有中正仁和、喜庆祥和之意，青发有恭喜发财的寓意，同时寄托着人民四季常青的愿望，白板则蕴涵着道家文化中无为无不为的深刻含义。

5.1.5　方言土语

四川话是以由中原移民带来的北方官话为主体，并接受巴蜀古语影响的地方方言。其语言形成经历了曲折漫长的过程，四川话发源于上古时期的巴语和蜀语，并不断地接受中原地区北方官话的影响，形成了梁益方言；最后以由明清时期植入四川的湖广移民所使用的西南官话为主体，吸收当地的梁益方言，涵化形成四川话。成都话在地域上处于川西，但受古蜀语的影响较少且更接近中原官话，是四川话中无古音的方言支系之一。

成都自古以来就是四川省的政治、经济中心，成都话是四川最有代表性的方言。成都方言是在古蜀语的基础上，受中原文化及移民方言的影响而形成的，其发声的音调保留了蜀语中所有入声字归入蜀语的特点。古蜀国灭亡后，以北方文化为代表的古汉语对成都话影响颇深，以致如今在成都民间仍然保留一些普通话中已没有的古汉语词汇。

从秦灭古蜀至今，四川经历了10次大规模的移民，影响最大的莫过于清初的"湖广填四川"，在历代移民融合下四川本土方言逐渐形成。成都作为一个汇百流、善吸收、富创新的开放城市，其方言体系受移民方言的影响也颇大，最显著的是受湖广（湖北）的楚方言影响。如今许多成都人都认为自己的祖籍在湖北麻城市，麻城方言对成都方言的影响可谓最大。民国24年《湖北麻城县志·方言》收集当地方言词229个，竟有158个（约占69%）与成都话相同。此外，湖北其他地区、湖南、广东、江西、福建等地的方言也有不少留在如今的成都方言中。

改革开放之后，随着成都以及整个中国经济的迅速发展，成都与外界的交流急剧增多。受普通话的影响，成都方言相对稳定的状态被打破，语音经历了一个明显变化的时期——向普通话的语音靠拢。例如，如果一个字在音系上显得孤立，则这个字更容易被北京方言同化，而如果一个字在音系上有一个强大的"系列"，则不容易向北京方言靠拢。成都话口语与书面语（普通话）的对比如表5-1所示。

表 5-1　成都话口语与书面语（普通话）的对比

字	口语（白读）	书面语（文读）
严	把门关严（ngǎn）	把门关紧
顿	一顿（dèn）饭	一顿饭
尝	尝（sáng）味道	尝试
樱	樱（ngēn）桃	樱桃
解	解（gǎi）手	上厕所
下	等一下（hà）	等一会
眉	眉（mí）毛	画眉

5.1.6　戏剧与民谣

成都是一座有着几千年历史的文化名城，是中华文明的发源地之一，也是中国历史最悠久的都城之一。唐宋时期，成都的音乐、歌舞、戏剧已非常繁盛，有"蜀戏冠天下"之称。

（1）川剧，俗称川戏，主要流行于中国西南地区川、渝、云、贵四省市，是融汇高腔、昆曲、胡琴（即皮黄）、弹戏（即梆子）和四川民间灯戏五种声腔艺术而成的传统剧种，是中国西南部影响最大的地方剧种。明末清初，昆曲、弋阳腔、青阳腔、陕西梆子、湖北汉调、徽调等声腔流入四川；清乾隆、嘉庆年间，与当地的薅秧调、川江号子、地方小调、宗教音乐等逐渐融合，基本完成了外来声腔"四川化"的演变过程；辛亥革命前后，高腔、昆曲、胡琴、弹戏及四川民间灯戏在同台演出过程中融为一体，形成“五腔共和”的川剧。

川剧具有巴蜀文化、艺术、历史、民俗等方面的研究和认知价值，在中国戏曲史及巴蜀文化发展史上具有十分独特的地位。川剧分小生、须生、旦、花脸、丑角 5 个行当，各行当均有自成体系的功法程序，尤以“三小”，即小丑、小生、小旦的表演最具特色。川剧在戏剧表现手法、表演技法方面多有卓越创造。川剧还创造了变脸、藏刀、钻火圈、开慧眼等许多绝技（图 5-19 和图 5-20），脸谱作为川剧表演艺术中的重要组成部分，是历代川剧艺人共同创造并传承下来的艺术瑰宝。

图 5-19　川剧——变脸

图 5-20　川剧——吐火

川剧剧目丰富，有传统剧目和创作剧目 6000 余个，以《黄袍记》《九龙柱》《幽闺记》《春秋配》《东窗修本》《五子告母》《神农涧》《情探》等为代表，其中不少是宋元南戏、元杂剧、明传奇与各种古老声腔剧种留存下来的经典剧目，具有很高的文学价值和历史价值。中华人民共和国成立后整理改编的《柳荫记》《彩楼记》《绣襦记》《白蛇传》《拉郎配》《打红台》及改革开放时期改编、创作的《巴山秀才》《变脸》《死水微澜》等均产生了较大的社会影响，显示出川剧深厚的传统文化底蕴。

（2）道教音乐。由于独特的地理人文环境，巴蜀地区成为道教重要的发源地和发展地。从文化上看，古代巴蜀文化中的昆仑仙山、长生不死、肉体升天以及诸神灵等思想都是道教思想的重要源头之一。从地域上看，道教发源于四川大邑县鹤鸣山，第一个传播中心正是川西平原，这与当时蜀地今文经学风气很盛、黄老道术流行甚广、西南少数民族中的神仙方术、巫术甚盛行有关[81]。

道教音乐，又称“道场音乐”，是道教斋醮科仪活动中使用的音乐，它与道教一样，都是发端于古代巫觋的祭祀歌舞。道教音乐由器乐和声乐两部分组成，器乐采用钟、磬、鼓、木鱼、云锣等乐器主奏，配以吹管、弹拨、拉弦等乐器（图 5-21）；声乐以唱诵为主，由高功法师宣戒诵咒、赞神、吟表的独唱和都讲道士的表白及道众的齐唱组成。成都道教音乐主要有静坛派、善坛派、行坛派三大流派，习称“三坛道乐”。其中，静坛派和善坛派道乐为同一体系，主流均属道教全真派音乐系统（图 5-22），器乐以细乐为主，声乐采用全真正韵，句末多以音节腔，富有气势，代表性曲目有《阴小赞》《下水船》等；行坛派道乐为另一体系，主流属正一天师道和民间火居道士音乐系统，器乐以大乐为主，声乐主要使用广成韵，极富四川地方音乐特色，代表曲目有《步虚》《救苦赞》等。

图 5-21　道教音乐谱之《全真正韵》

图 5-22　青城山洞经音乐

成都道教音乐是一种融汇南北古乐精华的独特音乐形态，它以古蜀宗教祭祀乐舞为基础，经历代乐师反复锤炼而最终成形。经过 1800 多年的衍化，成都道教音乐不仅在成都及其周边 200 多平方千米的范围内广泛传播，而且分布至全国各地，对东南亚地区和日本、美国也产生了影响。当前成都道教组织松散、乐师散布各处、曲目缺乏整理，急需采取有效措施保护传承。

5.1.7　习俗与风俗

作为国家历史文化名城、中国十大古都之一的成都，自古享有“天府之国”的美誉，拥有许多深厚文化底蕴和传承千百年的民族习俗。这些习俗因百姓生活需要而出现，与百姓生活息息相关，更包含了成都特殊的人文、地域和时代特点。民俗文化也成为外人了解和读懂成都的窗口。

（1）望丛祠赛歌会。郫都区曾是古蜀国都城，传说望帝传位后，归隐深山，化作杜鹃鸟，每年 2 月杜鹃花开时飞回成都，在成都平原上空日夜啼叫，催促农夫赶快春耕，一直叫到口吐鲜血，染红山上的杜鹃花，蜀人以为是望帝的魂回来了，这就是民间传说“杜鹃啼血”的故事，郫都区因而被称为“鹃城”。后人为纪念望帝，于每年的农历五月十五日前后举办鹃城赛歌会，赛歌会场地就选在望丛祠（图 5-23），参加赛歌会的歌手都是当地土生土长的农民，以唱山歌为主，唱山歌在四川又称“吼山歌”，大多是自编自唱，具有浓郁的乡土气息。

图 5-23　望丛祠赛歌会

（2）新津龙舟会。赛龙舟是我国南方的传统习俗之一。成都虽在长江以北，但也是水乡之地，所以赛龙舟的历史也很久远。20 世纪 60 年代以前，成都的赛龙舟活动还在望江公园边的锦江河段进行，70 年代以后成都市区的河道已不适宜再举办龙舟竞渡，成都新津区的南河凭借优越的地理条件，成为赛龙舟的举办地，龙舟盛会也越办越红火。每年农历的五月初五端午节，新津龙舟会除龙舟竞渡（图 5-24）等传统节目外，还有龙舟造型表演、彩船夜游等活动。

（3）成都花会。成都花会始于唐宋时期，至今已有 1000 多年历史。传说道教始祖李老君的生日是农历二月十五日，故唐代以来，民间此日举办一年一度的庙会。又因成都的二月正是天气晴和、春意宜人、百花盛开的季节，故又传二月十五日是百花的生日，因此每年二月在成都西门外的青羊宫举办花会。届时，成都附近的国营、集体花圃及广大花农，都将各自辛勤培育的名贵花卉、家栽盆花、盆景等运到青羊宫，搭棚撑帐，摆摊设点，进行展销（图 5-25）。

图 5-24　龙舟会

图 5-25　成都花会

5.2　川中盆周山地区

川中盆周山地区涵盖了雅安北部、成都西部、阿坝州东南部、绵阳北部及乐山西北部等所属区县。从自然特征来看，该区域属于强烈上升的褶皱带，地貌类型多样化，低山、高山、高原均有分布，以海拔 1500～3000m 的中低山地为主，该区域地处四川盆地和青藏高原的过渡地带，外包于四川盆地西缘，地势由西向东倾斜。从人文特征来看，该区域没有川西北地区少数民族文化那么显著，也没有川东地区汉族文化那么彰显，独具特色的川中盆周山地区可以称为汉文化与少数民族文化的共生地带，茂县羌族文化古老神圣，青川三国文化经久不衰，无不凸显着川中地区民族文化的多元化和兼容性。该区域的乡土文化主要体现在饮食、技艺与器具、服饰装束、传说与历史、戏剧与民谣、习俗与风俗等方面，形成了别具一格的地域文化特色。

5.2.1　饮食文化

因为自然环境的因素，聚居于四川盆地西缘山地和青藏高原过渡地区的居民饮食习惯与地形地势紧密联系在一起。秦汉时期，随着丝绸之路的开通，少数民族与汉族之间交往扩大的同时饮食文化的交流也更加频繁，川中盆周山地区域内各民族饮食文化在不断地交流与融合之中，最终形成日常以面食为主食，牛羊肉、奶制品为副食的饮食习惯。

（1）糌粑与酥油茶。糌粑（图 5-26）通俗来说就是青稞炒面，分为以青稞、豌豆、燕麦为原料的三种糌粑。茂县以农业为主，藏民们主要靠下地干活、上山放牧等体力活来获取收入，需要随时补充能量，而糌粑恰好能满足这一点，故当地人吃糌粑成为一种习惯。

除了地理因素的影响，糌粑符合当地人民的饮食习惯与口味要求。酥油茶（图 5-27）则是一种由酥油和马茶混合加工而成的饮品，营养丰富，蛋白质含量高，氨基酸种类多，热量高。不同原料做出来的炒面，只要倒入酥油茶，用手搅拌均匀捏成团子即可食用，硬一点的比较好吃。有些人还喜欢在加入酥油茶后，根据自己的口味适当添加奶渣、白砂糖、红糖等改善口感；另一种吃法是烧成糊状，里面放上一些肉、野菜之类，称“糌土”。

图 5-26　糌粑

图 5-27　酥油茶

（2）南路边茶（茶文化），又称“乌茶”“边销茶”“南边茶”“雅茶”“藏茶”等。四川边茶生产历史悠久，宋代以来历朝官府推行“茶马法”，明代在四川雅安、天全等地设立管理茶马交换的“茶马司”，后改为“批验茶引站”。清朝乾隆时代，规定雅安、天全、荥经等地所产边茶专销康藏，称“南路边茶”。所谓“南路”，是指从成都出发向南的通道。

四川边茶是黑茶的一个重要品种，按产地可将其分为南路边茶和西路边茶两类（图 5-28 和图 5-29）。南路边茶产于四川省雅安市，作为川藏线的起点和古老藏茶文化的发源地，雅安拥有厚重的南路边茶文化和茶马古道文化。南路边茶的毛茶分两种：鲜叶杀青后，进行揉捻、渥堆和干燥的，称为“做庄茶”；鲜叶杀青后，直接干燥的，称为“毛庄茶”，成品经整理之后压制成康砖和金尖两个花色[82]。

雅安南路边茶主要供应西藏、青海和四川甘孜州、阿坝州等藏族聚居区，在藏族人民中享有崇高的声誉。这种黑茶品质优良，汤色褐红明亮，滋味醇和悠长，可加入酥油、盐、核桃仁末等搅拌成酥油茶，是藏族同胞每天必不可少的饮品[83]。随着社会经济的发展，受信息、交通、供求等因素影响，黑茶市场竞争激烈，价格差异加大，企业间的恶性竞争导致产品质量下降，影响了黑茶的声誉。整顿规范黑茶市场、保护弘扬黑茶制作技艺已成为目前刻不容缓的工作。

图 5-28　边茶茶饼

图 5-29　南路边茶

（3）剑南春酒（酒文化）。剑南春产于四川省绵竹市，因绵竹在唐代属剑南道，故称“剑南春”。一方面，绵竹位于成都平原的北端平坝区，因接近高原和具备特殊的冰川水资源，出产的酒米（糯米）、大米等粮食作物历来以颗粒饱满、滋味醇厚而闻名于世，为剑南春生产提供了特殊原料。另一方面，绵竹西北高山环抱、东南两水夹流的独特地形，为剑南春酿酒微生物的生长繁衍、发酵储藏孕育着独特的养分。

绵竹酒文化历史悠久，至今已有 2000 多年的历史，广汉三星堆大量陶酒器和青铜酒器横空出世，从酿造、储藏到饮用的酒器应有尽有，证明剑南春所在的绵竹在商代至战国时期就已经有较为成熟的酿酒技术。宋代时期，为了增加中央财政，时任川陕宣抚使的绵竹人张浚实行隔槽酒法，允许民间纳钱酿酒，至此四川酒业的兴盛远超唐代。清朝时期，康雍乾三朝励精图治使得移民大规模入川，四川经济迅速恢复，酿酒业也进入了蓬勃发展的阶段。

剑南春酒以高粱、大米、糯米、小麦、玉米“五粮”为原料，用小麦制成中高温曲，泥窖固态低温发酵，采用续糟配料，混蒸混烧，量质摘酒，原度贮存，精心勾兑等工艺成型。在特定空间、环境场所长期积淀而成的传统酿造技艺包括：老窖的维护与传承技艺；大曲药制作鉴评技艺；原酒酿造摘酒技艺；原酒陈酿技艺；尝评、勾兑技艺以及相关的子项目。剑南春酒芳香浓郁、纯正典雅、醇厚绵柔、甘洌净爽、余香悠长、香味谐调、酒体丰满圆润，具有典型独特的风格。

5.2.2　技艺与器具

（1）羌族碉楼营造技艺。地处川西北高原的羌族人民大多数聚居于高山或半山地带，在地理环境和人文因素的共同作用下，形成了独具羌族特色的民居建筑——碉楼，碉楼具有日常居住、军事防御、对敌作战、战备储存等多重作用，多矗立于关口要隘或村寨附近及中心。

羌族碉楼的外形有四角、六角、八角与多角（图 5-30 和图 5-31）。各碉底层全部封闭，而在二层开小门一道，自二层起四周开无数内大外小的长方形小窗，以作通风、瞭望和射击之用，各层间用随时可抽取的独木梯上下。阿坝州汶川县、茂县等地均现存着羌族碉楼。其中，汶川县羌族碉楼的建造材料主要为片石和黄泥，现存的碉楼以石碉为主。茂县现存的羌族碉楼主要分布在沙坝、校场、凤仪、南新等地区。

图 5-30　四角碉楼

图 5-31　六角碉楼

从建筑用材和营造技艺特点上看，羌碉可分为以下三种类型：①石砌羌碉，砌墙讲究用料，石块平整面朝上、朝外，左右石料相互楔合，缝隙间用小石块楔紧再用黏土黏合，找平后再开始放置第二块石料。②黏土羌碉，黏土土质考究，湿度适中，充分搅和后再夯实成墙体。黏土羌碉在施工过程中要避开高温大热天气，以防止夯土因内外温差和水分蒸发不均引发龟裂，故遇晴天或雨天，需加盖防晒、防雨物品。③石黏混合羌碉，即石砌建筑与黏土建筑的结合，羌碉底层多为 1.2～2m 的石砌结构，主要起防水、抗撞击、承载整个建筑物的作用，之上则用黏土夯制而成，且多分布在石料资源匮乏的村寨。

（2）荥经砂器烧制技艺。荥经砂器是一种工艺性强、文化内涵丰厚的民间手工艺品，早在 2000 多年前，荥经县就出现了砂器生产。荥经砂器的造型均为百姓日常使用之物，如砂锅、米缸、水缸、洗脸盆、洗脚盆等，其中以砂罐、砂锅较多。

荥经砂器烧制技艺沿用历史上遗留下来的传统手工生产方式，分为采料、制坯、上釉、烧制等工序，制坯造型是其中重要的环节（图 5-32）。生产过程中，手工操作力度的轻重、图案的精粗、打磨的程度、上釉的优劣、焙烧的火候（图 5-33）等都直接关系到成品的质量。烧制技艺是一种集“天时、地气、材美、工巧”的动态的艺术形式，整个过程充满人与天、地、物的交流感应，同时兼具阴阳互补与虚实相生的美学意境。以砂

图 5-32　制坯工序

图 5-33　烧制工序

器烧制的窑炉设置观之，主窑在上，地窑在下，主窑的烧制看天时，地窑中的闷烧呛釉在地气，并通过人的双手与智慧将材美与工巧发挥出来，调和天地阴阳获得砂器[84]。

（3）道明竹编。道明竹编发源于四川盆地西部山地向平原的过渡区域，道明以其独特的地理环境和人文环境铸就了其与竹相辅相成的命运，境内多样性的生态结构和优质的水源造就了一种极度适于各类竹生长的自然环境，形成了道明竹编的生存状态。

道明竹编以崇州当地盛产的慈竹为原料加工编织而成，是道明传统手工艺品，距今已有 300 多年的编织历史。据《崇庆县志》记载，清代的道明竹编“所作竹器最繁，夙称优美”。清朝年间，道明竹编由粗篾器发展到细篾器编织，篓、箕、篼、筛等一系列生活器物畅销川西；民国时期，道明竹编取得了进一步的发展，开始在省内外市场驰名。《崇庆县志》里便有关于“畅销境外，以获盈利”的记载。

道明竹编品种繁多，除竹篼、竹篮、竹盘、竹碗、竹扇、竹灯笼、竹盒外，还有竹净百圆锣、竹套三花提篮、竹筷篓、竹纸篓、竹花插、竹通花稀篾碗、竹船型书篼、竹花篼等。另外，还有竹编玩具，花色达 200 多种。竹编工艺大体可分起底、编织、锁口三道工序。编织过程中，以经纬编织法为主。在经纬编织的基础上，还穿插各种技法，如疏编、插、穿、削、锁、钉、扎、套等，使编出的图案花色变化多样。需要配以其他色彩的制品时，就用染色的竹片或竹丝互相插扭，形成各种色彩对比强烈、鲜艳明快的花纹（图 5-34 和图 5-35）。

图 5-34　道明竹编——熊猫

图 5-35　道明竹编——龙

（4）绵竹木版年画。绵竹年画以木版刻印、手工彩绘为特色，又称绵竹木版年画。绵竹木版年画始于宋代盛于明清，内容以吉祥喜庆、民间传说、乡土生活等为主，构图丰富夸张、色彩鲜艳明快，具有鲜明的农耕文化特色。

绵竹木版年画制作包括起稿、刻版、印墨、施彩、盖花等工序。其艺术特点包括：一是手工彩绘，同一张版因不同的手绘效果不一；二是对称性构图；三是运用色相和色度对比，尤善用金色（如沥金、堆金、贴金）。但比较而言，最具特色的还是“填水脚”（指用剩余颜料涂抹的一种样式）。

绵竹木版年画与地方习俗紧密联系在一起，仅张贴就有许多规矩，不能违背。画中种种图像亦有不同的象征与解释，与图像一起反映或呈现在各种民俗仪式中。明清时，除神佛题材外，绵竹木版年画中已大量出现戏曲题材（图 5-36），绵竹的画师根据川剧剧目绘制年画，创作出《白狗争凤》《五子告母》等作品。从体裁论，绵竹木版年画有“红货”和“黑货”之分，“红货”是指彩绘年画（图 5-37 和图 5-38），“黑货”是指以烟墨或朱砂拓印的木版拓片。

图 5-36　木版年画——戏曲故事

图 5-37　木版年画——娃娃戏

图 5-38　木版年画——美人

5.2.3　服饰装束

少数民族的传统艺术以符号图案被大众熟识，被民族传承，当下又被现代设计所运用，具有民族艺术旺盛的生命力，并满足当下流行的审美需求。

羌族刺绣。羌族刺绣是流行于四川羌族聚居区的一种传统刺绣艺术，羌绣的历史最早可以追溯到新石器时代。古老羌族器具上的简单纹饰、几何图形，被广泛地运用于人们的日常生活中。自从羌族人掌握了织麻和彩陶技艺后，就随之产生了刺绣服饰工艺。明清时期，羌族挑花刺绣在羌族地区已十分盛行。

羌绣针法以精巧细致的架花（挑花）为主，此外还有织字（提花）、纳花（扎花）、撇花（平绣花）、勾花（链子扣）等，针法特色各异，如纳花独具明丽清秀的效果，勾花则显得粗犷豪放等。挑花制品由粗布、锦线缀成，多为黑底白纹，色彩对比强烈。图案种类大多是反映羌族生活场景或自然景物，或植物中的花叶、瓜景，动物中的鹿、狮、马、羊、飞禽、虫、鱼以及风情人物等。所挑绣之景物，皆秀丽精致，多含吉祥如意以及对幸福生活的渴望和美好憧憬，如“团花似锦”“鱼水和谐”“蛾蛾戏花”“云云花”“瓜瓞绵绵”“麒麟呈祥”“群狮图”“二龙戏珠”“五龙归位”“三羊开泰”“乾坤欢庆”“鹿鹤回春”等图案，色彩艳丽醒目，形象活现逼真，可谓风格独特。

四川地区的羌绣富有原始古朴的特点，是羌族人民装饰美化生活的直接写照，也是羌族妇女心灵手巧的象征，羌绣题材丰富，寓意吉利，羌族妇女把对幸福生活的憧憬和追求都绣入了手帕、坎肩、腰带、桌布、衣领、挎包、鞋面等生活用品上（图 5-39～图 5-43）。绣制品以花围腰和云云鞋最为著名，既美观又实用，以绣样装饰的部位均系服饰穿戴用品易于破损之处，密密麻麻的针脚增强了衣物的耐磨性，可见羌族人民在工艺设计上的睿智。

图 5-39　羌族刺绣——花围腰

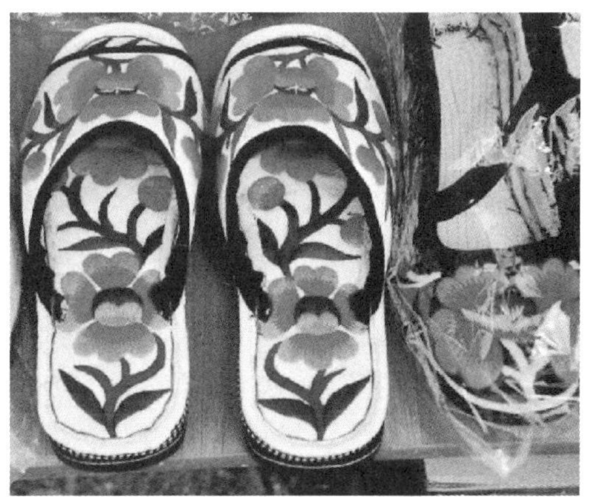

图 5-40　羌族刺绣——云云鞋

图 5-41　羌绣背包

图 5-42　羌绣抱枕

图 5-43　羌绣手提包

5.2.4 传说与历史

（1）《羌戈大战》。羌族是我国最为古老的民族之一，《羌戈大战》反映了一种民族内部对本民族土地权力和自然资源所具有的民俗情结。这部史诗在叙述历史事件和描写战争场面中，记述了羌族人民的民间信仰观念。

图 5-44　《羌戈大战》

《羌戈大战》是一部具有英雄史诗性质的羌族颂歌（图 5-44），史诗叙述了羌族人民祖先被迫从西北迁居岷江上游，与魔兵、戈人发生战争并最终取得胜利的历史。《羌戈大战》长达 600 余行，由“序歌”“羊皮鼓的来源”“大雪山的来源”“羌戈相遇”“寻找神牛”“羌戈大战”“重建家园”7 个部分组成，文辞优美，音韵铿锵，包含了大量远古的历史、文化、民俗等信息，具有较高的文学价值和多学科研究价值。

《羌戈大战》是羌族“释比”（羌族祭祀活动的主持者、羌文化的最高传承人）在祭山还愿时演唱的经典之一，通常用古羌语演唱。由于诗长难以记忆，对它的传承极为困难，使之面临式微乃至消逝的危险，目前健在、尚有传承能力的老“释比”寥寥无几。在国家各级文化部门的努力下，对《羌戈大战》进行了录音、录像和记录，并通过成立“羌族文化生态保护实验区”、建立传习所等促进其文化保护与传承。

（2）禹的传说。鲧禹治水神话在我国已有千年流传史，《山海经·海内经》记载：鲧窃帝之息壤以堙洪水，不待帝命。帝令祝融杀鲧于羽郊。鲧复（腹）生禹。帝乃命禹卒布土以定九州。

禹被羌族人民视为自己民族的保护神，羌族地区被视为大禹故里。史书有“禹生石纽”的记载。石纽山、刳儿坪、涂禹山、禹碑岭等多有禹迹所在。载籍中的禹神话如《石纽投胎》《刳儿坪出世》《大禹出生》《夏禹王的传说》《涂山联姻》《背岭导江》《化诸拱山》等，如今还在羌族地区流传。口头流传中，赋予了羌族人种种原始的观念和幻想，吸纳了许多时代的因素和情节。禹的传说体现的是自强不息、艰苦奋斗的精神，是中华民族应当永续传承的文化精神（图 5-45）。

图 5-45　禹的传说

5.2.5　戏剧与民谣

（1）西岭山歌。西岭历史上曾为藏、羌、汉等民族共居之地，西岭山歌的旋律色彩、调式包含了藏、羌、汉民歌的一些元素，属民族调式。西岭山歌根据唱词内容和主题分为酒歌、山歌、情歌、劳动歌、风俗歌及仪式歌六大类，歌谣体系包含老调、大调、小调、吆噢调、呀妹儿调五种原生态调门。

西岭山歌的产生与流传有着久远漫长的历史渊源，其形成的客观原因大体上有三个方面：一是独特的地理环境。西岭曾作为藏、羌、汉三个民族杂居之地，因此西岭山歌的旋律色彩、调式在体现山区自然环境特色的同时，也包含了藏、羌民歌的诸多文化元素。二是传统农耕生产的影响。四季温润的四川盆地和2000多年的都江堰水利工程，造就了“水旱从人、不知饥馑”的成都平原和“天府之国”独特的农耕文化。三是封闭的文化氛围。千百年来，川西山区边远偏僻、山高林密、交通不畅、地广人稀，独特的自然环境和封闭的生活方式为西岭山歌的诞生与传承提供了条件（图5-46）。

图5-46　西岭山歌演出现场

西岭山歌作为四川省非物质文化遗产，是西岭雪山藏、羌、汉多民族融合的智慧结晶，体现的是各民族人民的生活和情感，是中国民族文化的产物。西岭山歌历史悠久、底蕴厚重、旋律优美、行腔委婉，因承载着当地居民的思想情感，反映出他们的生活现状和表达了川西人民对美好生活的向往而广泛传承。

（2）硗碛多声部民歌。位于雅安市宝兴县的硗碛藏族乡堪称歌舞之乡，民间艺术历史悠久。硗碛多声部民歌以独特的风格、浓厚的宗教色彩和恢宏的气势在硗碛歌舞中占据着显赫的位置。硗碛多声部民歌作为当地藏民精神生活的重要组成部分，人们把自己的信仰、渴望及喜怒哀乐都融进了神秘而绝俗的乐声和古朴的舞蹈之中。

硗碛多声部民歌根据演唱场合可分为四种。其中，以“打麦子”多声部合唱为例（图5-47），藏民们在动作协调一致的打麦子的劳动中，歌声、号子声交织在一起，妇女也不时加入进来和唱，由此形成“打麦子”的多声部合唱。再如，锅庄中的多声部合唱。锅庄在硗碛极为盛行，曲调主要是同声部进行，但引子及开始部分也会有少量多声部音乐[83]（图5-48）。

图 5-47　“打麦子”多声部合唱

图 5-48　多声部合唱表演

5.2.6　习俗与风俗

（1）都江堰放水节。都江堰放水节是一场极具历史价值、文化价值和科技价值的民俗文化活动。作为国家首批非物质文化遗产，放水节已然成为一张让世界了解中国的重量级名片。如今，放水节已逐步发展成为一场传承历史文化、开启四季之旅的文化旅游盛会。

相传先秦时期，因岷江水患，川西民众饱受旱涝之苦。公元前 256 年，蜀郡太守李冰主持修建都江堰水利工程，使得川西平原成为“水旱从人，不知饥馑”的天府之国。以“无坝引水”为特征的都江堰水利工程在 2000 多年的岁月中长盛不衰，这源于都江堰严格的岁修制度。当地百姓为庆祝都江堰水利工程岁修竣工，祈盼春耕生产顺利进行，也为纪念治水先贤李冰，每年都会举行盛大的放水活动（图 5-49 和图 5-50）。

图 5-49　砍杩槎放水

图 5-50　都江堰放水——傩戏

（2）羌族瓦尔俄足节。地处茂县北部的曲谷乡（2019 年撤销，现为赤不苏镇）西湖寨、河西村千百年来一直流传着这样一个习俗，为祭祀天上的歌舞女神莎朗姐，每年农历五月初五都要举行“瓦尔俄足”活动，汉语俗称“歌仙节”或“领歌节”。因是以羌族女性为主要角色的习俗活动，当地人又称之为“妇女节”（图 5-51 和图 5-52）。

图 5-51　瓦尔俄足节——领歌引舞

图 5-52　参加瓦尔俄足节的羌族妇女

瓦尔俄足的活动程序主要有：前夜活动，寨中妇女围聚在火塘边制作祭祀女神的太阳馍馍、月亮馍馍和山形馍馍（舅舅陪同）；舅舅开坛、祝词，制作摆供品。当天活动，前往女神梁子祭拜（舅舅带领）；举行敬献、祭杀山羊仪式；舅舅唱经、酬神、祈神，领歌引舞；寨中有威望的老妈妈讲述歌舞女神莎朗姐的故事，让人们明确爱情、生育、家务等；男人们在旁烹饪、伺候，传送歌舞。瓦尔俄足的重要活动中，舅舅自始至终参与其中，体现了远古时期羌族女性群体活动中母舅权大的特征，带有浓重的原始母系崇拜色彩，对研究古羌民族的文化内涵及女性习俗等有着重要的价值。

5.3　川西北高原区

川西北高原区包括甘孜州、阿坝州及凉山州木里藏族自治县等地，位于横断山脉东段，地处青藏高原与四川盆地之间，这一地区大多处于高原地区，平均海拔 3000～5000m，属于高原山地气候。地形地貌复杂多变，表现在有高峰、冰川、峡谷、河流、草原、溪沟等。川西北地区生态环境优美、生态资源优越，不仅是大熊猫的主要栖息地，还拥有三江生态圈、黑颈鹤梅花鹿自然保护区、世界文化与自然遗产九寨沟-黄龙寺风景名胜区，国家级风景名胜区四姑娘山、高寒沼泽若尔盖高原湿地等[85]。

地理环境的特性决定着生产力的发展，而生产力的发展又决定着经济关系以及在经济关系基础上形成的所有其他社会关系的发展。独特的地理位置和优越的生态资源催生了川西北地区丰富多彩的民俗文化。川西北有我国第二大藏族聚居区和唯一的羌族聚居地。藏羌人民在几千年的历史长河中，创造了具有世界意义和价值的民族文化以及具有浓郁地域特色的乡土文化。强悍无畏的康巴文化、独具特色的嘉绒文化、底蕴深厚的古羌文化在此留下它们的印记。该区域的乡土文化主要体现在饮食、技艺与器具、服饰装束、方言土语、传说与历史、戏剧与民谣、习俗与风俗等方面，形成了别具一格的地域文化特色。除了多彩的乡土民族文化外，该区域还拥有多元化的宗教文化，佛教、基督教、伊斯兰教等宗教在此地和谐共存。川西北成为四川人与自然、多民族及多宗教和谐共存的文化核心区。

5.3.1　饮食文化

川西北高原区是古蜀故地，自古以来就是藏羌民族的聚居之地。不管是在主食、副食，还是饮料及饮食风俗上，川西北都有着自己独特的饮食文化。此区域多高寒气候，无霜期短，自然环境限制着植被和农作物生长的种类和数量，只有耐高寒的作物才能在此生长，因而该区居民以玉米、青稞、豆类、洋芋等为主食。川西北高原区草原上多牦牛、绵羊、山羊、马、犬等动物，自然也形成了以牛肉、羊肉为副食的饮食文化。藏羌饮食异同如表 5-2 所示。

表 5-2　藏羌饮食异同

饮食		藏族	羌族
主食	相同	玉米、燕麦、荞麦（糌粑）、洋芋	
	不同	青稞	—
副食	相同	牛、羊、萝卜、豆类、酸菜、野菜	
	不同	牦牛肉	—
饮料	相同	自酿米酒	
	不同	青稞酒、酥油茶、奶茶、酸奶	咂酒、绿茶

（1）酥油茶。酥油茶是集茶和酥油于一体的混合型热饮料，具有浓郁民族风味，深受广大藏族及其他民族群众的喜爱。藏族人民视茶为神之物，因为他们的日常饮食中，乳肉类占很大比重，而蔬菜、水果较少，故藏民以茶佐食，餐餐必不可少。因此流传着“宁可三日无粮，不可一日无茶”的说法。

酥油茶是一种以茶为主要原料，与多种食品混合制成的液体饮料（图 5-53 和图 5-54）。因此，它有各种口味，饮起来又咸又甜。酥油茶的茶汁很浓，有生津止渴、提神醒脑、防止动脉硬化、抗衰老、抗癌等功效，其次还有帮助消化的作用，非常适合生活在高原牧区的藏民，以及缺少新鲜水果和蔬菜的人们。

图 5-53　酥油茶

图 5-54　制作酥油茶

（2）牦牛制品。牦牛被称为“高原之宝”，是高山草原特有的牛种，是世界上生活海拔最高的哺乳动物，主要分布在西藏、青海、四川西北部、甘肃西北部等地，牦牛也是现存源种动物之一，是唯一的源种牛，有超强的耐寒、抗缺氧、抗疲劳、抗紫外线能力，免疫力高，对高山草原环境有很强的适应性，它们善走陡坡险路、雪山沼泽，能游渡江河激流，还有识途的本领，能避开陷阱择路而行，有“雪域之舟”之称。

牦牛全身都是宝，牦牛肉的营养价值极高，半野生放牧方式和原始自然的生长使得牦牛肉质细嫩，味道鲜美，可增强人体抗病力（图 5-55）。除了牦牛肉外，牦牛奶也具有很高的价值，被誉为“奶中黄金”（图 5-56）。牦牛粪可以用来烧火，毛可做衣服或帐篷，皮是制革的好材料，它既可用于农耕，又可作高原运输工具，价值极高。牦牛为川西北地区的饮食文化提供了丰富的原材料。

图 5-55　牦牛肉

图 5-56　牦牛奶

5.3.2　技艺与器具

（1）藏族黑陶烧制技艺。藏族黑陶烧制技艺历史悠久，特色显著，藏族黑陶烧制技艺在藏文化发展史和藏汉文化交流史的研究方面都具有较高的学术价值。该技艺主要分布于稻城县赤土乡阿西村。

“藏族黑陶”在阿西村又被称为“阿西土陶”，在藏语里“阿西”的意思就是“最好的地方”。阿西黑陶以当地泥土加上其他两种泥土混合成原料，然后借助捏、捶、敲、打等手工技艺使之成型，再用碎瓷片装饰花纹。这些步骤完成后，架起松柴点火烧制，黄褐色的陶土在此过程中变为黑色（图 5-57）。烧制成的陶锅、陶罐、陶盆、陶壶、陶瓶都是藏族人民不可或缺的生活用具[83]。按照不同的用途，阿西土陶制品大致可分为日常生活用品和宗教用具两大类，融合使用性、观赏性、工艺性为一体，兼具生活实用价值与民族文化价值。

图 5-57　阿西土陶

（2）毛纺织及擀制技艺。毛纺织及擀制技艺是甘孜州色达县的传统技艺，是国家级非物质文化遗产之一。藏族牛羊毛编织技艺以牦牛、绵羊、藏山羊等牛羊毛为原材料，是草原特定生态环境的产物，有着悠久的发展历史，从古至今这种技艺及其制品一直伴随着草原牧民，藏民除了农耕和游牧化外，其余的生产活动几乎都集中于手工业领域。千百年来，色达县藏族牧民的日常生活用品、衣着和居住帐篷等，都离不开牛羊毛编织技艺（图 5-58 和图 5-59）。该编织技艺品种繁多、形式独特、色彩艳丽、乡土情趣质朴、民族风格浓厚、地域特色鲜明、审美观赏价值高，其用料以色达县本地所产牛羊毛为主，既保温防潮，又经久耐用，极具青藏高原特色，故此编织技艺广为普及。

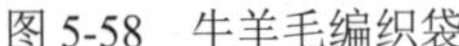

图 5-58　牛羊毛编织袋

图 5-59　藏族牛羊毛编织技艺

5.3.3　服饰装束

服饰是民族文化的象征，同时也是民族思想意识与精神风貌的体现。服饰文化伴随着一个国家、一个社会、一个民族经济与文明的发展而发展。在服饰的文化内涵方面，川西北地区的少数民族服饰包含了与民族发展、历史文化相关的自然崇拜、图腾崇拜、宗教信仰等因素；在服饰的制作面料方面，体现了皮革、布料、羽毛的有机结合，折射出该地域民族的经济文化特征；在服饰的色彩方面，该区域服饰色彩多白色，这与他们的民族信仰有关；在服饰的结构以及着装特征方面，都比较注重帽饰与头饰。整体的服饰装束折射出了川西北半耕半牧民族服饰文化的总体特征。

（1）康巴服饰。康巴服饰简洁流畅的线条将审美情趣化成了最美的生活意境，五彩纷呈的色块是自然崇拜的具象。黄色是大地的威德，蓝色是天空的胸怀，红色是护法的庄严，白色是祥云的纯洁，绿色是碧水的柔情，黑色是财富的聚合。康巴服饰在民族分化、融合的历史进程中，逐渐演绎出自己独具一格的风采，形成自身特有的服装体系[86]。

康巴人华贵的象征要算女性的头饰了。许多到过康巴的人都说，凭康巴藏族人家的摆设不能判断他们的富有程度，只有看到女主人的头饰才可以做出判断。女孩子长长的头发被编成许多细细的发辫时，说明她已经成年。她们的头发上就会戴起越来越多的饰物。其中较为普遍的一种是头顶正中戴一个类似银盘的发饰，银盘上铺以红色毡片，周围镶嵌着珊瑚珠和绿松石，中央是一颗硕大的红玛瑙珠。此外，头发两侧还要戴上一串串由各种宝石串成的饰物。有些妇女的头饰戴在头发后面，这是一条长长的带子，用布或氆氇做成，从头顶一直垂到腰际。带子上镶嵌着众多大大小小、不同造型的金的、银的、珍珠的、珊瑚的饰物，真可说价值连城（图 5-60）。

男子的服饰显示的并不是财富，而是英武与智慧。他们也戴镶嵌红玛瑙、绿松石的金银大耳环和各种珠宝串成的项链，但是他们更注重腰间佩戴的腰刀（图 5-61）。腰刀长短不一，通常是银制的刀柄，上面镶有各色宝石，刀壳用上好的木料，外面包银或牛角，雕有精细的花纹和动物图案。

图 5-60　康巴女子服饰　　图 5-61　康巴男子服饰

（2）嘉绒服饰。嘉绒藏服是整个藏族服饰中最具代表性的。同世界上许多其他民族一样，嘉绒藏族女子的服饰较男子复杂得多，妇女的服饰成为民族服饰特色与差异的主要表征之一。总的说来，嘉绒妇女戴头帕、拴围腰，拴自织的彩色腰带是一致的，但头帕的图案、围腰的装饰、衣服的式样和装饰各地都有差别。如果说嘉绒男子的服饰表现了与其他藏族聚居区的联系，那么嘉绒妇女的服饰则充分表现了嘉绒地区的独特风貌，展现了嘉绒妇女的玲珑秀美[87]。嘉绒女子服饰介绍见表 5-3。

表 5-3　嘉绒女子服饰介绍

服饰类型	简介	图片展示
头帕	头帕也称为花帕子，丹巴地区称作“巴热”，大小金川一带称为“巴里”，是嘉绒藏族妇女的普遍穿戴物，但对藏族其他地区而言却是独一无二的头部装饰	
长衫	长衫实际只到小腿上面，可以让里面的百褶裙显露出来。衣领和胸襟及袖口镶有金丝缎，里面镶有蓝色的边。礼仪节日盛装的用料为丝绸、缎子、毛料、呢子，平常服装用平布或灯芯绒	

续表

服饰类型	简介	图片展示
褂子	褂子一般长度到膝盖，无袖。一般用羊羔皮做里子，平布或丝绸做面料，衣领和衣边镶有花氆氇或用水獭皮做装饰，一般都敞开穿	
百褶裙	膝盖以上至腰部筒形，膝盖以下至脚面为多褶扇形。筒形一般只采用一种彩色面料，多褶扇形则是前后褶色彩相同，左右两边镶有三、四条不同色彩的褶子，一般使用彩绸、彩缎、彩布、彩皮制作	
腰带	在牧区藏族服饰中，腰带多为纯彩色丝腰带，而嘉绒藏族因长期与羌族毗邻，服饰也受到影响，有一些羌族特色，腰间常扎丝、棉、毛混织的花腰带	
围腰	嘉绒藏族妇女喜欢穿戴黑色绣花围腰，分为前围（“哈香”）与后围（“热帮”）。围腰面料多为黑色棉布、平绒、灯芯绒、丝绸	
装饰	嘉绒妇女的装饰品有头饰、耳饰、颈饰、胸饰、腰饰等	

嘉绒藏族男子服饰总的特点是长、大、穿着简便，基本特征是大襟、宽腰、长袖、超长、无扣，这是男子所从事的劳动和自然环境相结合而形成的[87]。嘉绒地区自然环境复杂，气候变化大，男子又经常外出骑马，在野外露宿的时间多，这样的服装白天可以当衣服，晚上可以当被子，而且手和上身都非常自由，在马上活动也很方便。嘉绒男子服饰介绍见表 5-4。

表 5-4　嘉绒男子服饰介绍

服饰类型	简介	图片展示
袍子	袍子在嘉绒男装中也占非常重要的地位，用料非常讲究，特别是礼仪节日盛装的用料非常贵重	
衬衫	男子衬衫横宽纵短，衣袖宽长，开襟高领。礼仪节日盛装一般以白色、橘红、玫瑰红、大红的丝绸做面料，领、袖口、胸襟用织锦缎镶边	
裤子	裤子在穿着时上半部分被袍子遮盖，底部又扎在靴筒里面，只是袍子和靴子中间露出一截，因此没有什么装饰，裤腿宽大，裁剪和缝制都比较简单	
帽子	嘉绒藏族聚居区的男式帽子主要有三种：夏天戴圆形白毡帽；冬天戴的“狐皮帽”，用丝绸和布做顶，狐皮做帽檐，既美观又暖和，有一种华贵之感；还有一种叫“金盏碗”的帽子，这种帽为筒形，有四翼，前后翼较大，左右翼较小，帽顶和帽外沿覆以红、黄、蓝等色的金丝缎和丝线进行装饰，一年四季都可以戴	
男鞋	嘉绒藏族的男鞋在样式上可分为靴子和普通鞋，鞋子的底一般是多层皮缝牢于鞋帮上，鞋底选最厚的牛皮，第二层是鞋边只有 2 寸宽，黑色，形状像船，鞋头同鞋边连接缝制	
装饰品	嘉绒男子的装饰品多见于颈、胸、腰、手指上。颈上多戴以珊瑚、翡翠、玛瑙、松耳石等组成的项链；腰间一般有用大红、橘红、玫瑰红、粉绿色的绸带做成的腰带，嘉绒男子也有戴戒指的习惯	

（3）古羌服饰。羌族是一个没有文字的民族，但其服饰具有文字审美认知与记录的功能。羌族的传统服饰中，男女皆穿麻布长衫、羊皮坎肩，包头帕，束腰带，裹绑腿（图 5-62）。男女都在长衫外套一件羊皮背心，俗称“皮褂褂”，晴天毛向内雨天毛向外以防雨。还有一种背心是羊毛毡子做的，较前者略长。男子长衫过膝，梳辫包帕，腰带和绑腿多用麻布或羊毛织成，一般穿草鞋、布鞋或牛皮靴。喜欢在腰带上佩挂镶嵌着珊瑚的火镰和刀。女子衫长及踝，领镶梅花形银饰，襟边、袖口、领边等处绣有花边，腰束绣花围裙与飘带，腰带上也绣着花纹图案。未婚少女梳辫盘头，包绣花头帕。已婚妇女梳髻，再包绣花头帕。脚穿云云鞋。喜欢佩戴银簪、耳环、耳坠、领花、银牌、手镯、戒指等饰物。

图 5-62　羌族服饰

5.3.4　方言土语

（1）藏语。藏语属汉藏语系藏缅语族藏语支，主要分布在中国西藏自治区和青海省、四川甘孜州、阿坝州以及甘肃甘南藏族自治州与云南迪庆藏族自治州。在川西北甘孜州康定、泸定等经济相对发达、生活环境相对好的地区，人们日常生活使用藏语比例较小，而在交通较边远的色达、理塘等牧区，藏语言的使用相对较多。

（2）羌语。羌族有自己的语言，但没有自己的文字。羌语在羌族文化中的重要性，更多表现在它对社会组织的整合作用和对知识体系的传承作用。例如，在羌年、瓦尔俄足、苏布士等节庆活动中，用羌语做法时诵读的经典，包含了羌族的创世传说、族源记忆、村寨关系等重要信息；多声部民歌和莎朗的歌曲包含了羌族的传统道德观念、审美意识、对自然和社会认知的知识；大量的民间文学、民间传说包含了羌族的哲学思想和人与自然关系的认知。口头文学的内涵颇广，包括神话、传说、民间故事、古歌谣、史诗、长诗、谚语、谜语、民间艺术等内容，这些知识都依赖羌语来传承和表达。[88]

我国从事少数民族语言研究的一些学者提出设立羌语支，羌语支语言全部分布在我国境内，包括 12 种现行语言和一种文献语言（表 5-5），羌语是其中重要的组成部分。

表 5-5　羌语支语言系

羌语支语言系类型	简介
木雅语	通行于四川省的甘孜州，约有 12000 人使用，主要分布于康定、九龙、雅江境内，分为东部、西部两个方言区。东部方言区的人自称“木勒”，其受汉语影响较大；西部方言区的人自称“木雅”，其受藏语影响较大
嘉绒语	通行于四川省的甘孜州和阿坝州，是一种非常原始的语言，是汉藏语系的“活化石”，它保留了原始汉藏语的一些语音形式，如复杂的复辅音和构词手段。嘉绒语对了解古汉语的语音和语法有重大的意义
尔龚语	主要分布于甘孜州丹巴、道孚、新龙、炉霍等地。说这种语言的人自称“布”或“布巴”，藏语称之为“道坞格”，学术界取名为“尔龚语”，约有 35000 人。道孚县共 4 个土语区，即鲜水镇土语区、甲斯孔乡土语区、沙冲乡土语区、孔色乡土语区
扎语	亦称扎坝、扎巴语。说这种语言的人自称“扎”或“扎巴”，约有 15000 人，分布在甘孜州道孚、雅江、康定、九龙 4 县。各地扎巴语在语音上差别较大，其土语区有待于进一步调查研究
却隅语	也有人称扎巴语，主要分布在甘孜州的新龙、雅江、理塘 3 县的部分地区，使用人口约 7000 人
贵琼语	主要分布在康定市鱼通镇、麦崩乡、金汤镇等，人口约 7000 人。说这种语言的人自称“葛羌”，藏语称之为“恶通格”，学术界取名为“贵琼语”
尔苏语	内部差别较大，分为东部、中部、西部 3 个方言区。东部方言的居民自称“尔苏”或“鲁苏”；中部方言的居民自称“多续”；西部方言划分为呷尔土语、里汝土语两个土语群。使用尔苏语的人口约有 16100 人
纳木依语	主要分布在四川省西南部的部分地区，约有 5000 人使用。经初步比较研究，纳木依语与羌语支的语言最接近，特别是与尔苏、木雅、贵琼等语言相比较，同源词多，语法特点接近，许多语法范畴在起源上有很多共同性
史兴语	又称“虚糜语”或“虚糜藏语”，分布在四川省凉山州木里藏族自治县水洛镇部分村寨，使用者约 2000 人。史兴语是面临消失的语言
普米语	分为南北两个方言区。南部方言分布在云南省兰坪县、维西县、永胜县、玉龙纳西族自治县及宁蒗彝族自治县新营盘乡以南地区；北部方言分布在宁蒗县新营盘乡以北地区、四川省木里、盐源和九龙等县
羌语	羌族有自己的语言，文字已经失传。羌语分布在四川省阿坝州的茂县、汶川、理县、松潘、黑水，此外还有极少部分分布在绵阳市北川羌族自治县西北部和甘孜州的丹巴县
拉乌戎语	分布在四川省金川、壤塘和马尔康等县市。使用人口约 1 万人（2000 年）。分观音桥、业隆、蒲西 3 个方言。有 390 多个二、三、四合复辅音。复元音和带辅音韵尾的韵母也很多，有声调。动词有人称、数、趋向、体、情态、态、式等语法范畴
西夏语（文献语言）	西夏语与藏语、缅语被藏缅语界称为三大古典语言，以其丰富的历史文献成为藏缅语研究和汉藏语历史比较研究中不可或缺的参证资料

5.3.5　传说与历史

传说，就是描述某个历史人物或历史事件、解释某种风俗或习俗的口头传奇叙事。民间传说是民众创作的与一定的历史人物、历史事件和地方古迹、自然风物、社会习俗有关的故事。由于传说的对象包括人物、事件和古迹、风物、习俗等是属于特定区域的，因此传说流传的范围大致也由这个特定区域所框定。每个传说流传的地区或范围称为“传说圈”。川西北地区拥有唯一的羌族聚居地，羌族传说在此流传开来。把羌族流传的诸多传说合为一个整体，即呈现出羌族下层社会人们的悲欢离合。依据所传说对象的不同，羌族民间传说大致可以分为人物传说、羌族迁徙历史、习俗传说、服饰传说四类（表 5-6）。[89]

表 5-6　羌族民间传说

民间传说		内容
人物传说	大禹传说	“禹生石纽”
	英雄人物传说	“阿里嘎莎的故事”“姜维的故事”“打莽英雄苏莽达”“汪特上京”等
	“释比”传说	“杨端公学艺”“端公跳神的来历”“阿巴格基”“阿巴锡拉”“释比成仙”“羌族巫师和张天师”“端公戏道士”“端公、道士和喇嘛”
羌族迁徙历史	—	“羌族为什么迁来四川”
习俗传说	物质生产习俗传说	“羌族碉楼为什么修三层”“砍柴的来历”
	节庆习俗传说	“牦牛愿的来历”“大禹和端午节”“点天灯”“莎朗舞”“吊狗节”
	人生仪礼传说	“为啥女子要出嫁”“皇帝为什么嫁女留儿”“新娘为啥要搭盖头帕”“土葬的起源”“弥尔补洞”“典驳诺的来历”
	游艺民俗传说	“羌笛的传说”“莎朗姐”
服饰传说	—	“女子为啥要拴围腰帕”“妇女为啥要缠脚”“妇女手上戴圈的来历”“戴耳环的缘由”“戴手镯的来历”“养鞋”“同心帕”“云云鞋的传说”

5.3.6　戏剧与民谣

（1）藏族民歌。藏族民歌于 2008 年经国务院批准列入第二批国家级非物质文化遗产名录，是川西北高原区主要的民间音乐形式，它可分为山歌（牧歌）、劳动歌、爱情歌、风俗歌、诵经调等类型。山歌是一种在山野里自由演唱的歌曲；劳动歌在藏语中称为“勒谐”，种类甚多，几乎各种劳动都有特定的歌曲；爱情歌包括情歌和情茶歌；风俗歌则包括酒歌、猜情对歌、婚礼歌、箭歌、告别歌等；诵经调亦称“六字真言歌”。

藏族民歌是藏族文化的重要组成部分，是藏族人民在长期生活、劳作中形成的（图 5-63）。藏族民歌的创作实际上就是一种藏族文化的传承与发展，也是藏族历史发展的一种体现。在藏族的民歌之中，有很多对藏族人民历史文化的发展表述，其中关于藏族人民生活的展示、藏族人民思想认识的变动等，对人们更好地了解藏族文化有着十分重要的影响与意义。

图 5-63　藏族民歌弹唱

（2）锅庄舞。锅庄舞于 2008 年纳入第二批四川省非物质文化遗产保护名录。作为一种优秀的文化产物，其具有独特而又鲜明的特色。川西北锅庄以甘孜锅庄和马奈锅庄最为有名，分别流传于德格县和金川县。甘孜锅庄古朴舒展，尤其是快节奏阶段，旋律热情明快，男舞者动作粗犷雄健（图 5-64），女舞者秀丽活泼（图 5-65），具有鲜明的地方特色。马奈锅庄舞蹈动作动静结合、忽动忽静，这在少数民族舞蹈中比较少见。

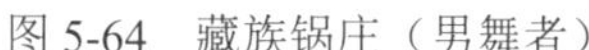

图 5-64　藏族锅庄（男舞者）

图 5-65　藏族锅庄（女舞者）

锅庄舞作为藏族所独有的一种舞蹈艺术形式，是在人民的生活、生产中形成的，因而与人民群众是紧密相连的，同时也表现了藏族人民的品质。锅庄舞随着藏族经济的发展而发展，集中体现了藏族多种文化的现象，是藏族的象征，使人们对藏族有了更深入的认识与了解，同时也映射出藏族舞蹈的格调及特色。锅庄舞以特有的形式寄托着人们的思想情感，我们要在继承和发扬锅庄舞的基础上不断地发展创新、不断突破，更深入地挖掘藏族锅庄舞所蕴藏的文化特征，从而更深入地认识和了解藏族文化的古老和神秘，为民族文化的发展传承做出更大的贡献[90]。

5.3.7　习俗与风俗

（1）藏历新年。藏历新年经过上千年的历史发展演变，许多与年有关的传统文化习俗传承积累至今，成为当地文化重要的一部分，承载着一辈又一辈人挥之不去的美好记忆（图 5-66）。

图 5-66　藏历新年场景

（2）羌年。羌族是有着3000年历史的古老民族，他们世居高山沟谷，相对独立封闭的生活环境使他们形成了独特的传统文化，而羌年就是其中的典型代表，它根植于羌族文化的血脉之中。羌年多在每年的农历十月初一进行，为期3～5d，主要流行在四川省阿坝州与绵阳、广元西北部地区，其范围包括今汶川县、理县、茂县、北川羌族自治县等羌族传统聚集地。

羌年的来历已不可考究，相传先秦时就已形成，其礼仪庄严肃穆，祭祀排场尤为讲究，是集宗教信仰、历史传说、歌舞、饮食于一体的综合性民间节庆活动。节日期间，羌族人民祭拜天神、祈祷繁荣，在释比（神父）的细心指引下，村民们身着节日盛装，举行庄严的祭山仪式，杀羊祭神。然后，村民们会在释比的带领下，跳皮鼓舞和萨朗舞（图5-67和图5-68）。活动期间，释比吟唱羌族的传统史诗，人们则唱歌、喝酒，尽情欢乐。新年之夜，每个家庭的一家之主会主持祭拜仪式，献祭品和供品。现主要流行于阿坝州的茂县、松潘、汶川、理县，绵阳市北川羌族自治县以及其他羌族聚居区。

图5-67　萨朗舞

图5-68　皮鼓舞

5.4　川西南裂谷区

根据四川乡土景观分区，川西南裂谷区总体由凉山州的冕宁、西昌、盐源、德昌四县（市），攀枝花市的盐边、米易两县和东西两区，以及雅安市的汉源、石棉两县构成。从地理自然条件来看，该区域属于强烈上升的褶皱带，地貌显著特征是海拔高，过渡性明显。区域内地形以海拔1500m以上的中低山地为主，地处四川盆地西缘山地和青藏高原的过渡地带，地势由西北向东南倾斜。低纬度、高海拔的地形地貌特征，使得该区域形成了季差较小、日差较大、冬暖夏凉的气候特点。从人文风情特征来看，川西南裂谷区是汉文化与民族文化的结合过渡地带、现代文明城市与原始自然生态区的结合过渡地带，凸显了我国西南地区民族文化的多元化和兼容性。

区域内民族风情浓郁，其服饰饮食、信仰习俗、节庆活动等文化因民族文化的不同而各具特色。区域内人文风情的多样性原因在于：其一，地形参差、气温殊异、物产丰寡不均和少数民族众多等；其二，山川阻隔、交通闭塞和开发较迟，造成民族风情文化的局部封闭性，使得区域内不少相当古老的习俗得以完好保存，向现代人诉说历史的沧桑与源远流长……

5.4.1　饮食文化

一个地区的饮食习惯往往与气候、人文环境、自然环境紧密联系在一起，川西南裂谷区属于人口分布较少、少数民族分布较多的地区，区域内土壤条件贫瘠，适宜生长的作物——黍、玉米、高粱、荞麦等成为区域内主要的粮食品种和主要的食物原料。区域内饮食文化亦深受境内彝族、傈僳族等少数民族风俗习惯的影响，食物多用肉食和奶制品，形成了兼收并蓄、独具特色的多元化饮食习俗。

（1）盐边牛肉。攀枝花盐边县地处青藏高原东南缘、雅砻江下游西岸，属于民族聚居地区，经过长期的各民族大杂居与文化经济碰撞交融，形成了多民族特色的饮食文化。川菜的灵魂、多民族的融合让南北美味在这里自成一系，造就了麻辣鲜香的“盐边菜”，盐边牛肉的诞生正是各民族交通共融的智慧结晶（图 5-69）。

图 5-69　盐边牛肉

盐边牛肉的肉源取自攀西高原，佐以经典的川菜调味方式，既保持了食材的原汁原味，又混以四川特有的地方口味，具有麻辣鲜香、软和爽口的特点。

（2）冕宁火腿。冕宁县地处四川省西南部，凉山州北部，海拔 2000m 左右，受安宁河谷气候的影响，形成了高海拔低气温、气候干燥的特殊地理环境，冕宁特有的地域和气候环境条件是冕宁火腿品质形成的最主要因素。从古至今，冕宁人喜欢住在土木或砖木结构的瓦房里，瓦房多选择修建在地势较高、干燥、阳光充足、空气清新的地方，具有空气流通好、冬暖夏凉的特点，有利于火腿的腌制和自然发酵。经过腌制的火腿不但能长期保存，而且香气浓郁。

冕宁火腿大约已有 500 多年的制作历史，明朝以来，内地汉人纷纷拓边到北，生产力不断发展，五谷丰登、六畜兴旺，在交通极为闭塞的情况下，为了食肉方便，人们在几百年的腌制实践中不断总结经验，形成了冕宁火腿。在各民族交流生产、生活技能经验过程中，腌制冕宁火腿的方法得以普遍推广。冕宁火腿富含蛋白质、维生素和矿物质等营养成分，具有风味独特、香气浓郁、精多肥少、腿心丰满、肉色嫣红，色、香、味俱全的特点（图 5-70）。

图 5-70　冕宁火腿菜品

5.4.2　服饰装束

服饰装束产生于人们适应自然、生存发展的需要，服饰的功用兼具御寒、遮羞和审美、信仰、习俗等，集中反映了一个民族的宗教信仰、审美情趣、工艺水平、历史认知，是民族文化的重要载体，蕴含着十分丰富的乡土文化。

（1）挑花纹样。挑花，民间又称为掐花、缝花，是冕宁世居汉族传统服饰中唯一完整传承至今的“屯堡文化现象”之一，挑花绣品素有“冕宁传统服饰文化名片”之称。如今，许多人已不再绣荷包、枕套和花腰带了，只有老年妇女在闲暇时绣制花背带、花围裙。

挑花广泛应用于围腰、儿童捂裙、童褂、鞋垫、挎包、壁挂等服饰装束用品上。传统的掐花是指用单色线在青、蓝、白土布上数两根纱或三根纱进行十字绣，在片绣中挑出或方或圆的图案（图 5-71），称丢花。挑花的基础是画花，画花艺人用竹签蘸上白色原料，悬肘立笔，不参照画谱，自出心裁，线条粗细匀称而圆转流畅；画面布局疏密有致，充实完整。经常画的图样有“金鸡牡丹”“凤凰佛手”“绣球喜鹊”等。

图 5-71　冕宁挑花绣

挑花图案的花纹既规整又变化多姿，且构图饱满，简洁朴素，图案寓意也极为丰富，如花代表吉祥如意、金鸡闹绣球代表吉祥喜庆等，体现了“图必有意，意必吉祥”的传统审美观点，充分表达了人们向往幸福生活的愿景。作为一种独特的民间服饰装饰工艺，冕宁挑花浓缩了一个地方的乡土文化，同时也展示了一个民族的历史、宗教信仰和集体审美情趣。现在的挑花除了被当作陪嫁品之外，还是极具收藏价值的手工艺品，富有浓郁的地方特色和生活气息，具有很强的装饰性和实用性。

（2）傈僳族服饰。傈僳族因所穿麻布衣服的颜色不同，分为白傈僳、黑傈僳和花傈僳。德昌傈僳族为花傈僳，其服饰于 2009 年被四川省文化厅非物质文化遗产名录评审委员会评定为省级非物质文化遗产代表性项目。傈僳族服饰色彩鲜艳而古朴，材质为火草、火麻手工织成的火草布，皆是傈僳妇女精心缝制。傈僳族有句俗话：“傈僳女儿不勤快，傈僳男儿无穿戴”。无论男女衣着，式样极具民族特色，有很好的观赏性。

傈僳族男装多为白色并稍加绣饰，头上包缠青布“葫芦”帕，着偏襟短衫，腰系麻布带，外罩一件无领无袖的山羊皮褂，双脚缠青布裹腿（图 5-72）。女装精心搭配彩线，挑花刺绣。成年妇女头上包缠青布帕，身穿花领偏襟绣花窄袖上衣，裙边绣数行水波纹，腰系宽 5～6 寸羊毛编织的红腰带，并在外出时随身斜挎全手工绣制的方形“勒些”（挎包）（图 5-73）。

图 5-72　傈僳族男装

图 5-73　傈僳族女装

5.4.3　戏剧与民谣

世居在凉山州内安宁河流域的藏族、彝族，雅安、攀枝花等多民族杂居地带的人民，藏彝汉人民以及其他少数民族在长期的劳动生活中相互融合，形成了兼容并蓄的音乐特色。因此，川西南裂谷区戏剧民谣的语言和风格特点有多民族、多地方特色的丰富性。畜牧和半农半牧经济生活使得驮马运输成为当地人们主要的副业，以地名命名的赶马调、放马歌等成为民族走廊的特色景观。

（1）藏族赶马调。历史上冕宁藏族人口最多，其藏族赶马调用藏语和汉语演唱，藏语称“木弱加”，属于整个牦牛古道、茶马古道上《赶马调》的一部分，具有很高的历史价值、社会价值和艺术价值。冕宁藏族赶马调的音乐形态一般都高亢明亮、自由悠长、豪放风趣，特别是常在歌声中或段落的结束加“呜呼呼”“呕”等赶马呼唤腔，内容使人共鸣，似乎能听见到马铃铛、马蹄叩击在深山的回响声，闻到赶马人、驮马的呼吸气息和汗味，使人联想和展现出“山深林响马帮来”的画面（图 5-74 和图 5-75）。

图 5-74　响着铜铃唱赶马调

图 5-75　藏族赶马调

牦牛古道、茶马古道是连接中外“南丝绸之路”的重要通道，赶马调的产生、流传就是对历史生动而形象的见证。赶马人走南闯北，见多识广，赶马歌所包含的广泛内容，能够展现被誉为“民族走廊”（也称藏彝走廊）上各民族的人文景观，从而具有社会学等多种学科价值，是中华民族一笔宝贵的民族文化遗产、民族音乐遗产。

（2）洞经音乐（邛都洞经音乐）。洞经音乐源于道教音乐，并受到佛教音乐、宫廷音乐和民间音乐的影响，是我国最古老的传统音乐之一。邛都洞经音乐的演奏以音乐伴奏谈、诵、唱、念《玉清无极总真文昌大洞仙经》（简称《文昌大洞仙经》）为主要形式，源于800年前祭祀文昌帝君的德行和善举，明清以来在安宁河流域汉族聚居地区流传，清道光至光绪年间在西昌的礼州、川兴、马道、裕隆等地相继传习谈演。

邛都洞经音乐有一套约定俗成的配曲定规，依照古例先由“领腔生”领唱，再根据不同的“科”、不同的经文“起”唱不同的经腔，乐队随声应和。经腔是洞经音乐的主要内容，有领腔，有和腔，逐首连接地唱下去，有时只用木鱼打击节奏，有时要音乐伴奏。演奏曲目有《文昌大洞仙经》《玉皇经》《报恩经》《观音经》《三官经》《龙华经》《孔子觉世经》等，音乐部分则主要分声乐和器乐两大类。声乐根据曲调特点分为谈腔、诵腔、读腔三种，器乐多用洞箫、笛子、笙、大蟒胡、二胡、川胡、板胡、三弦、阮、二星、包锣、铛锣、勾锣、铛子、碰铃、木鱼、梆子等。

邛都洞经音乐一般都在各地文庙和文昌宫逢孔子、文昌帝君诞生日及洞经会期谈演（图5-76）。西昌川兴镇“孝忠园”一年中有文昌会、财神会、观音会、灵祖会、九皇会等17个会期。不同会期，所演奏的曲调、经文也各不相同。在长期流传中，邛都洞经音乐主要通过口传心授和工尺谱保存，传承谱系以家族传承为主，师徒传承为辅。自1881年传承至今的川兴镇韩氏洞经家族即是这种传承方式的典型代表。

图5-76 邛都洞经古乐展演

5.4.4 习俗与风俗

川西南裂谷区是一个多民族聚居的地区，各民族早在先秦时代就创造并完整保留了数千年灿烂的古代文明与民族风情。与汉族大而化之的结婚仪式相比，少数民族奇特神秘的习俗信仰无处不散发着其独特的魅力。

（1）甲搓（婚俗）。在四川省和云南省边界两侧的泸沽湖畔住着数万的摩梭人，甲搓舞是摩梭人在长期的生产生活和婚姻习俗中形成的民间原始舞蹈，完整流传至今的主要有《搓德》《了搓优》《格姆搓》《阿什撒尔搓》《卧曹甲莫母》等曲调和舞蹈。这一传统习俗分布于川滇交界的泸沽湖及其周围地区。

“甲搓舞”的摩梭语意为美好时辰的舞蹈，相传是由 72 种曲调组成的 72 种舞蹈。摩梭人但凡祭庆典礼、红白喜事、逢年过节、庆贺丰收、战争、祈祷神灵或男女青年相聚都跳甲搓舞，甲搓舞又是摩梭青年男女表达情爱的重要方式（图 5-77 和图 5-78）。据摩梭原始宗教达巴教经典记载，以及发现于泸沽湖周围山洞崖壁上的原始舞蹈壁画，甲搓舞可追溯到史前的石器时代[91]。

图 5-77　甲搓

图 5-78　甲搓——拴花腰带

甲搓以群体性的群众表演为主，参加跳舞的少则几十人，多则千人以上，舞蹈动作以操练式、模拟式为表现，原始舞蹈的特征十分显著。在跳甲搓舞时，不但领舞者边奏乐器边引领舞群，而且在整个跳舞过程中，总是边舞边歌，歌声吼声不断，使舞蹈始终处于激昂欢乐的状态，并以其很强的感染力让围观者情不自禁地参与其中[91]。其舞蹈的内容和相伴的歌曲歌词皆反映远古的历史、社会、生产、生活、战争等，每一曲舞蹈和每一首歌都有其相应的故事和轶事典故，因而内容丰富、内涵深厚。作为摩梭人特有的原始舞蹈，甲搓舞无须特定的环境和舞场，林间、草坪、空地、家庭院坝都是天然舞场，具有鲜明的民族特色和乡土生活气息。

（2）傈僳族阔时节（节庆）。“阔时节”为傈僳族语音译，意为新年歌舞节、年节或春节，是傈僳族的传统节日。凉山州德昌县傈僳族的阔时节由于封闭，又少受外界影响，仍保留着正月初一至十五这个时间，节期与汉族的春节统一，习俗极传统（图 5-79 和图 5-80）。德昌傈僳族阔时节主要保留于德昌县金沙乡和南山乡，汉族聚居区的巴洞镇、乐跃镇等的傈僳族小聚居村落也有此节庆。

阔时节在每年腊月十五之后，各家各户一般按测算好的吉日开始扫尘，而房屋周围的坝子、苞谷楼下则在二十九日下午必须将垃圾扫成堆，并在腊月三十一早烧扫尘堆积物。年三十祭祀活动极为复杂，饭前用猪头祭祀，之后贴专门制作的、有孔的红纸祭祀，先天地，再家神、老人、门神、灶神、羊圈、苞谷楼、蜂桶、柴堆……初一是傈寨中最热闹的一天，女子早上举行梳头比赛，之后是织布比赛；男子的撵山（狩猎）比赛（由于保护野生动物法律法规的实施，如今撵山比赛没有了）改为打靶比赛；小孩则以打弹

图 5-79 民族节日——傈僳族阔时节

图 5-80 德昌傈僳族欢庆阔时节

弓、做游戏为乐。初二一早，村寨里到处可见背背篼的人，他们背着糯米粑、腊肉等去拜年，拜年对象主要是女方娘家父母和东巴先生等。初二至初六是傈僳族走亲访友的日子。初七这天太阳未出来时要举行送神活动，要祭锄、刀等生产工具，祭后才开始使用。正月十五，祭献猪项圈，祭献家神大地等，阔拾节结束。

傈僳族拥有丰富多彩的文化、艺术和习俗，这些习俗蕴含着傈僳族特有的精神价值、思维方式、想象力和文化意识，在充分反映傈僳人审美情感和增加相互交流的同时，也在增强社会凝聚力、促进民族团结和文化交流等方面产生了积极的影响。德昌傈僳族的民族风情浓郁，并成为四川西南部众多民族中的一道亮丽风景。

5.5 川西南中高山地区

川西南中高山地区以凉山州东部为主体，还包括乐山的马边彝族自治县、峨边彝族自治县，攀枝花仁和区等地，地势较高，海拔多处于 2500m 左右，该地区日照充足、降水集中、干雨季分明。金沙江流经该地区东部沿线直至宜宾市岷江口，使得该地区形成高山、深谷、平原、盆地、丘陵相互交错的形态，不仅构成了特殊的地貌景观，还形成了中国罕见的亚热带干热河谷稀树草原景观。

川西南是一个民族文化深厚之地，凉山州拥有 14 个世居民族（如彝族、汉族、藏族、纳西族、傈僳族、苗族、布依族、回族、满族等），乐山的马边彝族自治县、峨边彝族自治县是彝族聚居之地，攀枝花自建成以来就是一个多民族聚集的城市。神秘奇妙的毕摩文化、狂热奔放的火把节文化、绚丽多彩的服饰文化以及泸沽湖摩梭母系民族文化，民族文化异彩纷呈、交相辉映。在这个多民族汇集之地，乡土文化彰显着其独特魅力。川西南中高山地区以彝族文化为主体，彝族传统文化深深扎根于川西南丰富的历史长河之中，它不仅体现在精神层面，也体现在物质层面，包括衣食住行等习俗文化、家庭文化、人生礼仪文化、民族传承文化、科技工艺文化、宗教信仰、节日文化等。

5.5.1 饮食文化

川西南中高地区以彝族文化为主体，彝族人喜酸、辣、咸，口味重，偏咸偏辣。彝族人食肉喜大块，喝酒喜大口，既显热情又有豪气。彝族饮食制作的特点是因地制宜、就地取材、因条件而异，总的倾向是旷达豪放，重视饮食环境的氛围。

（1）酒文化。中国美酒源远流长，文化绚丽多彩。在中国各民族的酒文化中，彝族酒文化是一朵独具特色、散发着“令人难忘奇香”的鲜花（图 5-81）。彝族人以酒为贵，酒在彝族人民政治、宗教、民俗等活动中发挥着巨大的作用。酒是迎宾待客、过节、婚礼、丧葬、探亲访友、毕摩祭祀等活动的必备礼物。婚礼以酒联姻，社交以酒作桥梁，祭祀以酒请神，“德古”以酒解除纠纷，来宾以酒款待。酒的具体生产、销售、消费过程中所产生的物质文化和精神文化具有宝贵价值。

图 5-81　彝族酒

酒歌是彝族酒文化的重要组成部分，在四川、云南、贵州和广西等彝族地区十分流行。彝族宴乐等酒歌生动活泼、热情豪放、感情真挚，表现了彝族人豁达而开阔的胸襟以及朴实大方的性格。酒歌是宴会、集会等活动中必唱的歌乐。庆典酒歌以祈福、祭祀为主要目的。根据彝族酒歌的功能、结构特征，彝族酒歌分为迎客酒歌乐、宴飨酒歌乐、庆典酒歌乐、留客酒歌乐等。

（2）坨坨肉。坨坨肉（图 5-82）展现了彝族饮食文化中粗犷的个性，在彝语中被称为“乌色色脚”。在制作上，不论猪、牛、羊，宰杀后均连骨带肉切成如拳头大小的块块，用清水煮至八成熟，便捞入簸箕内，撒上盐巴来回簸荡，使盐渗入即可食用。吃时除放盐外，不放任何佐料，也不用碗筷，直接用手取而食之。吃时佐以小凉山土法腌制的一种干酸菜汤（有克油腥的作用）（图 5-83），将坨坨肉抓在手上，边啃边嚼，由于这种肉

图 5-82　彝族坨坨肉

图 5-83　干酸菜汤

做法特别，又不是很肥，吃起来越嚼越香，越吃越带劲儿。坨坨肉制作的诀窍是掌握适当的火候，火候不到不熟，过迟肉绵。彝族人制作的坨坨肉，既鲜又香，别有风味，特别是选用四五斤重的仔猪肉制成，更是清脆可口。坨坨肉是他们用来待客的佳品。所以，坨坨肉如今已成为小凉山一道很有名气的风味菜。

5.5.2　技艺与器具

（1）银饰制作技艺。我国许多少数民族都有佩戴首饰的习俗，其中以苗族、彝族最为突出，其银饰品种也相当丰富，有凤冠、戒指、耳坠、耳环、项圈、银镯、银链、银纽扣等。

凉山州布拖县素有“彝族银饰之乡”的美称。布拖彝族的银饰按照用途可分为酒具、餐具、首饰等多种（图 5-84）。其中，酒具包括银酒杯、银酒壶等；餐具包括银碗、银筷子、银盘子等；银首饰品种繁多，包括耳环、手镯、纽扣、戒指、胸牌、领饰、耳链、耳坠、头饰等。这些银饰制品采用錾刻、镂空、镶嵌、吊缀等多种手法制作而成，形式多样，形态各异。

(a)

(b)

图 5-84　布拖彝族银饰

布拖彝族制作的银首饰高贵典雅，实现了服饰、银饰与人体的完美结合。古朴大方、光彩夺目、巧夺天工的银饰制品体现着鲜明的彝族文化传统和独特的审美情趣，具有民族学、文化学、工艺美术等方面的研究价值。保护、利用布拖彝族银饰民间工艺，对于弘扬民族文化、调整少数民族地区产业结构、促进当地社会经济的全面进步具有重要的意义。

（2）彝族漆器髹饰技艺。彝族漆器髹饰技艺是国家级非物质文化遗产之一。凉山州喜德县是彝族漆器的发源地，彝族漆器是在数千年历史的彝族古餐具基础上发展起来的民间手工艺品，其色彩明艳，具有古朴的艺术风格。漆器是古老的生活艺术品，乃纯手工制作，但制作比较耗时费力。上好的彝族漆器主要以优质的杜鹃木、酸枝木、樟木等为原料，经过锯、刨、磨、黏等工序，再在器形表面精心漆绘图案纹饰，最后完成一件完美的漆器（图 5-85）。彝族漆器品种齐全，花色多样，工艺精美，构图奇特，高贵典雅，手感温润，色泽柔和，光可鉴人，既可把玩欣赏，又具有贴近生活的使用功能。其图案纹饰多以日月星辰、山川河流、天文地理、动物植物、神话传说等居多。在颜色上主要运用红、黄、黑三色，十分讲究装饰的对称性和变形的抽象性。

(a)

(b)

图 5-85　彝族漆器髹饰技艺

彝族漆器髹饰技艺是彝族传统文化的重要组成部分，涉及彝族人生活的方方面面，是彝族文化的重要符号之一，可谓彝族文化中的一颗明珠。

5.5.3　服饰装束

彝族服饰在川西南服饰文化中占有十分重要的地位。2014 年，彝族服饰被列入第四批国家级非物质文化遗产代表性项目名录。古朴的纹饰、华丽的色彩、精细的做工，无不体现出彝族同胞聪明的才智和较高的艺术审美水准（图 5-86）。彝族居住地域广阔、支系众多，生活在不同地域的彝民具有不同的服饰习俗，彝族服饰的款式种类繁多，异彩纷呈。川西南大凉山彝族服饰因其裤脚的大小不同而大致分为三个不同的服饰区。

(a)

(b)

(c)

图 5-86　彝族服饰花纹

（1）依诺土语服饰区。美姑地区的服饰作为凉山州“依诺”方言地区服饰的典型代表，有着显著特色。美姑地区彝族服饰上常见的纹样包括动物纹样、植物纹样、几何纹样、器物纹样等。

动物纹样常见的有蟹足纹、羊角纹、牛角纹、马牙纹、牛眼纹、鸡冠纹等，多以牛、羊的纹样为主，而这些纹样多取材于彝族人的生产生活，牛、羊是主要的家畜，是对游牧祖先生活的一种表达方式，代表着幸福、财富。在几何纹样中，常见的有日月纹、波浪纹、旋涡纹、彩虹纹、星纹等，用于表达对天体的崇拜，对自然界的崇拜和敬畏，向自然界祈福，以保佑彝族同胞们年年都能平安，无天灾人祸，农业和畜牧业有好的收成。而器物纹样如火镰纹、锅庄纹、石阶纹都是在彝族刺绣中常出现的纹样。这些图样都是彝族人在生活中常用的生活用品，如火镰是美姑地区重要的取火工具，而土司印章则是权力、高贵、财富的象征（图 5-87）。

（2）圣乍土语服饰区。圣乍土语服饰区以喜德为代表，又被称为“中裤脚区”。在中裤脚区，不论男女，多披白色、黑色、蓝色流苏的查尔瓦，衣饰以黑色、蓝色为主。其中，青年男子装以紧身袖窄为美，环肩、襟、摆均用有色布镶饰细牙条花道。中老年男子外衣有对襟、大襟之分，一般较为宽大，既不饰边也无绣花。青年女子衣身长过膝，袖窄，坎肩多饰美丽花纹，袖笼及衣摆镶兔毛皮为饰，头顶帕为瓦盖型，多为几层。未成年女子与成年女子最明显的区别在于银领牌，未成年的银领牌为九泡银饰，成年的为七泡银饰（图 5-88）。

（3）所地土语服饰区。所地土语服饰区以布拖为代表，因裤脚较其他地方的小，所以所地土语服饰区被称为小裤脚区。小裤脚区的男装特点是腰大、裆宽，而裤脚却很小。男子多披羊皮缝制的查尔瓦，缠头帕，蓄天菩萨，不像其他区一样扎英雄结。女装多衣短不过脐，裙多为羊毛织成，质地厚重，透气性好。除裙脚为百褶外，裙身皆无褶或少褶（图 5-89）。

图 5-87　依诺土语服饰

图 5-88　圣乍土语服饰

图 5-89　所地土语服饰

5.5.4　方言土语

川西南中高山地区以彝族文化为主体，彝语在该区域盛行。彝文为世界上最古老的六种文字之一，是一种原生文字，是古代彝族先民劳动和智慧的结晶。彝语属汉藏语系藏缅语族彝语支，目前有六大方言区（表 5-7），各方言区“文字异形，言语异声”的现象较为普遍，方言之间差异较大，一般通话比较困难。四川彝族属于北部方言区，其下又分为两个次方言，五个土语，在凉山地区发展迅速（图 5-90）。

表 5-7　彝语六大方言区划分[92]

方言区类型	简介
北部方言区（“诺苏”）	北部方言主要分布在四川省，其次分布在云南省。北部方言分两个次方言：北部次方言、南部次方言。其中北部次方言包括三个土语，圣乍土语、依诺土语、田坝土语；南部次方言包括两个土语，东部（会理）土语、西部（布拖）土语
东部方言区（“纳苏”“尼苏”）	主要分布在贵州省、云南省，其次分布在四川省和广西壮族自治区。东部方言分三个次方言：滇黔次方言、盘州次方言、滇东北次方言。其中，滇黔次方言包括四个土语，水西土语、乌撒土语、芒部土语、乌蒙土语；滇东北次方言包括五个土语，禄武土语、武定土语、巧家土语、寻甸土语、昆安土语
南部方言区（“聂苏”“纳苏”）	南部方言主要分布在云南西部。南部方言区分三个土语：石建土语、元墨土语、峨新土语
西部方言区（“腊鲁颇”“米撒颇”）	西部方言主要分布在云南西部。西部方言包括两个土语：西山土语、东山土语
中部方言区（“罗罗”“里泼”）	中部方言主要分布在云南中部，包括两个土语：南华土语、大姚土语
东南部方言区（“阿细”“阿哲”“阿乌”“朴拉”“撒尼”）	东南部方言主要分布在云南省东南部。包括四个土语：路南（石林）土语、弥勒土语、华宁土语、文西土语

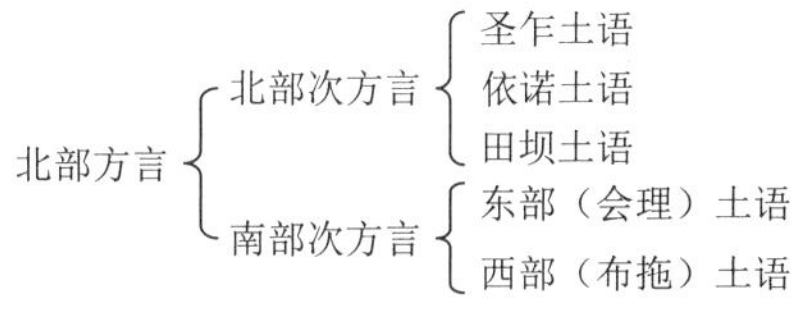

图 5-90　四川彝族方言分类

5.5.5　传说与历史

（1）“哎哺”时代。彝文古书多处记载“人始于哎哺”。《西南彝志》里说：“哎与哺结合，人类自有了。”彝族先民认为：天、地、人的产生，都由于清、浊二气的发展变化而形成其特定的“形象”，彝语叫“哎哺”。哎哺为乾为坤，为天为地，为阳为阴，为男为女，为父为母，其后，哎哺竟成了原始氏族名称。所以在彝文古书中，把彝族原始社会叫作“哎哺”的时代。哎哺的时代是彝族历史上的重要时期，是彝族基本形成与完成古代文明进程的时代，又是号称“九十代”的漫长历史年代。哎哺氏族是彝族和各彝语支系民族的共祖。

彝族人认为最初出现的人类氏族叫哎哺，关于彝族哎哺氏族的介绍在《西南彝志》和《彝族源流》中都有记载。在《西南彝志》中，“哎哺九十根源”和“哎哺九十代”讲述的是哎哺氏族的产生和发展。这里的“哎哺”指的是最初出现的人类氏族。实际《西南彝志》共叙述了哎哺氏族 360 代。在“哎哺九十根源”一篇中，根据哎哺时代的发展演变情况每五到十代又归为一个时期[93]。

（2）毕阿史拉则传说，又称阿史拉则，是最具代表性的彝族毕摩宗师。关于阿史拉则的传说故事，经过民间口耳相传和语言上的艺术加工，在凉山彝族民间广泛流传，具有深厚的群众基础。毕阿史拉则故事流传甚广，在金阳、美姑、昭觉等地彝族聚居区最为流传。

传说阿史拉则与土司阿兹额莫斗智斗勇，最终让不可一世的土司败阵；被宫廷关于狱中，他布插神枝念诵，便使监舍倒塌。他曾与同时代的毕摩大师阿格说主、阿克伙俄一起参加过宫廷的辩经大赛，获金签筒大奖。另一种传说，阿史拉则幼时若愚若钝，娶妻成家之后，常隐于深山用半猫半鸦的怪物（有的说是猴）所吐之黑血观鹤舞而创字书，自此转聪，为一代书祖，类于汉族的仓颉造字之说。或说创字书者为阿史拉则之子格处，舞鹤则是阿史拉则之魂灵所变来指导愚子格处者。阿史拉则曾经对彝文进行过规范整理改革，并根据先世的习俗，收集大量零散于民间的口头文学，在“百家争鸣”环境中加以创造发挥而编撰过大量经典文学作品。

5.5.6　戏剧与民谣

（1）毕摩音乐。毕摩音乐是四川省美姑县传统音乐，具有鲜明的民族特色和地域特色，其内容几乎涵盖了整个彝族政治、经济、哲学、文学、艺术、医学、军事、风俗礼制等文化。从其起源发展、繁荣到鼎盛，不仅促成了彝族意识形态领域的剧变，还推动了彝族社会的发展，并渗透到彝族社会生活的各个方面，影响十分深远，堪称彝族人民世代相承的“百科全书”。

毕摩音乐是彝族文化的基石，为丰富现代音乐提供了借鉴，对于传承优秀民族文化具有极其重要的价值。其是由毕摩们创制的在特定的毕摩仪式场所传唱的宗教音乐（图 5-91），作为一种由毕摩口耳相传的古老艺术，其独特的调式、唱腔、诵腔直接成为传播毕摩文化的独特形式，它不仅与民间音乐交相辉映、并行不悖，共同构筑了彝族音乐艺术的精要，而且作为一种原生宗教的传播手段，对彝族毕摩文化的传播和保存起到了不可替代的作用[91]。

图 5-91　毕摩音乐传唱

毕摩音乐铸造了彝族音乐文化的精神产品，并以其特别的格调与情趣，成为中华民族多元一体文化，特别是“藏彝走廊”中一道独特的文化景观，也为现代民族音乐艺术的发展提供了不可多得的借鉴，成为古代音乐发展史上独特的“活化石”。

（2）口弦音乐。凉山彝族口弦音乐于2008年被批准列入第二批国家级非物质文化遗产名录。在《中国少数民族风俗与传说》中有一段关于彝族口弦的风俗简介：“口弦是用竹片或铜片制成的拨簧类乐器，这是彝族人民最喜欢的一种乐器，在日常生活中，彝族人民经常会弹奏口弦来诉说生活中的喜怒哀乐，过去，彝族妇女都随身携带”[94]。彝族口弦作为彝族人最喜爱的乐器之一，曾在凉山彝族地区广泛流传，且深深地融入了人们生活的各个部分，已成为凉山彝族最具代表性的民间乐器之一。口弦背后有着深厚的文化内涵与历史价值。

口弦的演奏方法有用手指拨动和抻动两种。手指拨动的演奏方法为：左手拇指和食指夹住弦柄，多片弦则使其呈扇形，将簧舌部分置于两唇间，用右手拇指和食指来回拨动口弦尖端，引起簧舌振动，便发出明亮的叮咚之音。抻动演奏方法为：在每个簧片的尖端系一条丝线，演奏时将线头套在右手指上，以指牵线使簧片振动发音。演奏者利用双唇向前突出使筒状增加共鸣、扩大音量，并借以口型交换和控制呼气等方法，演奏出不同的音色（图5-92和图5-93）。

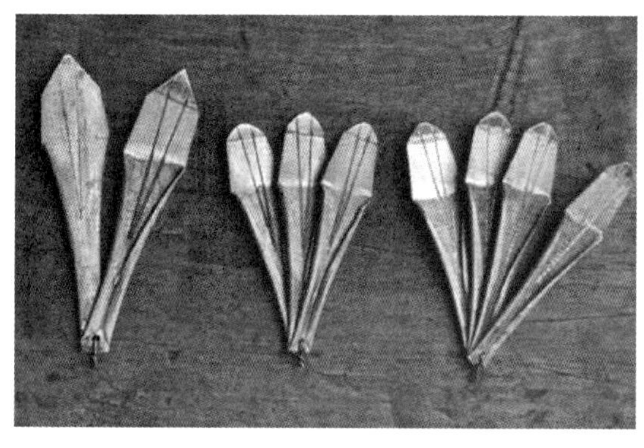

图5-92　口弦

图5-93　口弦音乐

凉山彝族口弦音乐历史悠久，兼具语言性和创造性的双重特点。彝族语言是口弦学习的基础，生态情境是口弦乐曲创作的源泉。凉山彝族口弦音乐具有奇特的民族色彩、独有的传承特点，是人类宝贵的精神财富，应该充分重视其传承与发展。

5.5.7　习俗与风俗

（1）火把节。火把节是彝族文化的象征，是彝族最为重要、最盛大的传统节日。2006年5月20日，该民俗经国务院批准列入第一批国家级非物质文化遗产代表作名录。在中国少数民族的传统节日中，彝族火把节享有“中国民族风情第一节”“东方狂欢夜”的美誉。如今彝族火把节已成为一个集民间习俗、商贸活动、娱乐休闲和文化交流为一体的国际性节日（图5-94和图5-95）。

图 5-94　火把节

图 5-95　火把节选美大赛

火把节是彝族历史的积淀，是彝族人民的集体记忆和族群文化的再现，反映了彝族人民与自然环境互动的过程，传达了彝族人民的朴素人生观以及宗教观。火把节彰显了彝族人民对火的崇拜，在彝族看来，火是驱赶野兽、传递温暖和征服自然的圣物，尤其是在刀耕火种的原始农业阶段，人们的生活更是离不开火。火把节当天，整夜篝火通明，人们载歌载舞，以示对火神的尊崇和对美好生活的热切向往。除此之外，火把节还具有祈求农作丰产、对神灵的敬畏和对自然的崇拜等深厚文化内涵。

（2）婚俗。婚俗是在人类的发展过程而产生的伴随人类社会始终的礼俗制度。人类的历史有多长，婚姻的历史就有多长。而婚俗礼制因民族的区别而千姿百态、丰富多彩。不论是汉文史籍或彝文史料，关于彝族婚礼的记载不多。结合人类学资料与婚姻家庭发展史来看，彝族与其他民族一样，从原始杂乱的群婚制、对偶婚、一夫多妻，历经漫长岁月，逐步过渡到一夫一妻的家庭形式。

在彝族婚俗中至今还保留着群婚、抢婚等古老民俗遗风。数千年的历史积淀，彝族形成了一套有别于其他民族的独特婚俗礼制，如泼水、抹黑脸、哭嫁、新娘婚前禁食、婚后“坐家”等（图 5-96 和图 5-97）。彝族男女婚前要举行订婚仪式，订婚时要先取吉兆合婚。婚期根据双方出生年月的属相选定，一般都在每年的农历十一月以后到次年二月这段秋收后农闲的黄金季节举行，最佳日子是有六颗星与月亮成一平行线的时候，彝族称为“他波”。

图 5-96　泼水迎亲

图 5-97　背亲

5.6　川东丘陵低山区

川东丘陵低山区位于四川盆地东边，囊括的市区较多，有广元市、巴中市、南充市、遂宁市、自贡市、资阳市、泸州市等地，该地区海拔处于 500～1000m，属亚热带季风气候，夏季高温多雨，冬季温和少雨。川东以南（泸州、宜宾、乐山以及自贡等）在岷江中下游，处于四川的东南腹地，该地区密布着南北走向的河流，形成南北走向的“文化走廊”。平坦的地势使得该地自古以来商贸活动频繁，大量传统文化及建筑古迹因此保留下来。川东中部以成都平原为核心，该区域地势平坦，土壤肥沃，气候温润，因邻近省会区位条件更为优越。川东以北巴文化显著，包括达州、广安、南充、巴中以及广元所辖区域。该区域地形地貌以低山丘陵为主，平坝较少，比川东其他区域更为陡峭，形成世界上特征最显著的褶皱山地带——川东平行岭谷。

川东丘陵低山区所属区域广阔，城镇较多，多元化的民俗文化在此聚集，独树一帜的井盐文化、底蕴深厚的蜀道文化、古韵古香的东坡文化在川东彰显着独特魅力。

5.6.1　饮食文化

（1）筵席文化。我国筵席文化历史悠久、积淀丰富、绚烂多彩。古往今来，中国筵席通常采用圆桌围坐，美味佳肴放在一桌人的中心，人们相互敬酒、相互让菜、劝菜，从形式上营造了一种和谐、礼貌、共乐的气氛，符合中国人“大团圆”的和谐观念，便于集体的情感交流。

（2）坝坝宴。坝坝宴是川东农村最具特色的传统民间欢宴形式，是邻里和睦的集中体现。在川东农村，每逢红白喜事、修房造屋都要设宴摆席，少则几桌，多则几十桌，远乡近邻、亲朋好友、男女老少倾巢而来，其盛况不亚于城里的酒楼饭店。宴席一般摆在农村房前屋后的地坝上，故称坝坝宴，又称“九斗碗”，主要有软炸蒸肉、清蒸排骨、粉蒸牛肉、蒸甲鱼、蒸浑鸡、蒸浑鸭、蒸肘子、夹沙肉、咸烧白九大菜品（图 5-98 和图 5-99）。同时，“斗”在四川方言中意指大的容器，用九斗碗来称此场面，也是赞其菜多量足。

图 5-98　坝坝宴

图 5-99　九斗碗

在泸县乃至泸州一带，吃九个碗又称吃酒、吃酒席、赶酒席等。因为无酒不成席，故而以吃酒代称吃九个碗。泸县农村最重要的九个碗筵席有嫁娶结婚的喜宴九个碗、满十过生日的寿宴九个碗、丧事的白喜九个碗以及为小孩庆生、乔迁等其他喜庆吉祥之事的九个碗等，其中为小孩子庆生九个碗又称红蛋酒。婚宴、寿宴一般都是做一次九个碗，但是白喜一般要做三次九个碗，分别是做大夜九个碗、除灵启斋九个碗、除灵散斋九个碗。坝坝宴农村筵席是川东地区广大民众宴饮形式的直接载体和宴饮风俗的高度涵融。

（3）调味文化。饮食活动是人类的基础活动之一，在人类饮食中调味品的摄取是必不可少的。不同个体的饮食实践所积累和创造出的饮食文化不尽相同，对口味偏好的追求体现在对调味品的使用和品尝上，食物烹制过程中调味品的搭配使用产生了“调味文化”。

（a）先市酱油。合江县作为川南黔北的水上交通要道，境内有长江、赤水河两大水系注入。优越的地理气候条件、丰沛的优质水资源，为先市酱油提供充足原料的同时，也为先市酱油提供了理想的酿造环境。先市酱油，又名“先市豆油”，以赤水河流域小麦、大豆、赤水河水（井水）以及四川井盐为原料，利用赤水河流域特有的天然微生物发酵精酿而成，色泽棕红，体态澄清，味道鲜美，余味绵长，具有浓郁清香而醇和爽口、咸甜适度而锅煎不糊、挂碗不沾碗、久存而不生花等特点（图 5-100 和图 5-101）。

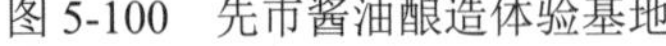
图 5-100　先市酱油酿造体验基地

图 5-101　先市酱油

合江县先市镇的酱油酿制技艺“始于汉，兴于唐，盛于清”。2000 多年前，汉武帝开辟了从赤水河口符关直抵南越国的“夜郎古道”，加强了当地经济文化交流。清乾隆元年，随着川黔官办盐岸的建立，赤水河盐运兴盛，先市镇盐商、船户、纤夫云集，酱油作坊增多，当地船工号子“赤水河，万古流。上酿酒，下酿油。船工苦，船工愁，好在不缺酒和（酱）油”更是广为流传，反映出古代赤水河区域酱油业的兴盛。

（b）潼川豆豉。潼川豆豉是绵阳三台县最具盛名的地方特产，至今已有 300 多年的历史。据《三台县志》记载：清代康熙九年（1670 年），邱氏家族从江西迁徙到潼川府（今三台县）定居。邱家人采用毛霉制曲生产工艺酿造色鲜味美的豆豉，并根据三台的气候和水质状况不断改进技术，使豆豉酿制技艺具有独特的风格，产品愈加鲜美。因为这种豆豉出产于潼川，故称“潼川豆豉”。康熙十七年（1678年），潼川知府以此作为贡品，使得潼川豆豉名噪京都。传至邱家第五代邱正顺时，他在城区东街开办了正顺号酱园，年产豆豉20多万斤。潼川豆豉营养价值高，能促进造血机能，且易于为人体所吸收，是天然的营养保健品（图5-102和图5-103）。

图5-102　潼川豆豉

图5-103　潼川豆豉制品

（4）酒文化。长江上游的支流赤水河，人称“美酒河”。这条河全长500km，流经川、滇、黔三省交界处，流域地区酿出了郎酒、泸州老窖、茅台等数十种蜚声中外的美酒，中国名酒的60%汇集在河两岸，酿酒业历史悠久且久负盛名。酒文化的盛行及其酿造工艺的形成和当地的谷物（盛产高粱）、气候（寒冷或潮湿）、水质及生活习俗等有着密切的关系。

a. 五粮液酒。以杂粮酿造为特色的五粮液（图5-104），其前身可追溯到宋代的“姚子雪曲”。大约在明代，陈氏在宜宾开设温德丰糟坊，亲任酿酒师傅，几经摸索，创立了“陈氏秘方”。民国初年，邓子均继承“陈氏秘方”后，又多次对配方进行调整，使之在配比上更加科学合理。五粮液传统酿造技艺以高粱、大米、糯米、小麦、玉米五种粮食合理配比的“陈氏秘方”为核心，整个生产过程由制曲、酿源、勾兑三大工艺流程一百多道工序组成。1915年，五粮液在美国“巴拿马-太平洋国际博览会”获得金质奖章，从此享誉世界。2006年，五粮液获得商务部颁布的第一批“中华老字号”称号。

图5-104　五粮液酒窖

b. 泸州老窖。泸州酒业始于秦汉、兴于唐宋、盛于明清。泸州老窖酒传统酿造技艺在秦汉以来川南酒业发展的特定时空氛围下开始孕育，在元、明、清三代正式定型并走向成熟。泸州老窖酒是中国浓香型白酒的代表，其相关酿造技艺的产生、传承、发展均在四川省南部的泸州市。泸州老窖酒传统酿造技艺在我国酒类行业中享有“活文物”之称，包括泥窖制作维护、大曲药制作鉴评、原酒酿造摘酒、原酒陈酿、勾兑尝评等多方面的技艺及相关法则。

c. 古蔺郎酒。古蔺郎酒产地是古蔺县二郎镇，该镇地处赤水河中游，且四周崇山峻岭。就在这高山深谷之中有一清泉流出，泉水清澈味甜，人们称它为“郎泉”，取郎泉之水酿酒，故名“郎酒”。古蔺郎酒传统酿造技艺在当地民间酿酒工匠中以口传心授的方式世代相传，其中延续百余年的五月端午手工制曲、九月重阳投粮、高温生产、以洞藏方式促使新酿酒老熟陈化等技艺极具个性特点，在中国川南、黔北酿酒文化发展中具有很高的历史价值。

d. 沱牌曲酒。沱牌曲酒产于四川省射洪市，由唐代春酒、明代谢酒发展而来。清末民初，柳树镇泰安酢坊主人李明方酿造的春酒在继承明代谢酒工艺的同时引进曲酒生产技术，既保持传统特点又有所创新。清朝举人马天衢感而咏成“沱泉酿美酒，牌名誉千秋”之句，将佳酿命名为“沱牌曲酒”[83]。有1300多年历史的沱牌曲酒传统酿造技艺是中国传统蒸馏白酒酿造技艺的典型代表，在我国酿酒历史及传统生物发酵工业等研究方面具有较高的学术价值。“沱牌”2006年被商务部授予“中华老字号”称号，沱牌曲酒传统酿造技艺的重要传承载体泰安酢坊也被国家文物局认定为“中国食品文化遗产”。

5.6.2　技艺与器具

传统手工技艺和民间器物是民间人文传载的最佳载体，想要了解一方土地的人文风情，可通过研究当地的民间器物与技艺。川东地区历史上曾是巴文化、中原文化和楚文化的汇聚之地，大山大水和平坝丘陵赋予了川东丰富的自然资源、多样的地理环境和特殊的生活习惯，并使得川东传统技艺与民间器物呈现出多姿多彩的艺术风貌。

（1）井盐深钻汲制技艺。四川井盐历史悠久，苏轼的《蜀盐说》记载：“自庆历、皇祐以来，蜀始创筒井，用圜刃凿，如碗大，深者数十仗，以巨竹去节，牝牡相衔为井，以隔横入淡水，则咸泉自上”。自贡市及大英县的井盐深钻汲制技艺是传统技艺类国家级非物质文化遗产代表性项目。

历史上大英县井盐业最繁荣的时期曾有卓筒井1711口，年产盐4000多吨，现在县域境内还保留着41口这样的古盐井（图5-105）。大英井盐深钻汲制技艺沿袭了宋代汲制井盐的工艺流程，包括钻井、取卤、晒卤（滤卤）、煎盐等工序。井盐技艺的发明导致绳式顿钻钻井技术的出现，使地底深处的天然卤水得到了开采。自贡被誉为中国盐都，是冲击式顿锉钻凿技术的发源地（图5-106）。自贡井盐深钻汲制技艺包括钻井设计程序、钻前准备、钻井、修治、打捞、气卤鉴别和钻井中气卤资源显示前兆等工序，这一技术经历了东汉至宋初大口浅井的孕育期、宋代卓筒井的转型期、明代至清代小口深井的成熟期等发展阶段，至今已有1900多年历史[94]。

图 5-105　大英县卓筒井

图 5-106　自贡井盐深钻汲制

（2）伞制作技艺（油纸伞制作技艺）。泸州油纸伞发祥于泸州市江阳区分水岭镇，地处四川盆地向云贵高原的过渡带，四季雨水不断，伞成为人们日常外出避雨常用的工具。同时，泸州盛产中国桐油，且竹子种类众多，其为油纸伞手工技艺的发展提供了丰富的原材料。

据《泸县志》记载，泸州市分水油纸伞起源于明末清初，至今已有 400 多年的历史。分水伞厂是泸州油纸伞制作技艺的传承者，它以传统手工方式制造的桐油纸伞至今仍具有古老工艺的独特价值。分水油纸伞选料精细，上油厚重，绘图雅丽，呈现出民间传统的艺术特色（图 5-107 和图 5-108）。

图 5-107　油纸伞制作

图 5-108　泸州油纸伞

分水油纸伞以泸州当地盛产的桐油、楠竹、水竹、岩桐木、皮纸等为原料制作完成，伞身轻便美观，伞面诗画兼备，具有浓郁的乡土气息，是民间举办婚庆、进行原始宗教活动时常用的物品。泸州油纸伞制作技艺流程复杂，需要经过锯托、穿绞、网边、糊纸、扎工、幌油、箍烤等 90 多道工序才能最终完成，制成的产品质量优良，深受用户和民间收藏者的欢迎。

（3）地毯织造技艺（阆中丝毯织造技艺）。丝毯编织技艺是阆中人民代代相传的传统手工技艺，历史悠久且久负盛名。自明朝开始，阆中就出现了丝毯编织作坊，《明实录》记载：“当年山西潞安州织进贡绸缎，要采用阆丝”；清朝中期，丝毯编织成为城镇很多家庭的主要谋生职业。中华人民共和国成立后，阆中蚕桑丝绸发展迅速，先后建立了多家大型丝绸企业，阆中丝毯厂和阆中绸厂生产绸、缎、绫、罗、绉、纱以及乔其、丝绒等织花、印花、刺绣真丝面料及丝毯。2014 年 11 月，银河地毯的“丝毯织造技艺”被纳入第四批国家非物质文化遗产。

阆中地毯具有以巴蜀纯天然蚕丝为手工打结编织技艺的特点，结合现代特种工艺，经设计、织造、平毛、剪花、整理而成，在采用传统手工编织技术的基础上，充分运用片凸和剪花等装饰工艺手法，辅以华美典雅的艳丽图案，给人以巧夺天工、美轮美奂的无穷想象（图 5-109）。阆中地毯凭借其优美的图案设计、精湛的编织技艺和独特的营销理念，深受广大消费者青睐，被誉为“东方软浮雕”。当前，阆中是全国仅存的以蚕丝为原材料、不间断传承丝毯编织技艺的唯一地区（图 5-110），产品畅销全国近 10 个省会城市并出口日本、美国、德国、瑞士、土耳其、意大利、俄罗斯、阿联酋、沙特等 10 多个国家和地区。

图 5-109　阆中地毯

图 5-110　动物乐园（350 道手工真丝壁挂）

5.6.3　服饰装束

服饰既是物质文明的结晶，又具有精神文明的内涵。随着社会的不断发展，人们将生活习俗、审美情趣、色彩爱好，以及种种文化心态、宗教观念沉淀于服饰之中，构筑成服饰文化精神文明内涵。在农耕文明影响下，川东地区的民间服饰具有典型的乡土文化特色，为适应当地的地理条件和生存环境，民间服饰的款式与图案色彩表现出乡村人民适应劳作的特点，并描绘出乡村的生活情境。

（1）扎染纹样。扎染古称扎缬、绞缬、夹缬和染缬，是汉族民间传统而独特的染色工艺。扎染有着悠久历史，起源于黄河流域。早在东晋时期，扎结防染的绞缬绸就已经有大批生产；南北朝时，扎染产品被广泛用于汉族妇女的衣着；唐代是我国古代文化的鼎盛时期，绞缬的纺织品甚为流行且更为普遍，“青碧缬衣裙”成为唐代服饰时尚的基本式样。

自贡扎染花形图案以规则的几何纹样组成，布局严谨饱满，多取材于动、植物形象和历代王宫贵族的服饰图案，充满生活气息（图 5-111）。扎染纹样的形成主要取决于扎花和浸染两个环节，扎花通过以缝为主、缝扎结合的手法，浸染则通过手工反复浸染，形成以花形为中心、多层次晕纹延展的扎染纹样。上千种扎染纹样是千百年来历史文化的缩影，折射出人民的民情风俗与审美情趣，与各种工艺手段共同构成富有魅力的织染文化。

图 5-111　自贡扎染

扎染普遍应用在丝巾及服饰上面，真丝、全棉、化纤、皮革、麻、毛等面料均可用来扎染。在现代生活中，扎染作为一种高档的工艺形式，被时装工艺广泛采用，经过设计人员的巧妙构思，采用质地飘柔的天然真丝面料、配色和纹样进行服装创作。产品主要有匹色布、桌巾、门帘、服装、民族包、帽子、手巾、围巾、枕巾、床单等上百个品种。

（2）蜡染纹样。蜡染是我国民间传统纺织印染工艺，古称蜡缬，与绞缬（扎染）、灰缬（镂空印花）、夹缬（夹染）并称为我国古代四大印花技艺。早在秦汉时代，勤劳智慧的苗族人民就已掌握了蜡染技术。在长期的历史发展中，他们以其千姿百态、绚丽多彩的蜡染制品，培育了这朵古朴娇丽的民族艺术之花。2010 年，珙县苗族蜡染被国务院公布为国家级非物质文化遗产（图 5-112）。

宜宾珙县蜡染在四川苗族蜡染中独树一帜。据清光绪版《珙县志》记载：“罗渡苗民取蜡溶而绘于布，染后煮布系蜡，显纹如绘。”其主要特点是图案精美，解构严谨，线条流畅；图案重于写实，点线结合，疏密相间，既夸张又有人情味；色彩以蓝白为主，红、绿搭配，点缀少量彩绣，清新如淡云，又有蓝空的映衬，装饰趣味很强，具有鲜明的民族风格。珙县地区的苗族同胞常将蜡染成品做衣饰（图 5-113）、百褶裙、围腰、卧单、枕巾、帐檐、门帘、包单、蚊帐等。

图 5-112　珙县苗族蜡染

图 5-113　珙县苗族蜡染——男装

珙县苗族蜡染是苗族人民珍贵的文化遗产，是苗族文化的重要组成部分，在珙县地域文化、民族文化的发展进程中有着十分重要的地位。珙县苗族蜡染的文化形态已较稳定，具有历史性、民族性、地域性、艺术性以及存在的现实性，现已成为珙县苗族的标志性文化，这在人类学、美学、工艺学上都具有重要的价值。

（3）苗族挑花刺绣。苗族挑花刺绣工艺是苗族着五色衣和长途迁徙的历史见证。据清《皇清职贡图》记载：泸州九姓长官司“苗民裹青布帕，著花布衣，苗妇以青布作帽，束以花巾，著大袖花布短衣，缘边花裙”。民国《古宋县志初稿》也记载：古宋苗妇“上服衣领多作花纹，两袖窄，亦绣花，腰束花带，系长裙，多印花，有嵌红绿色者”。

图 5-114　苗族挑花刺绣

苗族的传统服饰都由一针一线挑花刺绣缝制而成，用红、蓝、绿、黄、青色线，对照图案隔一根纱或几根纱，在白布上挑成纹形不同的小菱形方格，然后用彩色丝线填补，由点扩散到线，再扩展到面，拼组成图形，极具对称性（图 5-114）。刺绣图案多以生产生活中的日月星辰、山川河流、花鸟虫鱼、动物、工具、几何图形等为原型，是苗族人民生存环境的奇妙再现。

苗族挑花刺绣是苗族世代传袭下来的女性艺术文化，集中反映了苗族女性爱美的心理及审美哲学，被赋予了文化和历史的双重内涵，成为苗族妇女情感的寄托，也是苗族妇女想象能力和创造才能的展示平台。

（4）麻柳刺绣，俗称“扎花”，是流行于广元市朝天区一带的民间刺绣。麻柳刺绣是在继承羌绣的基础上创造出的汉族民间绣活。时间最早追溯至东汉时期，白龙江、西汉水流域（与四川交界）的羌族人迁移到广元朝天区，随着羌族人口的迁移与流动，羌绣也传入当地，其代表着秦、蜀、陇不同地域文化与汉羌多民族文化的交流与融合。

麻柳刺绣与当地生活习俗关系密切，“谁家女儿巧，要看针线好”的传统让广元的姑娘六七岁就开始学习刺绣，主要是绣制帐帘、枕套、围腰、手巾、花鞋等日常服饰与生活用品，绣品中承载着人们对美好生活的憧憬和寄托（图 5-115～图 5-118）。

图 5-115　麻柳绣品

图 5-116　儿童背带

图 5-117　刺绣枕头

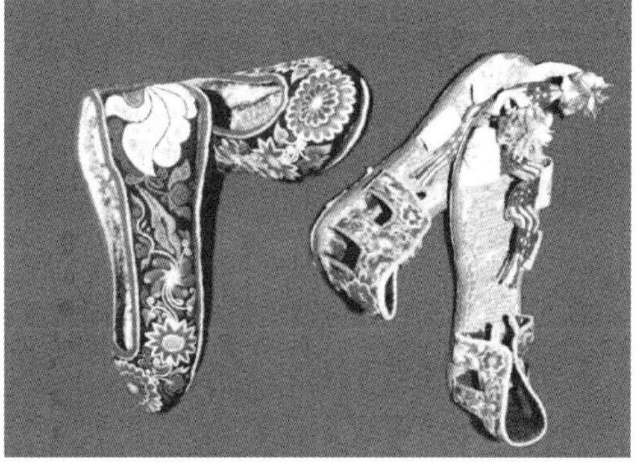

图 5-118　三村金莲鞋

麻柳刺绣有“全挑”“全绣”“半挑半绣”等多种绣法，绣制时通过“数底布的丝线”来确定刺绣图案的大小和位置，无须底稿设计，构图方式主要分为连贯式和分段式两种；刺绣材料以白布或其他纯色布料为主，不同于以往采用黑、白、红三色土布和彩色土线的材料；刺绣内容题材丰富，涉及花鸟兽虫、耕种收割、婚嫁礼仪、情婚恋等许多方面，洋溢出浓郁的乡土气息，带有很强的装饰感和鲜明的地域特色、羌绣风格。

5.6.4　方言土语

方言是一个地区日积月累所形成的语言材料，不仅仅是前人的智慧，更是重要的文化传承。川东大部分地区的方言没有平翘舌之分，基本上把普通话中翘舌音都念为平舌音，但是自贡话例外，自贡话翘卷舌音很重，自贡话也因此成为四川方言中具有代表性的方言。除了自贡话以外，乐山地区的方言也极具特色，至今还保留着古代五音色彩的语言，乐山话一度成为四川最难懂的方言之一。有一段典型的乐山话：我接粘（去逮）“麻郎儿”（蜻蜓），才一哈哈儿（一会儿），就遭老汉儿（父亲）“两辣儿”（两巴掌），把鼻血都铲（掴）出来了。总之，川东以南几大市区（自贡、乐山、眉山）的方言发音都很特别，不能说不好听，但不好懂。

川东以北地区口音很难彼此区分，一般来说，绵阳、遂宁及南充部分地区与成都话接近；达州、广安话与重庆话接近，甚至他们的土语都相似。例如，把“烫”说成“赖”，“水烧开了”说成“水涨了”，“去”说成“克”，“那里”说成“那个凼”，而且不少地方将“f”和“h”颠倒，如黄、房、花等字的发音为房、黄、法等：要克（去）那个凼（那里）；黄（房）子很漂亮；油菜发（花）儿灰房（非黄）；斗（就）是眼睛有点放（晃）。

川东方言中，资阳话也独具特色，其方言发音并不受邻近的内江地区影响，其发音清脆柔和，特别动听。有人说成都的女孩说话很好听，但男孩说话有点娘娘腔；重庆男人说话好听，但女人说话显得有点冲，不太温柔；处于中间的资阳话，不管男人、女人，说话都好听。资阳话的“独特”主要是受川剧“资阳河”的影响，昔日的川剧霸主地位，为资阳方言奠定了基础。资阳乡下也有一些土话很特别。靠近仁寿的地区也将吃饭说成“干饭”“欺饭”；北部地区也有像川北一样花、黄、房颠倒发音的。但有的土话可能是特有的，如说这里为“归儿勒”、说那里为“尔勒”，散步或逛街的“逛”称“杠”。“我们去尔勒杠一转，再回归儿勒来”也许是资阳乡下典型的土话。

5.6.5　传说与历史

（1）神秘的“僰人”。在川东宜宾的珙县、兴文一带，有关“僰人”的民间故事流传很广。僰人历史悠久，自春秋时期居于川东以南，至明万历元年（1573 年）为明朝所灭，存在约 2300 年。学术界公认僰人在秦代第一次登上历史舞台，公元前 316 年，秦灭蜀，僰地随之入秦，秦即有僰人居住于珙县，珙县亦被称为“古僰国”“僰州”“僰都”或“僰乡”。秦代《吕氏春秋·恃君览》中谈及“氐、羌、呼唐、离水之西，僰人、野人，篇筰之川，舟人、送龙、突人之乡，多无君。”《珙县志》（旧志）记载：“珙本古西南夷服地，秦灭开明氏，僰人居此，号曰僰国”。

有关僰人文化，据史料记载，古代四川之僰人，体格短小，无文字遗留。僰人僻处西南地区，有寨居、水居、洞居等居住方式；有住干栏、崇石、椎髻、剪发、凿齿、穿耳等生活习俗；僰人擅渔猎，种植发达，僰道荔枝、蒟酱、筇竹、葡萄、泸茶、火腿、窨酒较为出名（图 5-119 和图 5-120）。僰人以彪悍、善骑、勇武、善战著称，因僰人好战、剽悍骁勇，为历代统治者所不容，其历史上经历了大大小小不计其数的战争。在明万历元年（1573 年），四川巡抚曾省吾、总兵刘显率 14 万大军将其围剿殆尽。从此，具有 2000 多年历史的僰人，在川南一带的土地上神秘消逝。

图 5-119　僰人祭奠舞还原

图 5-120　僰人悬棺

（2）剑门蜀道。剑门蜀道是广元市境内的一段蜀道，剑门蜀道沿线有如珍珠般散落的历史文化遗迹遗址，历史文化内涵深厚，风光优美，是文化价值很高的旅游目的地。剑门蜀道已有 3070 多年的历史。它大规模开凿于战国中期，周慎靓王五年（公元前 316 年），秦惠文王派遣司马错、张仪至蜀时使用。秦末，刘邦在关中与项羽争霸取得胜利后，从此道入蜀，并进而完成统一大业。东汉末年，刘备进兵欲取西川也是走的剑门蜀道。蜀汉时，诸葛亮“六出祁山”北伐也走剑门蜀道，并发明了“木牛”“流马”穿行于这条古道上。三国末年，魏军伐蜀时兵分两路，主力走的是剑门蜀道，另一支走的是阴平古道。此后，剑门蜀道成为历代兵家必争之地。

唐朝时，唐玄宗和唐僖宗在国难之时沿剑门蜀道入蜀，都曾在剑门蜀道上留下了大量遗迹。北宋乾德三年（公元 965 年），剑门之战后蜀军被宋军击败。1935 年，红四方面军强渡嘉陵江、攻克剑门关，开始万里长征。解放战争时，中国人民解放军入川时期，其中一路走的就是剑门蜀道。20 世纪 30 年代的川陕公路和 50 年代的宝成铁路都是沿剑门蜀道而修建的。1982 年，剑门蜀道被国务院公布为第一批国家重点风景名胜区（图 5-121）。

图 5-121　剑门蜀道

5.6.6 戏剧与民谣

（1）射箭提阳戏。射箭提阳戏是富有宗教性和地方特色的一种综合艺术，它扎根于民间，几百年来，经过风雨变幻，历经坎坷，形成了独特的戏剧形式。射箭提阳戏主要分布在广元市昭化区射箭镇及其周边的川北地区。射箭提阳戏作为当地人民对美好未来的精神寄托，代代相传，虽几经波折，但至今仍较为完整地保存了下来，有演出队伍、演出脚本、服装道具，更重要的是现在仍然有观众，有着顽强的生命力（图 5-122）。

图 5-122　射箭提阳戏

射箭提阳戏具有多种价值：一是艺术价值，射箭提阳戏班是目前中国保存完整的特色傩戏品种，是道教文化、秦巴文化在民间繁衍的一种戏剧文化现象。二是历史价值，作为中国傩戏的活化石，射箭提阳戏为研究中国傩戏、戏剧、舞蹈、音乐及民族学、宗教学、民俗学、社会学等提供了珍贵的活态田野实证资料。三是社会价值，保护并科学利用射箭提阳戏，对丰富群众精神文化生活、促进文化发展繁荣、开展对外文化交流具有十分重要的意义。

（2）川东土家族薅草锣鼓。川东土家族薅草锣鼓产生并盛行于四川省唯一的土家族聚居地——宣汉县百里峡一带，是土家族人民在田地间薅草劳作时边打锣鼓边演唱的一种民歌形式（图 5-123）。它是巴人古老音乐的一种传承，已被列入国家级非物质文化遗产名录。薅草锣鼓丰富的内容及民族民歌艺术形式，使得它具有重要的历史文化价值，同时对它的保护和开发也显得尤为迫切。

图 5-123　川东土家族薅草锣鼓

川东土家族薅草锣鼓具有重要的历史价值。挖掘川东土家族薅草锣鼓技艺，对于研究川东地区的族源变迁、整个川东北地区重大历史事件都具有极其重要的意义。川东土家族薅草锣鼓具有独特的艺术价值，其歌词常用赋、比、兴等艺术手法，浓郁的生活气息加上川东方言，妙不可言，具有其他方言无法取代的艺术效果。其语言生动传神，唱腔高亢流畅，具有穿透力，风格豪放粗犷，具有独特的地方特色。经文艺工作者的提炼加工，薅草锣鼓在舞台上广受好评，极大地丰富了社会主义文艺百花园，是不可多得的民族艺术源泉。此外，它还有重要的科学价值和实用价值。川东土家族薅草锣鼓的唱词包含了大量的生产生活知识。百里峡地区山大谷深，人们边薅草边打锣鼓唱歌，娱乐的同时具有驱赶野兽的作用[95, 96]。

5.6.7　习俗与风俗

（1）自贡灯会。自贡灯会系四川省自贡市的地方传统民俗，国家级非物质文化遗产之一。自贡元宵灯彩主要包括工艺灯、座灯、组灯等几种，多为民间传统、古典名著、神话故事等题材内容，具有大型、群体、联动的特点（图 5-124）。

据史籍记载，唐宋时期自贡地区已逐步形成新年燃灯、元宵节前后张灯结彩的习俗。自贡地区灯会成型是在明清时期，后逐渐衍化为具有相对固定内涵、在特定时段进行、有一定传承历史的大型民俗文化活动。清代依然保留着灯会习俗，即有“狮灯场市”“灯竿节”等活动，据《荣县志》记载：“正月人日后，各祠皆燃火树，各门首皆点红灯，谓之天灯，富人寿年丰之意。兼仿古人礼鸣金执铤，以驱瘟疫，谓之狮灯场市……一城数

(a)

(b)

图 5-124　自贡灯会

亭、一亭各式、其高数重，构栋雕楼，临春组合，彩笺书画，嵌灯如星，一亭燃四五百灯，辉丽万有。西人来观，亦欣然京沪所不见也。”史料证明，清道光以后的灯会已崭露头角，其场景甚为壮观。到 20 世纪初，又渐渐形成了节日的提灯会，还有闹花灯、放天灯与舞龙灯等活动，逐渐发展成集西南地区民风、民俗之大成的灯会。

1963 年 12 月 12 日，中共自贡市委决定，在 1964 年的元旦举办灯火晚会，这是中华人民共和国成立以来自贡第一次官方组织灯会活动（后将灯会活动延至 1964 年春节举行）——“首届迎春灯会”，也是“自贡灯会”的起始点。1987 年之前，自贡灯会的举办主要是作为一种文化娱乐活动，以满足群众精神文化需求。而 1987 年，自贡开始举办第一届自贡国际恐龙灯会经贸交易会，这次把经贸活动引入灯会的举办机制中，以促进自贡对外经贸的交流联系。2020 年，自贡国际恐龙灯会的举办地从自贡彩灯公园迁到东部新城中华彩灯大世界。

（2）三汇彩亭会。三汇彩亭会是流传于达州市渠县三汇镇的一种传统民间文化活动，是国家级非物质文化遗产之一。三汇彩亭会以亭子造型和表演为主要特点，每年农历三月十六日至十八日在街道或广场进行表演。三汇彩亭在全国属独一无二的民间艺术，展现出中华民族文化创造力的杰出价值，它融铁工、木工、刺绣、缝纫、建筑于一体，汇文学、绘画、雕刻、力学于一体，结构精致奇巧，色彩瑰丽，工艺精湛，被誉为川东地区民间文化艺术瑰宝（图 5-125 和图 5-126）。

图 5-125　三汇彩亭——儿童表演

图 5-126　三汇彩亭——戏剧表演

三汇彩亭会始于清代初年，清代中后期至民国年间逐步趋于兴盛。抬彩亭是彩亭会的中心内容。中华人民共和国成立后，三汇彩亭会成为当地民间文化活动的主要形式，在群众文化生活中发挥着重要作用。首先，从彩亭艺术的发展脉络来看，三汇彩亭会始终贯穿着中华民族独特的文化创造力，其从一开始就展现了舞乐、杂技的高超水平，后将传统戏文情节或生活片段引入其中，把儿童绑扎在高亭上进行展现，观众在感受“高、惊、险、奇、巧”的同时，又欣赏到戏剧情节，增加了彩亭的观赏性。其次，三汇彩亭会的诞生既是三汇政治经济发展的需求，又是三汇彩亭艺术完善成熟的结果。扎亭子的关键技术是秘不可宣的，由一代代艺人对传承人进行“口传心授”，保证了彩亭艺术的传承与发展。

参考文献

[1] 范建红，魏成，李松志. 乡村景观的概念内涵与发展研究[J]. 热带地理，2009，29（3）：285-289.

[2] 刘春腊，徐美，刘沛林. 新农村建设中湖南乡村文化景观资源的开发利用[J]. 经济地理，2009，29（2）：320-326.

[3] 杨玲，王中德. 差异化生存与发展——中国农村文化景观的历史成因与未来发展[J]. 中国园林，2009，25（1）：88-90.

[4] 孙艺惠，陈田，王云才. 传统乡村地域文化景观研究进展[J]. 地理科学进展，2008，27（6）：90-96.

[5] 杨宇亮，党安荣，张丹明，等. “看得见的手”与“看不见的手”——多学科视野下村落文化景观形成机制的实证探讨[J]. 规划师，2012，28（s2）：253-257.

[6] 吴亚丹. “传统”与上海想象的建构——新时期以来上海作家的弄堂书写[D]. 长春：东北师范大学，2017.

[7] 黄昕珮. 论乡土景观——《Discovering Vernacular Landscape》与乡土景观概念[J]. 中国园林，2008，24（7）：87-91.

[8] 孙新旺，王浩，李娴. 乡土与园林——乡土景观元素在园林中的运用[J]. 中国园林，2008，24（8）：37-40.

[9] 李畅. 从乡居到乡愁——文化人类学视野下中国乡土景观的认知概述[J]. 中国园林，2016，32（9）：29-32.

[10] 俞孔坚，王志芳，黄国平. 论乡土景观及其对现代景观设计的意义[J]. 华中建筑，2005，23（4）：123-126.

[11] 岳邦瑞，郎小龙，张婷婷，等. 我国乡土景观研究的发展历程、学科领域及其评述[J]. 中国生态农业学报，2012，20（12）：1563-1570.

[12] 任维，张雪葳，钱云，等. 浙西南少数民族地区乡土景观研究——以景宁县环敕木山地区传统畲族聚落景观为例[J]. 浙江农业学报，2016，28（5）：802-809.

[13] 肖笃宁，钟林生. 景观分类与评价的生态原则[J]. 应用生态学报，1998，9（2）：217-221.

[14] 向岚麟，吕斌. 新文化地理学视角下的文化景观研究进展[J]. 人文地理，2010，25（6）：7-13.

[15] 吴绍洪，尹云鹤，樊杰，等. 地域系统研究的开拓与发展[J]. 地理研究，2010，29（9）：1538-1545.

[16] 张晶，吴绍洪，唐炳舜. 地域系统研究进展与展望[J]. 中国人口・资源与环境，2007，17（4）：49-54.

[17] 方创琳，刘海猛，罗奎，等. 中国人文地理综合区划[J]. 地理学报，2017，72（2）：179-196.

[18] 刘沛林，刘春腊，邓运员，等. 中国传统聚落景观区划及景观基因识别要素研究[J]. 地理学报，2010，65（12）：1496-1506.

[19] 王文卿，周立军. 中国传统民居构筑形态的自然区划[J]. 建筑学报，1992，39（4）：12-16.

[20] Norberg-Schulz C. Genius Loci：Toward A Phenomenology of Architecture[M]. New York：Rizzoli，1980.

[21] 谢涤湘，常江，朱雪梅，等. 历史文化街区游客的地方感特征——以广州荔枝湾涌为例[J].热带地理，2014，34（4）：482-488.

[22] 张云. “场所”思想的演变及其在风景园林实践的响应[J]. 中国园林，2013，29（8）：79-82.
[23] Hultman J，Hall C M. Tourism place-making：Governance of locality in Sweden[J]. Annals of Tourism Research，2012，39（2）：547-570.
[24] Smith N. Sense of Place Impacts for Rural Residents in the Sacramento-San Joaquin River Delta[M]. Durham：Duke University，2013.
[25] 孙佼佼，谢彦君. 从权力在场到审美在场：旅游体验视角下场所精神的变迁——以陕西省兴平市汉武帝茂陵为例[J]. 人文地理，2017，32（2）：129-136.
[26] 李畅，杜春兰. 乡土聚落景观的场所性诠释——以巴渝古镇为例[J]. 建筑学报，2015，62（4）：76-80.
[27] 杨建华. 中国乡土社会与现代社会发展[J]. 浙江学刊，2015，53（2）：201-214.
[28] 王坤，黄震方，方叶林，等. 文化旅游区游客涉入对地方依恋的影响测评[J]. 人文地理，2013，28（3）：135-141.
[29] 李金霞. 湘西永顺山区土家族村落乡土景观的探究[D]. 西安：西安建筑科技大学，2015.
[30] 彭兆荣. 生生不息：乡土景观模型的建构性探索[J]. 思想战线，2018，44（1）：138-147.
[31] 彭兆荣，田沐禾. 重建我国乡土景观：“名录”的启示[J]. 西北民族研究，2018，33（2）：72-79，91.
[32] 郑度，傅小锋. 关于综合地理区划若干问题的探讨[J]. 地理科学，1999（3）：2-6.
[33] 赵松乔. 中国综合自然地理区划的一个新方案[J]. 地理学报，1983（1）：1-10.
[34] 陶红军，陈体珠. 农业区划理论和实践研究文献综述[J]. 中国农业资源与区划，2014，35（2）：59-66.
[35] 陆大道. 关于地理学的“人-地系统”理论研究[J]. 地理研究，2002（2）：135-145.
[36] 樊杰. “人地关系地域系统”是综合研究地理格局形成与演变规律的理论基石[J]. 地理学报，2018，73（4）：597-607.
[37] 刘彦随，张紫雯，王介勇. 中国农业地域分异与现代农业区划方案[J]. 地理学报，2018，73（2）：203-218.
[38] 周扬，郭远智，刘彦随. 中国乡村地域类型及分区发展途径[J]. 地理研究，2019，38（3）：467-481.
[39] 刘彦随. 中国乡村振兴规划的基础理论与方法论[J]. 地理学报，2020，75（6）：1120-1133.
[40] 马历，龙花楼. 中国乡村地域系统可持续发展模拟仿真研究[J]. 经济地理，2020，40（11）：1-9.
[41] 刘彦随，陈聪，李玉恒. 中国新型城镇化村镇建设格局研究[J]. 地域研究与开发，2014，33（6）：1-6.
[42] 吴传钧. 人地关系地域系统的理论研究及调控[J]. 云南师范大学学报（哲学社会科学版），2008（2）：1-3.
[43] 刘彦随. 现代人地关系与人地系统科学[J]. 地理科学，2020，40（8）：1221-1234.
[44] 申秀英，刘沛林，邓运员，等. 中国南方传统聚落景观区划及其利用价值[J]. 地理研究，2006（3）：485-494.
[45] 李琳娜，璩路路，刘彦随. 乡村地城多体系统识别方法及应用研究[J]. 地理研究，2019，38（3）：563-577.
[46] 刘彦随. 中国新时代城乡融合与乡村振兴[J]. 地理学报，2018，73（4）：637-650.
[47] 刘彦随，周扬，李玉恒. 中国乡村地域系统与乡村振兴战略[J]. 地理学报，2019，74（12）：2511-2528.

[48] 杨茜. 四川省传统村落空间分布特征及其影响因素研究[D]. 成都：成都理工大学，2020.

[49] 尹乐，蔡军. 川西林盘景观的可持续发展途径——以郫县花园镇为例[J]. 安徽农业科学，2011，39（5）：2979-2981.

[50] 方志戎. 川西林盘文化要义[D]. 重庆：重庆大学，2012.

[51] 王寒冰. 川西平原林盘聚落空间形态研究[D]. 成都：西南交通大学，2019.

[52] 李先逵. 四川民居[M]. 北京：中国建筑工业出版社，2009

[53] 刘虹敏. 川西北传统羌族聚落景观研究[D]. 成都：西南交通大学，2016.

[54] 邢锐. 川西传统羌寨聚落景观元素感知评价研究[D]. 雅安：四川农业大学，2018.

[55] 孙松林. 岷江上游地区藏羌聚落景观特征的比较研究[D]. 北京：北京林业大学，2018.

[56] 李先逵. 四川藏族民居地域特色探源[J]. 建筑，2016（16）：56-60.

[57] 熊梅. 川渝传统民居地理研究[D]. 西安：陕西师范大学，2015.

[58] 张燕，李军环. 色尔古藏寨民居聚落的保护与发展探析[J]. 建筑与文化，2015（7）：106-109.

[59] 高瑞. 川西嘉绒藏族传统聚落景观研究[D]. 西安：西安建筑科技大学，2015.

[60] 郝思雨. 安宁河谷乡村聚落空间分布特征及影响因素[D]. 雅安：四川农业大学，2014.

[61] 阳梦花. 泸沽湖摩梭传统民居特色的传承与发展[D]. 昆明：昆明理工大学，2013.

[62] 李嘉林，刘柯岐，陈小川，等. 泸沽湖摩梭人特色新建筑探讨[J]. 工业建筑，2008（2）：116-118.

[63] 张瑗. 川藏茶马古道“大路”（汉地）沿线传统聚落空间解析[D]. 成都：西南交通大学，2016.

[64] 温泉. 西南彝族传统聚落与建筑研究[D]. 重庆：重庆大学，2015.

[65] 戴旭斌，彭予洋，周波，等. 彝族瓦板房聚落景观意象解析及保护发展探讨——以中国传统村落四川美姑县古拖村为例[J]. 四川文物，2015（2）：91-96.

[66] 卢思宇. 建筑人类学视角下迤沙拉村聚落与建筑形态研究[D]. 昆明：昆明理工大学，2020.

[67] 邓蜀阳，高其腾. 川东地区传统农村民居的聚落空间探讨[J]. 室内设计，2011（2）：14-16，20.

[68] 段渝，罗开玉，李敬洵，等. 四川通史[M]. 成都：四川人民出版社，2019.

[69] 吴樱. 巴蜀传统建筑地域特色研究[D]. 重庆：重庆大学，2007.

[70] 黄雪. 四川巴中恩阳古镇空间形态研究[D]. 成都：西南交通大学，2014.

[71] 刘吉宇，杨毅. 传统村落建筑形态分析与保护更新设计研究——以通江县梨园坝村民居为例[J]. 城市建筑，2021，18（4）：88-92.

[72] 吕勇. 川北山区农村村社“三规合一”的规划方法研究[D]. 绵阳：西南科技大学，2019.

[73] 赵逵，张钰，詹洁. 四川合江县福宝古镇——国家历史文化名城研究中心历史街区调研[J]. 城市规划，2012，36（1）：97-98.

[74] 甘振坤. 川南地区民居营造特点分析——以福宝古镇为例[J]. 古建园林技术，2015（4）：31-33.

[75] 王元珍，曾昭君. 川南苗族传统聚落景观特征研究——以泸州市叙永县分水镇木格倒苗族村为例[J]. 中外建筑，2018（9）：205-208.

[76] 付叶银，傅红，红彤凯. 浅析夕佳山黄氏庄园的空间序列与庭院形态[J]. 华中建筑，2016，34（7）：126-130.

[77] 李平毅. 四川自贡仙市古镇聚落景观研究[D]. 成都：西南交通大学，2011.

[78] 舒波. 成都平原的农业景观研究[M]. 成都：西南交通大学出版社，2012.

[79] 陈国阶. 川西地区农业资源的评价与开发[J]. 国土与自然资源研究，1990（3）：26-30，38.

[80] 郭红，邹弈星，王永志. 川西北民族地区农业结构系统分析及优化[J]. 安徽农业科学，2010，38（28）：15901-15903，15917.

[81] 方志戎. 川西林盘聚落文化研究[M]. 南京：东南大学出版社，2013.

[82] 姬晓安. 茶经 • 茶道[M]. 武汉：武汉出版社，2013.

[83] 中国非物质文化遗产保护中心. 第二批国家级非物质文化遗产名录简介[M]. 北京：文化艺术出版社，2010.

[84] 何毅华. 一种现代意义的乐烧形式——雅安荥经砂器的烧制技艺[J]. 陶瓷科学与艺术，2017，51（2）：44-47.

[85] 周子华. 川西高原地区羌族传统村落保护与发展研究[D]. 绵阳：绵阳师范学院，2018.

[86] 亚马降泽. 浅谈康巴地区的服饰文化与其特点[J]. 西部皮革，2018，40（17）：67.

[87] 申鸿. 川西嘉绒藏族服饰审美与历史文化研究[D]. 成都：四川大学，2005.

[88] 耿静. 羌语与羌族文化生态保护实验区建设[J]. 贵州民族研究，2012，33（1）：105-110.

[89] 周毓华. 羌族的族群记忆——以羌族神话和传说为例[J]. 文化遗产，2013（6）：82-88.

[90] 梁琪. 浅析藏族锅庄舞的文化特征[J]. 戏剧之家，2019（31）：81-82.

[91] 四川省非物质文化遗产保护中心. 四川非物质文化遗产民间文学艺术集录（第 2 部 上）[M]. 成都：巴蜀书社，2011.

[92] 普忠良. 纳苏彝语语法研究[D]. 上海：上海师范大学，2016.

[93] 杨雯，张璐. 贵州彝文文献《土鲁窦吉》中“哎哺”浅析[J]. 青年文学家，2017（17）：168.

[94] 高阳. 四川凉山州彝族口弦音乐文化研究[D]. 成都：西南民族大学，2017.

[95] 冯骥才. 中国非物质文化遗产百科全书（代表性项目卷 下）[M]. 北京：中国文联出版社，2015.

[96] 桂德承，苏谦. 川东土家族薅草锣鼓保护与开发初探[J]. 四川文化产业职业学院学报，2008（3）：19-22.

附　录

附录 1

四川省乡村地域系统分区范围

分区	市州	县（市、区）
成都平原综合带动区（8）	成都市（7）	龙泉驿区
		青白江区
		郫都区
		温江区
		双流区
		新都区
		新津区
	德阳市（1）	广汉市
川西高原资源主导区（31）	阿坝藏族羌族自治州（10）	阿坝县
		黑水县
		金川县
		红原县
		九寨沟县
		壤塘县
		马尔康市
		若尔盖县
		松潘县
		小金县
	甘孜藏族自治州（16）	巴塘县
		白玉县
		丹巴县
		道孚县
		稻城县
		得荣县
		德格县
		甘孜县
		九龙县
		理塘县
		炉霍县

续表

分区	市州	县（市、区）
川西高原资源主导区（31）	甘孜藏族自治州（16）	色达县
		石渠县
		乡城县
		新龙县
		雅江县
	广元市（2）	朝天区
		青川县
	绵阳市（1）	平武县
	凉山彝族自治州（2）	木里藏族自治县
		盐源县
川东丘陵经济约束区（92）	巴中市（5）	巴州区
		恩阳区
		南江县
		平昌县
		通江县
	成都市（4）	简阳市
		金堂县
		蒲江县
		邛崃市
	达州市（7）	达川区
		大竹县
		开江县
		渠县
		通川区
		万源市
		宣汉县
	德阳市（3）	旌阳区
		中江县
		罗江区
	广安市（6）	广安区
		华蓥市
		邻水县
		前锋区
		武胜县
		岳池县

续表

分区	市州	县（市、区）
川东丘陵经济约束区（92）	广元市（5）	苍溪县
		剑阁县
		利州区
		旺苍县
		昭化区
	乐山市（6）	市中区
		夹江县
		犍为县
		井研县
		沐川县
		五通桥区
	泸州市（7）	古蔺县
		合江县
		江阳区
		龙马潭区
		泸县
		纳溪区
		叙永县
	眉山市（5）	丹棱县
		东坡区
		青神县
		彭山区
		仁寿县
	绵阳市（6）	安州区
		涪城区
		三台县
		盐亭县
		游仙区
		梓潼县
	南充市（9）	高坪区
		嘉陵区
		阆中市
		南部县
		蓬安县
		顺庆区
		西充县
		仪陇县
		营山县

续表

分区	市州	县（市、区）
川东丘陵经济约束区（92）	内江市（5）	市中区
		东兴区
		隆昌市
		威远县
		资中县
	遂宁市（5）	安居区
		船山区
		大英县
		蓬溪县
		射洪市
	雅安市（1）	名山区
	宜宾市（9）	翠屏区
		高县
		珙县
		江安县
		筠连县
		南溪区
		兴文县
		长宁县
		叙州区
	资阳市（3）	安岳县
		乐至县
		雁江区
	自贡市（6）	大安区
		富顺县
		贡井区
		荣县
		沿滩区
		自流井区
川中山地综合约束区（30）	阿坝藏族羌族自治州（3）	理县
		茂县
		汶川县
	成都市（4）	崇州市
		大邑县
		都江堰市
		彭州市
	德阳市（2）	什邡市
		绵竹市

续表

分区	市州	县（市、区）
川中山地综合约束区（30）	甘孜藏族自治州（2）	康定市
		泸定县
	乐山市（3）	峨眉山市
		金口河区
		沙湾区
	凉山彝族自治州（3）	德昌县
		冕宁县
		西昌市
	眉山市（1）	洪雅县
	绵阳市（2）	北川羌族自治县
		江油市
	攀枝花市（4）	米易县
		东区
		西区
		盐边县
	雅安市（6）	宝兴县
		芦山县
		石棉县
		天全县
		荥经县
		雨城区
川南山地经济约束区（17）	乐山市（2）	峨边彝族自治县
		马边彝族自治县
	凉山彝族自治州（12）	布拖县
		甘洛县
		会东县
		会理市
		金阳县
		雷波县
		美姑县
		宁南县
		普格县
		喜德县
		越西县
		昭觉县
	攀枝花市（1）	仁和区
	雅安市（1）	汉源县
	宜宾市（1）	屏山县

附录 2

四川省乡土景观分区范围

分区	市州	县（市、区）
川中平原核心区（8）	成都市（7）	龙泉驿区
		青白江区
		郫都区
		温江区
		双流区
		新都区
		新津区
	德阳市（1）	广汉市
川中盆周山地区（22）	阿坝藏族羌族自治州（3）	理县
		茂县
		汶川县
	成都市（5）	崇州市
		大邑县
		都江堰市
		彭州市
		邛崃市
	德阳市（2）	什邡市
		绵竹市
	广元市（1）	青川县
	乐山市（3）	峨眉山市
		金口河区
		沙湾区
	眉山市（1）	洪雅县
	绵阳市（2）	北川羌族自治县
		江油市
	雅安市（5）	宝兴县
		芦山县
		天全县
		荥经县
		雨城区
川西北高原区（30）	阿坝藏族羌族自治州（10）	阿坝县
		黑水县
		金川县
		红原县
		九寨沟县

续表

分区	市州	县（市、区）
川西北高原区（30）	阿坝藏族羌族自治州（10）	壤塘县
		马尔康市
		若尔盖县
		松潘县
		小金县
	甘孜藏族自治州（18）	巴塘县
		白玉县
		丹巴县
		道孚县
		稻城县
		得荣县
		德格县
		甘孜县
		九龙县
		理塘县
		炉霍县
		色达县
		石渠县
		乡城县
		新龙县
		雅江县
		康定市
		泸定县
	凉山彝族自治州（1）	木里藏族自治县
	绵阳市（1）	平武县
川西南裂谷区（10）	凉山彝族自治州（4）	冕宁县
		西昌市
		盐源县
		德昌县
	攀枝花市（4）	盐边县
		米易县
		东区
		西区
	雅安市（2）	汉源县
		石棉县
川西南中高山地区（16）	乐山市（2）	峨边彝族自治县
		马边彝族自治县

续表

分区	市州	县（市、区）
川西南中高山地区（16）	凉山彝族自治州（12）	布拖县
		甘洛县
		会东县
		会理市
		金阳县
		雷波县
		美姑县
		宁南县
		普格县
		喜德县
		越西县
		昭觉县
	攀枝花市（1）	仁和区
	宜宾市（1）	屏山县
川东丘陵低山区（92）	巴中市（5）	巴州区
		恩阳区
		南江县
		平昌县
		通江县
	成都市（3）	简阳市
		金堂县
		蒲江县
	达州市（7）	达川区
		大竹县
		开江县
		渠县
		通川区
		万源市
		宣汉县
	德阳市（3）	旌阳区
		中江县
		罗江区
	广安市（6）	广安区
		华蓥市
		邻水县
		前锋区
		武胜县
		岳池县

续表

分区	市州	县（市、区）
川东丘陵低山区（92）	广元市（6）	苍溪县
		朝天区
		剑阁县
		利州区
		旺苍县
		昭化区
	乐山市（6）	市中区
		夹江县
		犍为县
		井研县
		沐川县
		五通桥区
	泸州市（7）	古蔺县
		合江县
		江阳区
		龙马潭区
		泸县
		纳溪区
		叙永县
	眉山市（5）	丹棱县
		东坡区
		青神县
		彭山区
		仁寿县
	绵阳市（6）	安州区
		涪城区
		三台县
		盐亭县
		游仙区
		梓潼县
	南充市（9）	高坪区
		嘉陵区
		阆中市
		南部县
		蓬安县
		顺庆区

续表

分区	市州	县（市、区）
川东丘陵低山区（92）	南充市（9）	西充县
		仪陇县
		营山县
	内江市（5）	市中区
		东兴区
		隆昌市
		威远县
		资中县
	遂宁市（5）	安居区
		船山区
		大英县
		蓬溪县
		射洪市
	雅安市（1）	名山区
	宜宾市（9）	翠屏区
		高县
		珙县
		江安县
		筠连县
		南溪区
		兴文县
		长宁县
		叙州区
	资阳市（3）	安岳县
		乐至县
		雁江区
	自贡市（6）	大安区
		富顺县
		贡井区
		荣县
		沿滩区
		自流井区

附录 3

四川省六批传统村落名录[①]

分区	市州	县（市、区）	传统村落
川中平原核心区	成都市	龙泉驿区	洛带镇老街社区
		青白江区	姚渡镇光明村
	德阳市	广汉市	连山镇川江村
川中盆周山地区	阿坝藏族羌族自治州	理县	桃坪乡桃坪村、薛城镇较场村、甘堡乡甘堡村、蒲溪乡休溪村、下孟乡沙吉村、桃坪乡增头村
		茂县	黑虎镇小河坝村鹰嘴河组、赤不苏镇（原雅都乡）四瓦村四组、叠溪镇（原太平乡）牛尾村
		汶川县	雁门镇萝卜寨村、水磨镇老人村、灞州镇（原龙溪乡）阿尔村、灞州镇（原龙溪乡）联合村、灞州镇垮坡村、威州镇布瓦村
	成都市	大邑县	安仁镇街道社区
		都江堰市	石羊镇马祖社区
		邛崃市	平乐镇花楸村、平落镇禹王社区、高何镇高兴村
	德阳市	什邡市	师古镇红豆村
	广元市	青川县	观音店乡两河村、茶坝乡双河村、大院回族乡竹坝村、观音店乡河坝村、姚渡镇柳田村、房石镇百兴村
	乐山市	峨眉山市	罗目镇青龙社区
	眉山市	洪雅县	高庙镇花源村、瓦屋山镇复兴村、槽渔滩镇兴盛社区、柳江镇红星村、瓦屋山镇自新村
	绵阳市	北川羌族自治县	青片乡上五村、马槽乡黑水村
		江油市	二郎庙镇青林口村
	雅安市	宝兴县	硗碛藏族乡夹拉村委和平藏寨
		天全县	小河镇红星村
		荥经县	花滩镇齐心村、新添乡新添村
		雨城区	上里镇五家村、望鱼镇望鱼村、严桥镇大里村、碧峰峡镇后盐村、草坝镇范山村、上里镇四家村
		芦山县	飞仙关镇飞仙村、龙门镇古城村
川西北高原区	阿坝藏族羌族自治州	黑水县	色尔古镇色尔古村、木苏镇大别窝村、维古乡西苏瓜子村、沙石多镇银真村、知木林镇知木林村、卡龙镇才盖村、沙石多镇羊茸村、芦花镇三达古村
		金川县	集沐乡根扎村
		九寨沟县	漳扎镇中查村、永和乡大城村、双河镇（原罗依乡）大寨村、勿角镇（原马家乡）苗州村、草地乡下草地村、大录乡大录村、大录乡东北村
		壤塘县	宗科乡加斯满村、吾依乡修卡村、茸木达乡茸木达村、中壤塘乡壤塘村、中壤塘镇布康木达村
		马尔康市	松岗镇直波村、梭磨乡色尔米村、党坝乡尕兰村、大藏乡春口村、草登乡代基村、马尔康镇（原卓克基镇）西索村、沙尔宗镇丛恩村

① 资料来源：中国传统村落名录（第一～六批），www.chuantongcunluo.com.

续表

分区	市州	县（市、区）	传统村落
川西北高原区	阿坝藏族羌族自治州	松潘县	十里回族乡大屯村、川主寺镇林坡村、川主寺镇安备村、黄龙乡三舍驿村、毛儿盖镇索花村、小河镇丰河村、下八寨乡格丫村
		小金县	沃日镇官寨村
		阿坝县	查理乡神座村、茸安乡安坝村
	甘孜藏族自治州	白玉县	章都乡边坝村、热加乡麻通村、灯龙乡帮帮村、灯龙乡龚巴村、赠科乡下比沙村、建设镇布麦村、赠科乡扎马村
		丹巴县	梭坡乡莫洛村、巴底镇齐鲁村、甲居镇（原聂呷乡）妖枯村、梭坡乡宋达村、中路乡克格依村、中路乡波色龙村、巴底镇小坪村、巴底镇大坪村、巴底镇沈洛村、巴底镇木纳山村、巴底镇邛山一村、甲居镇（原聂呷乡）喀咔一村、甲居镇（原聂呷乡）喀咔三村、甲居镇（原聂呷乡）喀咔二村、革什扎镇大桑村、革什扎镇吉汝村、革什扎镇俄洛村、革什扎镇三道桥村、丹东镇莫斯卡村
	甘孜藏族自治州	稻城县	香格里拉镇亚丁村、赤土乡仲堆村、邓波乡下邓坡村、各卡乡卡斯村
		得荣县	子庚乡八子斯热村、瓦卡镇阿洛贡村、子庚乡阿称村、子庚乡子实村、子庚乡子庚村
		德格县	更庆镇八美村、八邦乡曲池村、柯洛洞乡牛麦村
		甘孜县	甘孜镇根布夏村、甘孜镇甲布卡村、甘孜镇麻达卡村、康生乡白日村
		理塘县	高城镇车马村、高城镇德西二村、高城镇德西三村、高城镇德西一村、格木乡查卡村、高城镇替然尼巴村、甲洼镇江达村、甲洼镇俄丁村、君坝镇火古龙村、哈依乡哈依村、格聂镇（原喇嘛垭乡）日戈村、格聂镇（原章纳乡）乃干多村、格木乡加细村、拉波镇容古村、拉波镇中扎村、木拉镇卡下村、木拉镇则工村、木拉镇格西村、上木拉乡格中村、上木拉乡亚公村、上木拉乡增德村
		炉霍县	更知乡修贡村、泥巴乡古西村、新都镇七湾村、朱倭乡朱倭村、雅德乡然柳村、雅德乡固理村
		色达县	翁达镇翁达村、旭日乡旭日村、杨各乡加更达村、歌乐沱乡切科村
		石渠县	奔达乡满真村
		乡城县	青德乡仲德村、尼斯乡马色村、香巴拉镇色尔宫村、青德镇（原青麦乡）木差村、青德镇下坝村、水洼乡水洼村、然乌乡东尔村
		康定市	塔公镇各日马村、甲根坝镇日头村、麦崩乡日央村、普沙绒乡莲花湖村
		泸定县	兴隆镇化林村
		九龙县	呷尔镇华丘村
		雅江县	波斯河镇俄古村、八衣绒乡格日村
		道孚县	玉科镇兴岛科村、泰宁镇街村
		白玉县	登龙乡定戈村、赠科乡上比沙村
		巴塘县	甲英镇党巴村
	凉山彝族自治州	木里藏族自治县	俄亚纳西族乡大村、东朗乡亚英村、唐央乡里多村、瓦厂镇桃巴村、屋脚蒙古族乡屋脚村、克尔乡宜洼村、宁朗乡甲店村、雅砻江镇中铺子村、俄亚纳西族乡卡瓦村
	绵阳市	平武县	虎牙藏族乡上游村、白马藏族乡亚者造祖村、木座藏族乡民族村
川西南裂谷区	凉山彝族自治州	盐源县	泸沽湖镇木垮村、泸沽湖镇母支村、泸沽湖镇舍垮村、泸沽湖镇山南村、泸沽湖镇多舍村、泸沽湖镇布树村

续表

分区	市州	县（市、区）	传统村落
川西南裂谷区	雅安市	汉源县	九襄镇民主村、宜东镇天罡村、清溪镇富民村、永利彝族乡古路村
		石棉县	蟹螺藏族乡蟹螺堡子、蟹螺藏族乡猛种村猛种堡子、蟹螺藏族乡猛种村木耳堡子、蟹螺藏族乡俄足村
	攀枝花市	米易县	麻陇彝族乡中心村
		盐边县	红格镇（原和爱彝族乡）联合村
川西南中高山地区	凉山彝族自治州	会理市	绿水镇松坪村
		美姑县	依果觉乡古拖村、依果觉乡四季吉村
		昭觉县	龙沟乡龙沟村
	攀枝花市	仁和区	平地镇迤沙拉村
	宜宾市	屏山县	龙华镇汇龙社区
	乐山市	马边彝族自治县	荍坝镇茶叶村
川东丘陵低山区	巴中市	巴州区	青木镇黄桷树村、光辉镇白鹤山村
		恩阳区	登科街道办事处恩阳古镇、柳林镇铜城寨村、兴隆镇玉皇村、雪山镇（原玉井乡）玉女村、茶坝镇章怀村
		南江县	正直镇（原朱公乡）百坪村、下两镇下两社区、双流镇元包村
		平昌县	白衣镇白衣庵居民委员会、灵山镇巴灵寨村、土垭镇石峰村
		通江县	泥溪乡犁辕坝村、洪口镇古宁寨村、龙凤场乡环山村、洪口镇（原澌波乡）苟家湾村、胜利乡大营村、胜利乡迪坪村、沙溪镇（原文胜乡）白石寺村、毛浴乡迎春村、广纳镇龙家扁村、永安镇得汉城村、三溪乡纳溪坝村、唱歌镇石板溪村、沙溪镇（原板凳乡）学堂山村、兴隆镇紫荆村、板桥口镇黄村坪村、沙溪镇大井坝村
	成都市	金堂县	五凤镇金箱村、五凤镇五凤溪社区
		蒲江县	朝阳湖镇仙阁村
	达州市	大竹县	童家乡童家村
		通川区	金石乡金山村、双龙镇（原新村乡）曾家沟村、双龙镇（原檬双乡）松坪村、青宁乡长梯村
		万源市	玉带乡太平坎村、河口镇（原秦河乡）三官场村
		宣汉县	庙安镇龙潭河村、马渡乡百丈村
		达川区（原达县）	石桥镇鲁家坪村、大堰镇金黄村
	德阳市	中江县	仓山镇三江村
		罗江区（原罗江县）	御营镇响石村、白马关镇白马村
	绵阳市	安州区（原安县）	桑枣镇红牌村
川东丘陵低山区	德阳市	旌阳区	孝泉镇正阳街居委会
		罗江区	御营镇响石村、白马关镇白马村
	广安市	广安区	协兴镇协兴村、肖溪镇肖家溪社区、石笋镇石笋村
		邻水县	牟家镇麻河村、王家镇地选村
		武胜县	中心镇环江村、飞龙镇莲花坪村、三溪镇观音桥村、宝箴塞镇方家沟村、龙女镇小河村
		岳池县	顾县镇顾兴社区

续表

分区	市州	县（市、区）	传统村落
川东丘陵低山区	广元市	朝天区	曾家镇石鹰村、麻柳乡石板村
		剑阁县	秀钟乡青岭村
		旺苍县	东河镇东郊村、福庆乡农经村、化龙乡石川村、化龙乡亭子村、木门镇天星村、黄洋镇水营村、水磨乡桥板村
		昭化区	柏林沟镇向阳村、昭化镇城关村、王家镇方山村、磨滩镇金堂村、磨滩镇长青村、太公镇太公岭村、石井铺镇板庙村、柏林沟镇（原文村乡）双龙村、卫子镇（原白果乡）田岩村、卫子镇（原梅树乡）梅岭村、昭化镇（原大朝乡）牛头村、昭化镇（原大朝乡）云台村、红岩镇照壁村
		利州区	白朝乡月坝村、金洞乡清河村
	乐山市	夹江县	华头镇正街村、马村镇石堰村
		犍为县	罗城镇菜佳村、芭沟镇芭蕉沟社区、铁炉镇铁炉社区
		井研县	千佛镇民建村
		沐川县	箭板镇顺河古街
		五通桥区	竹根镇兴隆里村
	泸州市	古蔺县	太平镇平丰村、二郎镇红军街社区、箭竹苗族乡团结村苗寨、双沙镇白沙社区、双沙镇陈坪村、观文镇建设村、黄荆镇汉溪村、马嘶苗族乡茶园村
		合江县	白沙镇芦稿村、先市镇下坝村、尧坝镇白村、九支镇柏香湾村、五通镇五通村、凤鸣镇文理村、福宝镇大亨村、福宝镇穆村、法王寺镇法王寺村
		泸县	兆雅镇新溪村、方洞镇石牌坊村、立石镇玉龙村、百和镇东林观村、方洞镇宋田村
		纳溪区	天仙镇观音乐道古村、打古镇古纯村
		叙永县	分水镇木格倒苗族村、白腊苗族乡天堂村、水潦乡海涯彝族村、正东乡灯盏坪古村、石坝彝族乡堰塘彝族村、永潦彝族乡九家沟苗族村、黄坭镇金星村、水潦彝族乡赤水河村
	眉山市	青神县	汉阳镇汉阳场社区
		丹棱县	顺龙乡幸福村
	绵阳市	涪城区	丰谷镇二社区
		盐亭县	黄甸镇龙台村、林山乡青峰村
		游仙区	魏城镇铁炉村、刘家镇曾家垭村、玉河镇上方寺村、东宣镇鱼泉村、魏城镇绣山村
		梓潼县	文昌镇七曲村
	南充市	阆中市	水观镇永安寺村、河楼乡白虎村、老观镇老龙村、天宫镇天宫院村、柏垭镇老房嘴、思依镇铧厂河村
		南部县	石河镇石河场村
		西充县	义兴镇（原青龙乡）蚕华山村
		仪陇县	马鞍镇琳琅村
	内江市	隆昌市	渔箭镇渔箭社区、云顶镇云峰村、响石镇宝峰村
		威远县	向义镇静宁古村
		资中县	罗泉镇禹王宫村
	遂宁市	安居区	玉丰镇高石村
		射洪市	沱牌镇（原青堤乡）光华村

续表

分区	市州	县（市、区）	传统村落
川东丘陵低山区	雅安市	名山区	中峰乡朱场村
	宜宾市	江安县	夕佳山镇坝上村、夕佳山镇五里村、仁和乡鹿鸣村
		筠连县	镇舟镇马家村、大雪山镇五河村
		叙州区	蕨溪镇顶仙村、横江镇金钟村、横江镇民主社区
		高县	胜天镇安和村
	资阳市	安岳县	协和乡治山村
		乐至县	劳动镇旧居村、大佛镇红土地村
	自贡市	大安区	三多寨镇徐家村、三多寨镇三多寨村、牛佛镇王爷庙社区
		富顺县	富世镇后街社区、狮市镇狮子滩社区、赵化镇培村社区、长滩镇长滩坝社区、赵化镇鳌山村
		贡井区	艾叶镇李家桥社区、艾叶镇竹林村
		荣县	东兴镇（原墨林乡）吕仙村
		沿滩区	永安镇鳌头铺社区、仙市镇仙滩社区
		自流井区	龙凤山社区

附录 4

100 个川西林盘保护修复名单①

分区	林盘名称
天府新区（2 个）	太平街道（2 个）：小堰 7 组袁家湾林盘、桃源 2 组王家湾林盘
青白江区（2 个）	清泉镇（2 个）：袁家湾林盘、周家大林盘
新都区（6 个）	新繁镇（3 个）：刘家院子林盘、汪家村 3 组曾家院子林盘、汪家村 4 组曾家院子林盘
	石板滩镇（3 个）：乌林盘、张家寨子林盘、张家老院子林盘
温江区（6 个）	和盛镇（1 个）：三圣后街杨家院子林盘
	万春镇（4 个）：吴家院子林盘、文家院子林盘、张家院子林盘、周家院子林盘
	寿安镇（1 个）：杨家院子林盘
双流区（4 个）	黄龙溪镇（4 个）：王家祠堂林盘、温家山林盘、周家粉房林盘、桅杆山林盘
郫都区（10 个）	唐昌镇（4 个）：吕家院子林盘、吴家院子林盘、施家院子林盘、王家院子林盘
	三道堰镇（3 个）：青塔村三号安置点林盘、山子·竹里林盘、秦家庙村赵家院子安置点林盘
	团结镇（3 个）：支家院子林盘、雷家院子林盘、薛家院子林盘
简阳市（6 个）	禾丰镇（3 个）：呈祥农庄林盘、杨家大院林盘、莲花堰林盘
	贾家镇（3 个）：高坡奇迹林盘、快乐老家林盘、菠萝村林盘
都江堰市（10 个）	青城山镇（1 个）：王家院子林盘
	大观镇（1 个）：大通社区问花村林盘

① 资料来源：《成都市川西林盘保护修复工程实施方案》。

续表

分区	林盘名称
都江堰市（10 个）	石羊镇（1 个）：马祖社区朱家湾林盘
	安龙镇（2 个）：董家院子林盘、杨家院子林盘
	聚源镇（2 个）：周家院子林盘、苟家院子林盘
	柳街镇（3 个）：金龙社区黄家大院、水月社区王家院子、红雄社区方家坎林盘
彭州市（8 个）	濛阳镇（4 个）：畔水青江林盘、何家院子林盘、李家碾林盘、电光新农村林盘
	敖平镇（4 个）：夜合泉院子林盘、杨家院子林盘、歇马店林盘、谢家院子林盘
邛崃市（8 个）	羊安镇（4 个）：春界林盘群、中心村刘坎林盘、仁和社区赵河坝林盘、仁和社区徐河坝林盘
	平乐镇（4 个）：骑龙山茶马古道林盘、水乡人家林盘、金鸡谷景区林盘、关帝村林盘
崇州市（9 个）	元通镇（1 个）：季家院子林盘
	白头镇（4 个）：和乐林盘、甘泉村杨家扁林盘、东风村何巷子林盘、大雨村青家扁林盘
	道明镇（4 个）：新华村郑家院子林盘、顺交村严家院子林盘、龙黄村 9 组李家院子林盘、双凤村苟家墩子林盘
金堂县（4 个）	五凤镇（4 个）：贺麟故居林盘、贺家新房子林盘、上斑竹园林盘、下斑竹园林盘
新津区（7 个）	兴义镇（4 个）：岳林盘、郭林盘、李林盘、范林盘
	永商镇（3 个）：王字库林盘、刘家湾林盘、李林盘
大邑县（8 个）	花水湾镇（4 个）：伍田村鲁家湾散居林盘、天宫 14 社林盘、黎沟 7 社林盘、千佛 19 社林盘
	新场镇（4 个）：李拱拱桥林盘、汪大院子林盘、桐梓林林盘、周家林盘
蒲江县（10 个）	西来镇（4 个）：果岭闻香林盘、两河口林盘、铁牛寨林盘、曾家大院林盘
	大兴镇（4 个）：李公馆林盘、吴大冲林盘、高埂子林盘、水打坝林盘
	甘溪镇（1 个）：明月村林盘
	光明乡（1 个）：余家碥林盘

附录 5

四川省各区、县星级现代农业园区和标志农产品[①]

分区	市州	县（市、区）	星级现代农业园区	中国国家地理标志产品
川中平原核心区	成都市	龙泉驿区	成都市龙泉驿区桃现代农业园区	龙泉驿水蜜桃、龙泉驿枇杷
		青白江区	成都市青白江区稻菜现代农业园区	青白江福洪杏
		郫都区	成都市郫都区稻菜现代农业园区	郫县豆瓣、郫都区新民场生菜、唐元韭黄
		温江区	成都市温江区稻菜现代农业园区	温江酱油、温江大蒜
		双流区	—	双流云崖兔、双流二荆条辣椒、双流枇杷、双流冬草莓
		新都区	成都市新都区稻菜现代农业园区	新都柚
		新津区	新津区稻渔现代农业园、柳江蔬菜产业园、梨花溪特色水果产业园、成都市新津区粮油现代农业园区	新津韭黄
	德阳市	广汉市	广汉市现代农业产业园（稻香公园）	松林桃、广汉缠丝兔

① 资料来源：https://www.sc.gov.cn；http://www.scsqw.cn.

续表

分区	市州	县（市、区）	星级现代农业园区	中国国家地理标志产品
川中盆周山地区	阿坝羌族藏族自治州	理县	—	卡子核桃、理县大白菜
		茂县	茂县李子苹果现代农业园区	茂汶苹果、茂县李
		汶川县	汶川县樱桃现代农业园区	汶川羌绣、汶川甜樱桃、汶川乌骨黑鸡
	成都市	崇州市	崇州市粮油现代农业园区	崇州牛尾笋、崇州郁金、
		大邑县	大邑县粮油现代农业园区	安仁蓝莓、大邑金蜜李、安仁葡萄、大邑榨菜
		都江堰市	—	都江堰猕猴桃、都江堰方竹笋、都江堰厚朴
		彭州市	彭州市稻菜现代农业园区	彭州莴笋、彭州川芎、彭州大蒜
		邛崃市	—	邛酒、邛崃黑茶、邛崃黑猪
	德阳市	什邡市	什邡市菜稻现代农业园区	红白豆腐干
		绵竹市	绵竹市猕猴桃现代农业园区、绵竹市粮油现代农业园区	剑南春酒
	广元市	青川县	青川县食用菌现代农业园区	青竹江娃娃鱼、唐家河蜂蜜、白龙湖银鱼
	乐山市	峨眉山市	—	峨眉山藤椒、峨眉山藤椒油、峨眉山矿泉水、峨眉糕、峨眉山竹叶青茶
		金口河区	乐山市金口河区中药材现代农业园区	金口河乌天麻、金口河川牛膝
		沙湾区	乐山市沙湾区中药材现代农业园区	—
		五通桥区	乐山市五通桥区稻菜现代农业园区	—
	眉山市	洪雅县	—	洪雅藤椒油、高庙白酒、洪雅藤椒、雅连
	绵阳市	北川羌族自治县	北川羌族自治县茶叶生猪种养循环现代农业园区	北川茶叶、北川米黄大理石、北川花魔芋、北川苔子茶
		江油市	江油市粮油现代农业园区	江油百合、江油附子
	雅安市	宝兴县	宝兴县食用菌现代农业园区	宝兴川牛膝
		天全县	天全县水产现代农业园区、天全县冷水鱼现代农业园区	天全川牛膝
		荥经县	荥经县茶叶生猪种养循环现代农业园区	荥经天麻、荥经砂器
		雨城区	雅安市雨城区藏茶现代农业园区	雨城猕猴桃、蒙顶山茶
川西北高原区	阿坝藏族羌族自治州	阿坝县	阿坝县青稞现代农业园区	阿坝蜂蜜
		黑水县	—	黑水县核桃、黑水凤尾鸡、黑水中蜂蜜
		金川县	金川县梨现代农业园区	金川多肋牦牛、金川秦艽、金川雪梨
		红原县	红原县牦牛现代农业园区、俄么塘花海	红原牦牛奶粉、红原牦牛奶
		若尔盖县	若尔盖县牦牛现代农业园区	
		九寨沟县	九寨沟县葡萄现代农业园区	九寨沟蜂蜜、九寨沟柿子、九寨刀党、九寨猪苓
		松潘县	—	松潘贝母
		小金县	小金县蔬菜现代农业园区	小金松茸、小金酿酒葡萄、小金苹果

续表

分区	市州	县（市、区）	星级现代农业园区	中国国家地理标志产品
川西北高原区	甘孜藏族自治州	巴塘县	—	巴塘苹果、巴塘核桃、巴塘南区辣椒
		丹巴县	—	丹巴香猪腿
		道孚县	—	道孚大葱
		稻城县	—	稻城藏香猪
		得荣县	—	得荣蜂蜜、得荣树椒、得荣核桃
		甘孜县	甘孜县青稞现代农业园区	甘孜水淘糌粑、甘孜青稞
		色达县	色达县牦牛现代农业园区	
		九龙县	—	九龙牦牛、九龙花椒
		理塘县	理塘县蔬菜现代农业园区	理塘牦牛、
		炉霍县	—	雪域俄色茶
		石渠县	石渠县蔬菜现代农业园区	石渠藏系绵羊
		乡城县	乡城县苹果藏猪种养循环现代农业园区	乡城藏鸡蛋、乡城藏鸡、乡城松茸、乡城藏猪
		新龙县	—	新龙油菜、新龙县牦牛
		雅江县	雅江县食用菌现代农业园区	雅江松茸
		康定市	—	康定红皮萝卜、康定芫根
		泸定县	泸定县食用菌现代农业园区	泸定核桃、泸定红樱桃
	绵阳市	平武县	—	平武黄牛、平武中蜂、平武大红公鸡、平武厚朴、平武绿茶、平武核桃
川西南裂谷区	凉山彝族自治州	西昌市	西昌市葡萄现代农业园区	建昌板鸭、凉山苦荞麦、西昌洋葱、西昌钢鹅
		盐源县	盐源县苹果现代农业园区	盐源苹果、盐源辣椒
		德昌县	德昌县桑葚现代农业园区	德昌香米
	攀枝花市	盐边县	盐边县芒果现代农业园区	盐边油底肉、国胜茶、盐边西瓜
		米易县	米易县蔬菜+水稻现代农业园区、	攀枝花芒果、米易何首乌、米易山药、米易红糖
	雅安市	汉源县	汉源县花椒现代农业园区、汉源县稻菜现代农业园区	汉源花椒油、汉源坛子肉、汉源花椒
		石棉县	石棉县枇杷生猪种养循环现代农业园区	石棉枇杷、石棉黄果柑、石棉指核桃
川西南中高山地区	乐山市	马边彝族自治县	马边彝族自治县茶叶现代农业园区	
		峨边彝族自治县	—	黑竹沟藤椒
	凉山彝族自治州	布拖县	布拖县马铃薯现代农业园区	布拖乌洋芋
		甘洛县	—	甘洛黑苦荞
		会东县	会东县粮烟现代农业园区	会东黑山羊
		会理市	会理市石榴现代农业园区	会理石榴
		金阳县	金阳县青花椒现代农业园区	金阳白魔芋

续表

分区	市州	县（市、区）	星级现代农业园区	中国国家地理标志产品
川西南中高山地区	凉山彝族自治州	雷波县	雷波县脐橙现代农业园区	马湖莼菜、雷波脐橙
		美姑县	—	美姑崖鹰鸡、美姑山羊
		宁南县	宁南县蚕桑现代农业园区	—
		越西县	越西县苹果现代农业园区	越西甜樱桃
		昭觉县	昭觉县蔬菜+肉牛现代农业园区	—
	攀枝花市	仁和区	攀枝花市仁和区芒果现代农业园区	—
	宜宾市	屏山县	屏山县茶叶生猪种养循环现代农业园区	屏山炒青、屏山白魔芋、屏山白萝卜、屏山龙眼
川东丘陵低山区	巴中市	巴州区	巴中市巴州区枳壳现代农业园区、巴中市巴州区中药材现代农业园区	大罗黄花、巴山土鸡、巴州川明参
		恩阳区	巴中市恩阳区粮油现代农业园区	
		南江县	南江县黄羊种养循环现代农业园区、南江县粮油现代农业园区	南江翡翠米、南江核桃、南江 杜仲、南江黑木耳、南江黄羊、南江金银花、南江大叶茶、南江蜂蜜、南江天麻、南江厚朴、南江竹笋、南江香菇、南江银耳
		平昌县	平昌县茶叶+猪现代农业、平昌县茶叶现代农业园区	江口青鳙、平昌青花椒、平昌青芽茶、江口醇
		通江县	通江县食用菌现代农业园区	通江银耳、通江青峪猪、空山核桃、空山马铃薯
	成都市	简阳市	简阳市粮油现代农业园区	简阳晚白桃、简阳羊肉
		金堂县	金堂县食用菌现代农业园区	金堂黑山羊、金堂羊肚菌、金堂姬菇、金堂明参
		蒲江县	—	蒲江猕猴桃、蒲江米花糖、蒲江雀舌、蒲江丑柑、蒲江杂柑
	达州市	大竹县	大竹县粮油现代农业园区、大竹县稻渔现代农业园区	大竹秦王桃、贺家观行豆干、大竹香椿、东柳醪糟
		开江县	开江县稻渔现代农业园区	开江麻鸭、开江白鹅
		渠县	渠县粮油现代农业园区	渠县黄花
		通川区	达州市通川区蓝莓现代农业园区	
		万源市	万源市茶叶现代农业园区	万源旧院黑鸡、万源旧院黑鸡蛋、万源富硒茶
		宣汉县	宣汉县肉牛现代农业园区	宣汉桃花米、峰城玉米、老君香菇、漆碑茶
		达川区	达州市达川区中药材现代农业园区	
	德阳市	旌阳区	德阳市旌阳区粮油现代农业园区	—
		中江县	中江县中药材现代农业园区	中江丹参、中江白芍、中江挂面
		罗江区	德阳市罗江区枣子现代农业园区	罗江花生、罗江贵妃枣

续表

分区	市州	县（市、区）	星级现代农业园区	中国国家地理标志产品
川东丘陵低山区	广安市	广安区	广安市广安区龙安柚现代农业园区、广安市广安区粮油现代农业园区	广安白市柚、广安盐皮蛋、龙安柚
		华蓥市	华蓥市梨现代农业园区	广安蜜梨、华蓥葡萄
		邻水县	邻水县脐橙现代农业园区、邻水县粮油现代农业园区	邻水脐橙
		前锋区	广安市前锋区花椒现代农业园区	
		武胜县	武胜县蚕桑现代农业园区、武胜县稻渔现代农业园区	武胜金甲鲤、武胜仔猪、武胜脐橙
		岳池县	岳池县粮油现代农业园区	黄龙贡米
	广元市	苍溪县	苍溪县粮油现代农业园区	苍溪川明参、苍溪红心猕猴桃
		朝天区	广元市朝天区蔬菜现代农业园区	曾家山土鸡、广元纯黄茶、曾家山甘蓝
		剑阁县	剑阁县粮油现代农业园区	剑门关土鸡
		利州区	广元市利州区食用菌现代农业园区	利州香菇、利州红栗
		旺苍县	旺苍县茶叶现代农业园区	汉王山娃娃鱼、旺苍杜仲、米仓山茶
		昭化区	广元市昭化区猕猴桃现代农业园区	王家贡米、晋贤香菇、昭化山桐子、昭化韭黄
	乐山市	市中区	乐山市市中区水产现代农业园区	苏稽米花糖、嘉州荔枝、嘉州荔枝
		夹江县	夹江县茶叶现代农业园区、夹江县茶叶生猪种养循环现代农业园区	夹江叠鞘石斛、书画纸
		犍为县	犍为县茉莉花茶现代农业园区	犍为茉莉花茶、犍为麻柳姜
		井研县	井研县柑橘现代农业园区、井研县柑橘生猪种养循环现代农业园区	
		沐川县	沐川县茶叶生猪种养循环现代农业园区	沐川草龙、沐川猕猴桃
	泸州市	古蔺县	古蔺县肉牛现代农业园区	古蔺赶黄草、古蔺面、古蔺牛皮茶、古蔺肝苏、古蔺郎酒
		合江县	合江县荔枝现代农业园区	合江金钗石斛、合江真龙柚、合江荔枝、金钗石斛、先市酱油
		江阳区	泸州市江阳区蔬菜现代农业园区、泸州市江阳区高粱油菜现代农业园区	张坝桂圆、分水油纸伞、王咀牌赐窖酒
		泸县	泸县高粱+油菜现代农业园区、泸县粮油现代农业园区	泸县青花椒、牛滩生姜、刘氏泡菜、晚熟龙眼
		纳溪区	泸州市纳溪区茶叶生猪种养循环现代农业园区	护国柚、纳溪特早茶、天仙硐枇杷、乐道子鸡蛋、瀚源有机茶、桂圆
		龙马潭区	—	泸州老窖、九狮柚、国粹酒
		叙永县	叙永县糯稻现代农业园区	赤水河柑橘
	眉山市	丹棱县	丹棱县柑橘现代农业园区、丹棱县柑橘生猪种养循环现代农业园区	丹棱冻粑、丹棱桔橙
		东坡区	眉山市东坡区稻菜现代农业园区	东坡泡菜、东坡肘子
		青神县	青神县柑橘现代农业园区	青神竹编、青神椪柑
		彭山区	眉山市彭山区葡萄现代农业园区	彭山葡萄
		仁寿县	仁寿县水稻+油菜现代农业园区、仁寿县粮油现代农业园区	仁寿芝麻糕、曹家梨、仁寿枇杷

续表

分区	市州	县（市、区）	星级现代农业园区	中国国家地理标志产品
川东丘陵低山区	绵阳市	安州区	绵阳市安州区油菜+水稻现代农业园区、绵阳市安州区粮油现代农业园区	—
		涪城区	绵阳市涪城区蚕桑现代农业园区	涪城蚕茧
		三台县	三台县麦冬种养循环现代农业园区	涪城麦冬、峁山米枣
		盐亭县	盐亭县水产现代农业园区	
		梓潼县	梓潼县粮油现代农业园区	梓潼酥饼、梓潼桔梗、天宝蜜柚
	南充市	高坪区	南充市高坪区猪+柑橘现代农业园区、南充市高坪区花椒生猪种养循环现代农业园区	—
		嘉陵区	南充市嘉陵区蚕桑现代农业园区	—
		顺庆区	南充市顺庆区菜粮现代农业园区	
		阆中市	—	保宁压酒、阆中川明参
		南部县	南部县柑橘现代农业园区	南部脆香甜柚
		蓬安县	蓬安县花椒现代农业园区	河舒豆腐、蓬安锦橙 100 号
	南充市	西充县	西充县香桃现代农业园区、西充县粮油现代农业园区	西充二荆条辣椒、西凤脐橙、充国香桃、西充黄心苕
		仪陇县	仪陇县蚕桑现代农业园区、仪陇县稻菜现代农业园区	仪陇胭脂萝卜、仪陇酱瓜、仪陇大山香米、仪陇半夏、仪陇元帅柚
		营山县	营山县稻渔现代农业园区、营山县粮油现代农业园区	营山黑山羊
	内江市	内江市中区	内江市市中区水产现代农业园区	永安白乌鱼
		东兴区	内江市东兴区稻菜现代农业园区	永福生姜
		隆昌市	隆昌市稻渔现代农业园区	隆昌素兰花、隆昌夏布、隆昌豆杆、隆昌土陶、隆昌酱油
		威远县	威远县无花果现代农业园区	新店七星椒、威远无花果
		资中县	资中县柑橘现代农业园区	资中冬尖、资中鲶鱼、资中枇杷、罗泉豆腐、资中血橙
	遂宁市	安居区	遂宁市安居区水稻+油菜+渔现代农业园区、遂宁市安居区粮油现代农业园区	安居红苕、安居黄金梨
		船山区	遂宁市船山区生猪种养循环现代农业园区	船山豆腐皮
		大英县	大英县中药材现代农业园区	卓筒井盐、大英长绒棉、大英白柠檬
		蓬溪县	蓬溪县食用菌现代农业园区	蓬溪矮晚柚、蓬溪青花椒、蓬溪仙桃、芝溪玉液
		射洪市	射洪市粮油现代农业园区	射洪金华清见、射洪野香猪
	雅安市	名山区	雅安市名山区茶叶现代农业园区	
	宜宾市	翠屏区	宜宾市翠屏区茶叶现代农业园区	—
		高县	高县茶叶现代农业园区	沙河豆腐、高县羊田粉条
		珙县	珙县蚕桑现代农业园区	鹿鸣贡茶

续表

分区	市州	县（市、区）	星级现代农业园区	中国国家地理标志产品
川东丘陵低山区	宜宾市	筠连县	筠连县肉牛现代农业园区	筠连红茶、筠连苦丁茶、筠连粉条、筠连黄牛
		南溪区	宜宾市南溪区酿酒专用粮现代农业园区	南溪豆腐干、南溪白鹅
		兴文县	兴文县粮油现代农业园区	兴文方竹笋、山地乌骨鸡
		叙州区	宜宾市叙州区茶叶现代农业园区	
		江安县	江安县水产现代农业园区	江安大白李
		长宁县	长宁县肉牛现代农业园区	
	资阳市	安岳县	安岳县粮经复合现代农业园区	安岳柠檬、通贤柚、周礼粉条、通贤柚
		乐至县	乐至县葡萄现代农业园区、乐至县粮油现代农业园区	天池藕粉、乐至白乌鱼、乐至黑山羊
		雁江区	资阳市雁江区柑橘现代农业园区、资阳市雁江区粮油现代农业园区	雁江蜜柑、“临江寺”豆瓣
	自贡市	大安区	自贡市大安区肉鸡现代农业园区	—
		富顺县	富顺县柑橘现代农业园区、富顺县水稻高粱现代农业园区	富顺豆花蘸水、太源井晒醋、富顺香辣酱
		贡井区	自贡市贡井区高粱蔬菜现代农业园区	贡井龙都早香柚、五宝花生、冷吃兔
		荣县	荣县粮油现代农业园区、乐德红土地	荣县油茶、新桥枇杷
		沿滩区	自贡市沿滩区花椒大豆现代农业园区	

附录 6

四川省国家级非物质文化遗产代表性项目名录①

批次	非遗类型	项目序号	项目名称	申报地区或单位
第一批	民间文学	Ⅰ—27	格萨（斯）尔	四川省
	传统音乐	Ⅱ—16	巴山背二歌	巴中市
		Ⅱ—24	川江号子	四川省
		Ⅱ—27	川北薅草锣鼓	青川县
		Ⅱ—38	羌笛演奏及制作技艺	茂县
	传统舞蹈	Ⅲ—4	龙舞（泸州雨坛彩龙）	泸县
		Ⅲ—19	弦子舞	巴塘县
		Ⅲ—33	卡斯达温舞	黑水县
		Ⅲ—34	㑇舞	九寨沟县
	传统戏剧	Ⅳ—12	川剧	四川省
		Ⅳ—77	灯戏（川北灯戏）	南充市
		Ⅳ—92	木偶戏（川北大木偶戏）	四川省

① 资料来源：https://www.ihchina.cn.

续表

批次	非遗类型	项目序号	项目名称	申报地区或单位
第一批	传统美术	Ⅶ—11	绵竹木版年画	德阳市
		Ⅶ—14	藏族唐卡（噶玛嘎孜画派）	甘孜藏族自治州
		Ⅶ—21	蜀绣	成都市
		Ⅶ—39	藏族格萨尔彩绘石刻	色达县
	传统技艺	Ⅷ—16	蜀锦织造技艺	成都市
		Ⅷ—56	成都漆艺	成都市
		Ⅷ—58	泸州老窖酒酿制技艺	泸州市
		Ⅷ—64	自贡井盐深钻汲制技艺	自贡市
		Ⅷ—71	竹纸制作技艺	夹江县
		Ⅷ—80	德格印经院藏族雕版印刷技艺	德格县
	传统医药	Ⅸ—9	藏医药（甘孜州南派藏医药）	甘孜藏族自治州
	民俗	Ⅹ—10	火把节（彝族火把节）	凉山彝族自治州
		Ⅹ—18	羌族瓦尔俄足节	阿坝藏族羌族自治州
		Ⅹ—30	都江堰放水节	都江堰市
第二批	民间文学	Ⅰ—75	彝族克智	美姑县
	传统音乐	Ⅱ—27	薅草锣鼓（川东土家族薅草锣鼓）	宣汉县
		Ⅱ—30	多声部民歌（羌族多声部民歌）	松潘县
		Ⅱ—30	多声部民歌（硗碛多声部民歌）	雅安市
		Ⅱ—88	南坪曲子	九寨沟县
		Ⅱ—102	制作号子（竹麻号子）	邛崃市
		Ⅱ—115	藏族民歌（川西藏族山歌）	甘孜藏族自治州、阿坝藏族羌族自治州、炉霍县
		Ⅱ—115	藏族民歌（玛达咪山歌）	九龙县
		Ⅱ—128	洞经音乐（文昌洞经古乐）	梓潼县
第二批	传统音乐	Ⅱ—136	口弦音乐	布拖县
		Ⅱ—139	道教音乐（成都道教音乐）	成都市
	传统舞蹈	Ⅲ—4	龙舞（黄龙溪火龙灯舞）	双流县
		Ⅲ—20	锅庄舞（甘孜锅庄）	石渠县、雅江县、新龙县、德格县
		Ⅲ—20	锅庄舞（马奈锅庄）	金川县
		Ⅲ—55	翻山铰子	平昌县
		Ⅲ—62	羌族羊皮鼓舞	汶川县
		Ⅲ—66	得荣学羌	得荣县
		Ⅲ—67	甲搓	盐源县
		Ⅲ—68	博巴森根	理县

续表

批次	非遗类型	项目序号	项目名称	申报地区或单位
第二批	传统戏剧	Ⅳ—80	藏戏（德格格萨尔藏戏）	德格县
		Ⅳ—80	藏戏（巴塘藏戏）	巴塘县
		Ⅳ—80	藏戏（色达藏戏）	色达县
		Ⅳ—91	皮影戏（四川皮影戏）	南部县、阆中市
	曲艺	Ⅴ—75	四川扬琴	四川省曲艺团、四川省音乐舞蹈研究所、成都艺术剧院
		Ⅴ—76	四川竹琴	四川省成都艺术剧院
		Ⅴ—77	四川清音	四川省成都艺术剧院
		Ⅴ—91	金钱板	成都市
	传统体育、游艺与杂技	Ⅵ—23	峨眉武术	峨眉山市
	传统美术	Ⅶ—46	竹刻（江安竹簧）	江安县
		Ⅶ—47	泥塑（徐氏泥彩塑）	大英县
		Ⅶ—51	竹编（渠县刘氏竹编）	渠县
		Ⅶ—51	竹编（青神竹编）	青神县
		Ⅶ—51	竹编（瓷胎竹编）	邛崃市
		Ⅶ—51	竹编（道明竹编）	崇州市
		Ⅶ—54	草编（沐川草龙）	沐川县
		Ⅶ—56	石雕（白花石刻）	广元市
		Ⅶ—56	石雕（安岳石刻）	安岳县
		Ⅶ—64	藏文书法（德格藏文书法）	德格县
		Ⅶ—65	木版年画（夹江年画）	夹江县
		Ⅶ—76	羌族刺绣	汶川县
		Ⅶ—77	民间绣活（麻柳刺绣）	广元市
		Ⅶ—88	糖塑（成都糖画）	成都市
	传统技艺	Ⅷ—26	扎染技艺（自贡扎染技艺）	自贡市
		Ⅷ—40	银饰制作技艺（彝族银饰制作技艺）	布拖县
		Ⅷ—81	制扇技艺（龚扇）	自贡市
		Ⅷ—98	陶器烧制技艺（藏族黑陶烧制技艺）	稻城县
	传统技艺	Ⅷ—98	陶器烧制技艺（荥经砂器烧制技艺）	荥经县
		Ⅷ—100	传统棉纺织技艺（傈僳族火草织布技艺）	德昌县
		Ⅷ—101	毛纺织及擀制技艺（彝族毛纺织及擀制技艺）	昭觉县
		Ⅷ—101	毛纺织及擀制技艺（藏族牛羊毛编织技艺）	色达县
		Ⅷ—120	藏族金属锻造技艺（藏族锻铜技艺）	白玉县
		Ⅷ—121	成都银花丝制作技艺	成都市青羊区

续表

批次	非遗类型	项目序号	项目名称	申报地区或单位
第二批	传统技艺	Ⅷ—128	彝族漆器髹饰技艺	喜德县
		Ⅷ—140	伞制作技艺（油纸伞制作技艺）	泸州市江阳区
		Ⅷ—144	蒸馏酒传统酿造技艺（五粮液酒传统酿造技艺）	宜宾市
		Ⅷ—144	蒸馏酒传统酿造技艺（水井坊酒传统酿造技艺）	成都市
		Ⅷ—144	蒸馏酒传统酿造技艺（剑南春酒传统酿造技艺）	绵竹市
		Ⅷ—144	蒸馏酒传统酿造技艺（古蔺郎酒传统酿造技艺）	古蔺县
		Ⅷ—144	蒸馏酒传统酿造技艺（沱牌曲酒传统酿造技艺）	射洪市
		Ⅷ—52	黑茶制作技艺（南路边茶制作技艺）	雅安市
		Ⅷ—155	豆瓣传统制作技艺（郫县豆瓣传统制作技艺）	郫县
		Ⅷ—156	豆豉酿制技艺（潼川豆豉酿制技艺）	三台县
		Ⅷ—186	藏族碉楼营造技艺	丹巴县
	传统医药	Ⅸ—3	中药炮制技艺	成都市
	民俗	Ⅹ—81	灯会（自贡灯会）	自贡市
		Ⅹ—82	羌年	茂县、汶川县、理县、北川羌族自治县
		Ⅹ—87	抬阁（芯子、铁枝、飘色）(大坝高装）	兴文县
		Ⅹ—87	抬阁（芯子、铁枝、飘色）(青林口高抬戏）	江油市
		Ⅹ—104	三汇彩亭会	渠县
第三批	民间文学	Ⅰ—91	禹的传说	汶川县、北川羌族自治县
		Ⅰ—122	羌戈大战	汶川县
	传统音乐	Ⅱ—115	藏族民歌（藏族赶马调）	冕宁县
		Ⅱ—136	口弦音乐	北川羌族自治县
		Ⅱ—138	佛教音乐（觉囊梵音）	壤塘县
	传统舞蹈	Ⅲ—102	跳曹盖	平武县
	传统美术	Ⅶ—94	盆景技艺（川派盆景技艺）	四川省盆景艺术家协会
		Ⅶ—97	棕编（新繁棕编）	成都市新都区
		Ⅶ—106	藏族编织、挑花刺绣工艺	阿坝藏族羌族自治州
		Ⅷ—25	蜡染技艺（苗族蜡染技艺）	珙县
	传统技艺	Ⅷ—186	碉楼营造技艺（羌族碉楼营造技艺）	汶川县、茂县
	民俗	Ⅹ—129	彝族年	凉山彝族自治州
		Ⅹ—139	婚俗（彝族传统婚俗）	美姑县

续表

批次	非遗类型	项目序号	项目名称	申报地区或单位
第四批	民间文学	Ⅰ—141	毕阿史拉则传说	金阳县
		Ⅰ—152	玛牧	喜德县
	传统音乐	Ⅱ—30	多声部民歌（阿尔麦多声部民歌）	黑水县
		Ⅱ—128	洞经音乐（邛都洞经音乐）	西昌市
		Ⅱ—158	西岭山歌	大邑县
		Ⅱ—163	毕摩音乐	美姑县
	传统舞蹈	Ⅲ—122	古蔺花灯	古蔺县
		Ⅲ—123	登嘎甘㑇（熊猫舞）	九寨沟县
		Ⅲ—82	堆谐（甘孜踢踏）	甘孜县
	传统戏剧	Ⅳ—92	木偶戏（中型杖头木偶戏）	资中县
		Ⅳ—157	阳戏（射箭提阳戏）	广元市昭化区
	传统美术	Ⅶ—51	竹编（道明竹编）	崇州市
		Ⅶ—114	毕摩绘画	美姑县
	传统技艺	Ⅷ—110	地毯织造技艺（阆中丝毯织造技艺）	阆中市
		Ⅷ—100	传统棉纺织技艺（傈僳族火草织布技艺）	德昌县
		Ⅷ—154	酱油酿造技艺（先市酱油酿造技艺）	合江县
	民俗	Ⅹ—85	民间信俗（康定转山会）	康定县
		Ⅹ—90	祭祖习俗（凉山彝族尼木措毕祭祀）	美姑县
		Ⅹ—156	彝族服饰	昭觉县
第五批	传统舞蹈	Ⅲ—4	龙舞（安仁板凳龙）	达州市
	传统戏剧	Ⅳ—168	端公戏（旺苍端公戏）	广元市
	传统体育、游艺与杂技	Ⅵ—83	藏棋	阿坝藏族羌族自治州
		Ⅵ—94	青城武术	都江堰市
		Ⅵ—100	滑竿（华蓥山滑竿抬幺妹）	广安市
	传统美术	Ⅶ—14	藏族唐卡（郎卡杰唐卡）	甘孜藏族自治州
		Ⅶ—123	藤编（怀远藤编）	崇州市
		Ⅶ—130	彝族刺绣（凉山彝族刺绣）	凉山彝族自治州
	传统技艺	Ⅷ—61	酿醋技艺（保宁醋传统酿造工艺）	南充市
		Ⅷ—110	手工制鞋技艺（唐昌布鞋制作技艺）	成都市郫都区
		Ⅷ—148	绿茶制作技艺（蒙山茶传统制作技艺）	雅安市
		Ⅷ—272	川菜烹饪技艺	四川省
		Ⅷ—284	彝族传统建筑营造技艺（凉山彝族传统民居营造技艺）	凉山彝族自治州
	传统医药	Ⅸ—2	中医诊疗法（李仲愚杵针疗法）	四川省

附录 7

四川省农村生产生活遗产名录（第一批/第二批）[①]

市（州）	县（市、区）	遗产名录（第一批）	遗产名录（第二批）
成都市（19个）	温江区（3个）	滴窝油酿造技艺	酥糖制作技艺
		寿安编艺	—
	都江堰市（2个）	传统竹椅制作技艺（青城马椅子）	—
		聚源竹雕	—
	崇州市（6个）	道明竹编	崇阳大曲传统酿酒工艺
		怀远藤编	廖家镇艺雕
		怀远“三绝”（叶儿粑、冻糕、豆腐帘子）	汤长发麻饼
	金堂县（1个）	云台九斗碗	—
	郫都区（2个）	郫县豆瓣传统制作工艺	—
		蜀绣传统制作技艺	—
	新津区（3个）	手工择花窨制茉莉花茶	民间剪纸
		民间绳编	
	大邑县（1个）	—	苇豆花
	彭州市（1个）	—	九尺板鸭
自贡市（14个）	贡井区（3个）	龚扇制作技艺	龙须淡口头菜制作技艺
			红茅烧酒传统酿造技艺
	大安区（3个）	自贡火边子牛肉传统制作技艺	牛佛红萝卜龙
			牛佛烘肘
	沿滩区（3个）	太源井晒醋传统技艺	徐氏雕刻
			黄氏草编
	富顺县（3个）	富顺豆花制作工艺	代寺舒氏手工制瓦
		富顺手工秸秆工艺	
	自流井区（1个）	—	冷吃兔
	荣县（1个）	—	度佳老酒酿造技艺
攀枝花市（7个）	东区（1个）	盐边油底肉	—
	仁和区（1个）	仁和区苴却砚雕刻技艺	—
	米易县（3个）	新山傈僳族织布技艺	新山傈僳族刺绣技艺
		土法熬制红糖技艺	—
	盐边县（2个）	—	永兴周府糕点
			古法桑葚膏制作

① 资料来源：四川省农业农村厅，http://nynct.sc.gov.cn

续表

市（州）	县（市、区）	遗产名录（第一批）	遗产名录（第二批）
泸州市（17个）	江阳区（3个）	江阳油纸伞	江北古法红糖
			丹林忆家乡手工酱油（醋）
	龙马潭区（3个）	泸州肥儿粉传统制作技艺	泸州武氏水豆豉传统酿造技艺
			唐朝老窖酒传统酿制技艺
	纳溪区（2个）	护国陈醋	纳溪泡糖
市（州）	县（市、区）	遗产名录（第一批）	遗产名录（第二批）
泸州市（17个）	合江县（3个）	先市酱油	福宝豆腐干
		尧坝黄粑	
	叙永县（2个）	吊洞砂锅	两河桃片
	泸县（1个）	—	观音月母鸡汤
	古蔺县（3个）	—	丫杈老腊肉
			建新手工茶
			麻辣萝卜干
德阳市（15个）	旌阳区（2个）	黄许皮蛋制作技艺	孝泉果汁牛肉
	广汉市（3个）	缠丝兔	连山手工面
			土法熬制红糖
	什邡市（3个）	红白豆腐传统制作技艺	红白茶制作手工传承技艺
		晾晒烟传统生产技艺	
	绵竹市（2个）	剑南春酒传统酿造技艺	—
		绵竹年画	—
	中江县（2个）	中江挂面传统生产工艺	八宝油糕
	罗江区（3个）	糯米咸鹅蛋	谢氏倒罐菜
		土漆加工及漆艺制作工艺	
绵阳市（17个）	梓潼县（3个）	梓潼酥饼传统制作工艺	梓潼镶碗制作技艺
		梓潼片粉传统制作工艺	
	北川羌族自治县（6个）	传统手工腊肉制作技艺	羌族草编传承技艺
		羌族水墨漆艺	羌族苔子茶手工制作技艺
		羌族传统刺绣工艺	马槽玉米酒酿造技艺
	三台县（3个）	潼川豆豉技艺	兰齐儿剪纸
			蜀越石雕
	盐亭县（2个）	火烧馍	传统土法酿酒
	平武县（2个）	—	龙州套枣制作技艺
			平通乌梅炕制
	江油市（1个）	—	江油肥肠

续表

市（州）	县（市、区）	遗产名录（第一批）	遗产名录（第二批）
广元市（17个）	利州区（4个）	雪里蕻酸菜	土法酿酒
		蒸凉面	土法榨油
	昭化区（1个）	虎跳豆腐干	—
	旺苍县（3个）	木门醪糟	棕编
			木门谭氏制茶传统技艺
	朝天区（1个）	麻柳刺绣	—
	剑阁县（3个）	剑门豆腐制作技艺	碗泉“泉黄荆叶”凉粉制作技艺
			白龙豆花稀饭制作技艺
	青川县（2个）	酸菜豆花珍珍与酸菜搅团	苏阳柿饼手工制作技艺
市（州）	县（市、区）	遗产名录（第一批）	遗产名录（第二批）
广元市（17个）	苍溪县（3个）	歧坪真丝地毯挂毯手工工艺	岳东手工挂面生产技艺
		五龙米豆腐制作技艺	
遂宁市（13个）	安居区（2个）	—	遂宁灵广竹艺（原石洞竹编）
			跑马滩坛子肉
	射洪市（5个）	青堤菜刀传统制作技艺	麦加牛肉传统制作技艺
		射洪椒香脆皮肘传统制作技艺	古法洋姜泡菜制作技艺
			沱牌曲酒传统酿造技艺
	蓬溪县（3个）	蓬溪麦秆画	任隆粉条
		蓬溪熨斗糕	
	大英县（3个）	井盐深钻汲制技艺	谢氏根雕
		杆秤制作	
内江市（13个）	东兴区（1个）	—	椑木镇板板桥油炸粑
	市中区（2个）	蜜饯制作	—
		甜城甘蔗酒酿	
	资中县（2个）	资中冬尖生产工艺	赵老师花生酥
	威远县（5个）	手工花生酥工艺	竹编制品传统制作技艺
		周萝卜酱菜工艺	大头菜传统腌制技艺
			无花果蜜饯制作工艺
	隆昌市（3个）	夏布编织工艺	传统藤编工艺
		土陶大型陶缸传统制作技艺	
乐山市（24个）	市中区（3个）	乐山甜皮鸭制作技艺	—
		苏稽香油米花糖制作工艺	
		苏稽跷脚牛肉制作技艺	
	沙湾区（1个）	—	太平豆腐干
	金口河区（1个）	—	和平彝族迎春村手工麻糖

续表

市（州）	县（市、区）	遗产名录（第一批）	遗产名录（第二批）
乐山市（24个）	五通桥区（1个）	西坝豆腐	—
	峨眉山市（3个）	双福镇手工制茶 罗目古镇豆腐脑	双福镇手工造纸
	犍为县（3个）	罗城海氏牛肉制作技艺	龙孔大头菜制作技艺 窦记酱油酿造技艺
	夹江县（4个）	竹纸制作技艺 青衣江茶手工制作技艺	土门泡菜制作技艺 手工竹椅
	沐川县（2个）	沐川草龙	王嬢嬢老腊肉
	井研县（2个）	—	竹编技艺 手工茶技艺
	峨边彝族自治县（3个）	小凉山彝族刺绣	峨边老鹰茶 彝族漆器
	马边彝族自治县（1个）	马边彝绣	—
南充市（17个）	顺庆区（1个）	川北凉粉传统制作技艺	—
	高坪区（2个）	烟山冬菜腌制技艺	过江龙酱卤制品制作工艺
	西充县（1个）	狮子糕	—
	仪陇县（3个）	川北客家手工面	德乡嫂皮蛋 同耕纪腊嘎嘎
	营山县（3个）	营山凉面、红油 营山竹编（宫廷宝扇）	营山咂酒
	蓬安县（4个）	姚麻花	河舒豆腐 利溪粉条 米凉粉
	南部县（1个）	—	南部肥肠
	阆中市（2个）	—	千佛泡菜 洪山豆腐干
宜宾市（13个）	南溪区（2个）	南溪豆腐干制作工艺 五粮浓香型白酒制造工艺	—
	江安县（2个）	竹刻·江安竹簧工艺	安乐银氏酱油制作技艺
	长宁县（2个）	双河酱粑酱油酿造技艺 双河葡萄井凉糕	—
	高县（1个）	土火锅制作工艺	—
	珙县（2个）	苗族蜡染 麦秆画	—

续表

<table>
<tr><th>市（州）</th><th>县（市、区）</th><th>遗产名录（第一批）</th><th>遗产名录（第二批）</th></tr>
<tr><td rowspan="3">宜宾市
（13个）</td><td rowspan="2">兴文县（3个）</td><td rowspan="2">土法榨油技艺</td><td>晏阳米花糖传统制作技艺</td></tr>
<tr><td>芭蕉芋粉</td></tr>
<tr><td>筠连县（1个）</td><td>—</td><td>筠连水粉</td></tr>
<tr><td rowspan="7">广安市
（11个）</td><td rowspan="2">岳池县（4个）</td><td>中和陈醋传统制作技艺</td><td>西板豆豉传统制作技艺</td></tr>
<tr><td>顾县豆干传统制作技艺</td><td>骑龙手工挂面传统制作技艺</td></tr>
<tr><td rowspan="2">武胜县（3个）</td><td>武胜剪纸</td><td rowspan="2">烟熏牛肉</td></tr>
<tr><td>竹丝画帘</td></tr>
<tr><td rowspan="2">邻水县（3个）</td><td rowspan="2">邻水麦酱手工制作记忆</td><td>九龙豆干</td></tr>
<tr><td>邻水麻糖</td></tr>
<tr><td>前锋区（1个）</td><td>—</td><td>长胜村土陶手艺</td></tr>
<tr><td rowspan="12">达州市
（17个）</td><td rowspan="3">达川区（4个）</td><td rowspan="3">福善桐油纸扇</td><td>麻柳藤编</td></tr>
<tr><td>富丰果木烤鸭</td></tr>
<tr><td>余妈豆瓣制作</td></tr>
<tr><td>宣汉县（2个）</td><td>巴人村苦荞酒传统酿造技艺</td><td>土家族刺绣传统制作技艺</td></tr>
<tr><td rowspan="3">大竹县（5个）</td><td>观音豆干制作技艺</td><td rowspan="2">手撕鸭制作技艺</td></tr>
<tr><td>芝麻薄脆饼制作技艺</td></tr>
<tr><td>阴米制作技艺</td><td>双河白酒酿造技艺</td></tr>
<tr><td>渠县（1个）</td><td>渠县呷酒酿造传统技艺</td><td>—</td></tr>
<tr><td rowspan="2">开江县（3个）</td><td rowspan="2">开江豆笋制作技艺</td><td>开江福龟茶叶传统手工技艺</td></tr>
<tr><td>沙坝刘老头土窖酒传统酿造技艺</td></tr>
<tr><td rowspan="2">万源县（2个）</td><td rowspan="2">—</td><td>土瓦传统制作工艺</td></tr>
<tr><td>“臭老婆”凉粉制作技术</td></tr>
<tr><td rowspan="8">巴中市
（10个）</td><td>巴州区（1个）</td><td>巴中魏油茶</td><td>—</td></tr>
<tr><td>恩阳区（2个）</td><td>提糖麻饼</td><td>尹家回民牛肉干</td></tr>
<tr><td rowspan="2">通江县（3个）</td><td rowspan="2">通江藤艺</td><td>通江剪纸</td></tr>
<tr><td>通江余氏竹编</td></tr>
<tr><td rowspan="2">平昌县（2个）</td><td rowspan="2">—</td><td>何大妈豆瓣</td></tr>
<tr><td>朱氏腌腊</td></tr>
<tr><td rowspan="2">南江县（2个）</td><td rowspan="2">—</td><td>桃园豆腐干</td></tr>
<tr><td>长赤麻饼</td></tr>
<tr><td rowspan="5">雅安市
（5个）</td><td>雨城区（1个）</td><td>雅安藏茶传统手工制茶技术</td><td rowspan="5">—</td></tr>
<tr><td>名山区（1个）</td><td>蒙顶山茶传统制作技艺</td></tr>
<tr><td>芦山县（1个）</td><td>芦山根雕</td></tr>
<tr><td rowspan="2">荥经县（2个）</td><td>荥经砂器烧制技艺</td></tr>
<tr><td>荥经挞挞面</td></tr>
</table>

续表

<table>
<tr><th>市（州）</th><th>县（市、区）</th><th>遗产名录（第一批）</th><th>遗产名录（第二批）</th></tr>
<tr><td rowspan="10">眉山市
（14个）</td><td rowspan="2">东坡区（2个）</td><td>东坡泡菜</td><td rowspan="2">—</td></tr>
<tr><td>东坡肘子制作技艺</td></tr>
<tr><td rowspan="3">仁寿县（5个）</td><td>曹家梨膏</td><td>汪洋豆腐干制作技艺</td></tr>
<tr><td rowspan="2">汪洋干巴牛肉制作技艺</td><td>张氏芝麻糕制作技艺</td></tr>
<tr><td>温师傅花生酥传统制作技艺</td></tr>
<tr><td rowspan="2">洪雅县（2个）</td><td>藤椒油閟制技艺</td><td rowspan="2">—</td></tr>
<tr><td>高庙白酒传统酿造技艺</td></tr>
<tr><td rowspan="2">丹棱县（3个）</td><td rowspan="2">养蚕缫丝</td><td>米花糖制作</td></tr>
<tr><td>老峨山牟家手工制茶技艺</td></tr>
<tr><td>青神县（2个）</td><td>青神竹编</td><td>棒棒鸡</td></tr>
<tr><td rowspan="7">资阳市
（12个）</td><td>雁江区（2个）</td><td>临江寺豆瓣传统工艺</td><td>伤心凉粉</td></tr>
<tr><td rowspan="3">安岳县（5个）</td><td>安岳石刻</td><td>安岳竹编</td></tr>
<tr><td>周礼粉条</td><td rowspan="2">安岳米卷</td></tr>
<tr><td>普州坛子肉</td></tr>
<tr><td rowspan="3">乐至县（5个）</td><td>农村传统养蚕技术</td><td>川龙豆瓣制作技艺</td></tr>
<tr><td rowspan="2">仙荷藕粉制作技艺</td><td>外婆坛子肉制作技艺</td></tr>
<tr><td>周氏粉条手工制作技艺</td></tr>
<tr><td rowspan="9">阿坝藏族羌族
自治州
（10个）</td><td>松潘县（1个）</td><td>青云镇传统青砖烧制技艺</td><td>—</td></tr>
<tr><td>九寨沟县（1个）</td><td>白马刺绣</td><td>—</td></tr>
<tr><td rowspan="3">壤塘县（4个）</td><td>壤塘藏茶</td><td rowspan="3">俄尖德茶</td></tr>
<tr><td>壤巴拉藏式陶艺</td></tr>
<tr><td>壤巴拉擦擦文化及工艺</td></tr>
<tr><td rowspan="2">阿坝县（2个）</td><td>安多藏族服饰</td><td rowspan="2">—</td></tr>
<tr><td>唐卡绘画艺术</td></tr>
<tr><td>若尔盖县（1个）</td><td>金属手工艺</td><td>—</td></tr>
<tr><td>红原县（1个）</td><td>牦牛绒制作技艺</td><td>—</td></tr>
<tr><td rowspan="9">甘孜藏族
自治州
（30个）</td><td>康定市（1个）</td><td>木雅服饰</td><td>—</td></tr>
<tr><td>泸定县（1个）</td><td>岚安贵琼绣</td><td>—</td></tr>
<tr><td rowspan="2">丹巴县（2个）</td><td>嘉绒藏族刺绣</td><td rowspan="2">—</td></tr>
<tr><td>嘉绒女装服饰</td></tr>
<tr><td>九龙县（2个）</td><td>手工藏毯编制</td><td>天乡茶叶古树红茶-藏红</td></tr>
<tr><td rowspan="2">雅江县（2个）</td><td>木雅石砌</td><td rowspan="2">—</td></tr>
<tr><td>木雅泥热</td></tr>
<tr><td>稻城县（1个）</td><td>阿西土陶</td><td>—</td></tr>
<tr><td>乡城县（1个）</td><td>白色藏房修造工艺</td><td>—</td></tr>
</table>

续表

<table>
<tr><th>市（州）</th><th>县（市、区）</th><th>遗产名录（第一批）</th><th>遗产名录（第二批）</th></tr>
<tr><td rowspan="20">甘孜藏族
自治州
（30 个）</td><td rowspan="2">得荣县（3 个）</td><td rowspan="2">藏族民间车模技艺</td><td>民间土陶烧制技艺</td></tr>
<tr><td>藏族传统竹编技艺</td></tr>
<tr><td>巴塘县（1 个）</td><td>—</td><td>冒面制作技艺</td></tr>
<tr><td rowspan="3">道孚县（4 个）</td><td>马具制作技艺</td><td rowspan="3">藏酒酿制技艺</td></tr>
<tr><td>民居建造技艺</td></tr>
<tr><td>扎坝黑土陶</td></tr>
<tr><td rowspan="2">炉霍县（3 个）</td><td>传统藏香制作技艺</td><td rowspan="2">牦牛酸奶手工制作技艺</td></tr>
<tr><td>唐卡绘画艺术</td></tr>
<tr><td>甘孜县（1 个）</td><td>水淘糌粑</td><td>—</td></tr>
<tr><td>色达县（2 个）</td><td>藏族格萨尔彩绘石刻</td><td>色达藏族牛羊毛编制技艺</td></tr>
<tr><td>新龙县（2 个）</td><td>新龙藏传药泥面具制作技艺</td><td>藏族服饰制作技艺</td></tr>
<tr><td>德格县（1 个）</td><td>藏族牛羊毛绒编织技艺</td><td>—</td></tr>
<tr><td rowspan="2">白玉县（3 个）</td><td>河坡民族手工艺（藏族金属锻造技艺）</td><td rowspan="2">花色青铜锻造技艺</td></tr>
<tr><td>门萨唐卡</td></tr>
<tr><td rowspan="3">会理市（4 个）</td><td>会理绿陶</td><td rowspan="3">黎溪州“踩缸菜”</td></tr>
<tr><td>绿水镇松坪手工饵块</td></tr>
<tr><td>鹿厂铜火锅</td></tr>
<tr><td rowspan="3">会东县（4 个）</td><td rowspan="3">羊毛擀毡及毛纺织技艺</td><td>蔡氏手工陶艺</td></tr>
<tr><td>红油腐乳</td></tr>
<tr><td>鸡枞油传统制作技艺</td></tr>
</table>

<table>
<tr><th>市（州）</th><th>县（市、区）</th><th>遗产名录（第一批）</th><th>遗产名录（第二批）</th></tr>
<tr><td rowspan="4">凉山彝族
自治州
（15 个）</td><td>宁南县（2 个）</td><td>宁南晒醋酿造技艺</td><td>钟氏豆腐干制作技艺</td></tr>
<tr><td>昭觉县（1 个）</td><td>彝族传统服饰</td><td>—</td></tr>
<tr><td rowspan="2">越西县（4 个）</td><td>彝族民间传统银饰工艺</td><td>瓦曲彝族传统服饰</td></tr>
<tr><td>彝族漆器传统技艺</td><td>彝绣传统技艺</td></tr>
<tr><td colspan="2">合计</td><td>165 项</td><td>145 项</td></tr>
</table>